主な消火器

水消火器

 普通火災　 電気火災*

（*　霧状に限る）

ヤマトプロテック
YWS-3X

モリタ宮田
WS3

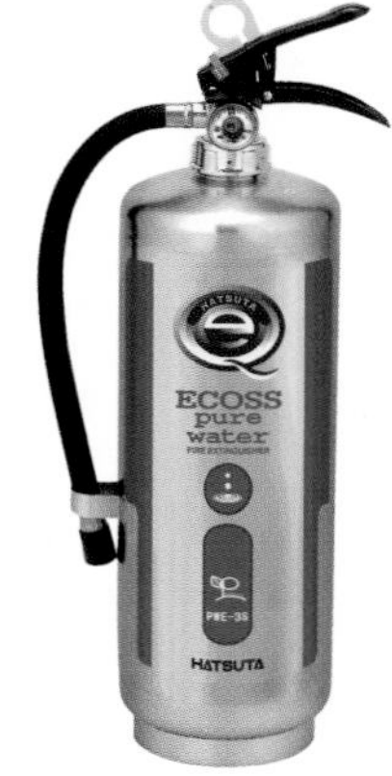

ハツタ
PWE-3S

強化液(中性)消火器　その1

 普通火災　 油火災*　 電気火災*

（*　霧状に限る）

重要ポイント

規格では，容器の外面は25 %以上を赤色仕上げとすること，となっています（他の消火器も同様）。この条件をクリアできていれば，右のような真っ赤じゃない消火器もOKなんだよ！

ヤマトプロテック
YNL-3(※現在，生産終了)

ハツタ
NLSE-3S

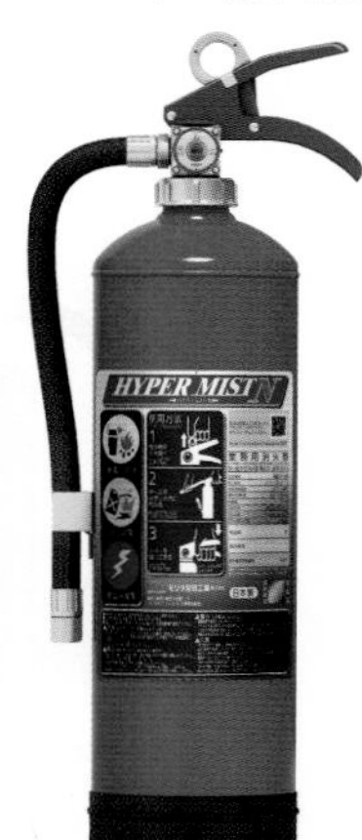

モリタ宮田
NF3

粉末(ABC)ガス加圧式消火器

 普通火災  油火災  電気火災

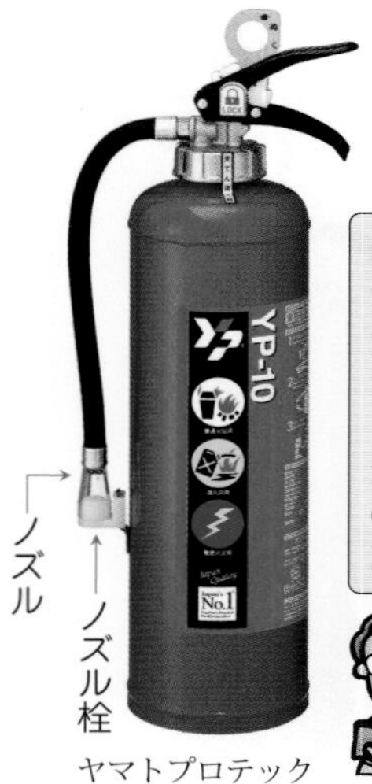

指示圧力計が無いのと，外気の湿気を遮断するためのノズル栓が装着されているのがポイントだよ。

ヤマトプロテック
YP-10（※現在，生産終了）

モリタ宮田
EFC10

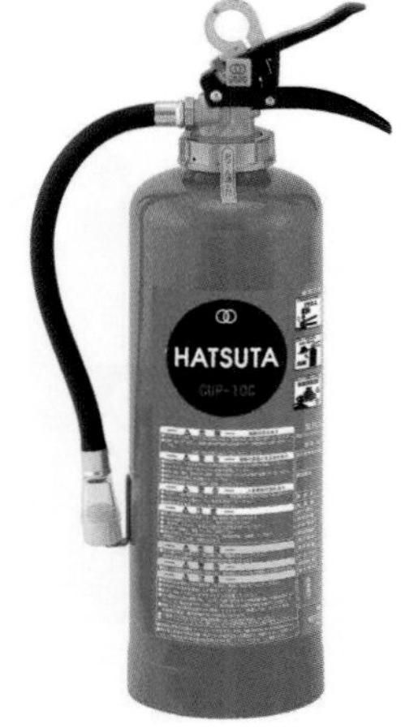

ハツタ
CUP-10C（※現在，生産終了）

蓄圧式粉末消火器の断面写真

ガス加圧式粉末消火器の断面写真

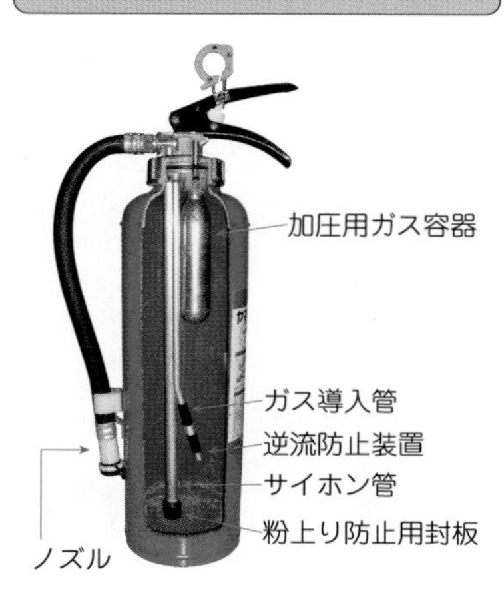

粉末（ABC）蓄圧式消火器

 普通火災  油火災  電気火災

指示圧力計

赤（25 %以上）

ガス加圧式と大きく異なる外見は，指示圧力計が付いていることだよ。

ヤマトプロテック
YA-10XD（※現在，生産終了）

モリタ宮田
MEA10D

ハツタ
PEP-10N

指示圧力計

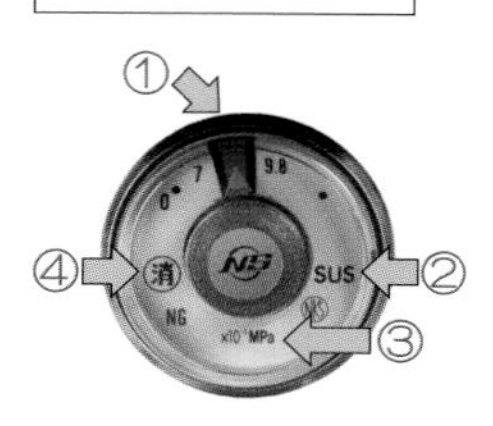

 **重要ポイント**

① 緑色範囲の名称：使用圧力範囲
② 材質記号の表記⇒SUS の意味：
圧力検出部（ブルドン管）の材質がステンレス鋼であることを示す
③ 圧力単位：MPa（メガパスカル）
④ ㊪の記号

 **重要ポイント**

指針が 0 付近を指している場合
⇒指示圧力計の作動を点検する

化学泡消火器

油火災

消火薬剤量
96ℓ

破蓋転倒式

ヤマトプロテック
SF-10P

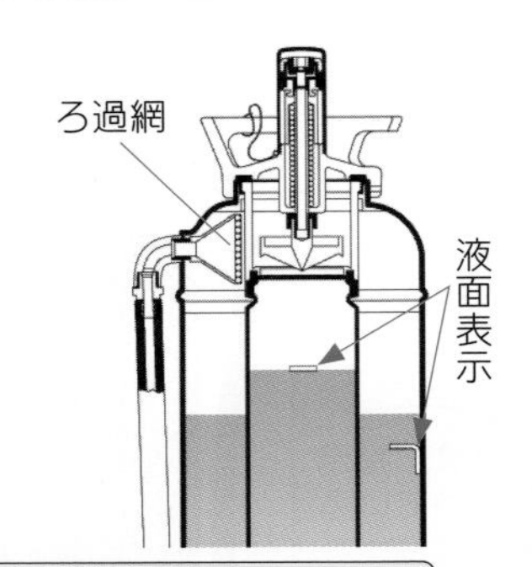

化学泡消火器には，指示圧力計が無いかわりに液面表示があるので，それで薬剤量を確認できるんだ。

※蓋とは，ふた，
キャップのこと。

開蓋転倒式（車載式大型）

ハツタ
CF-100

安全弁

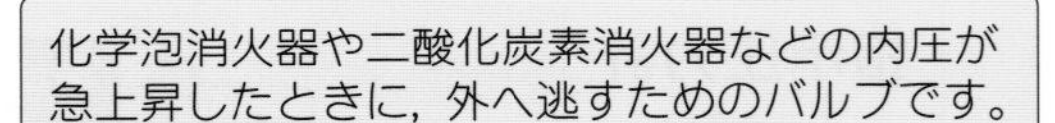

化学泡消火器や二酸化炭素消火器などの内圧が急上昇したときに，外へ逃すためのバルブです。

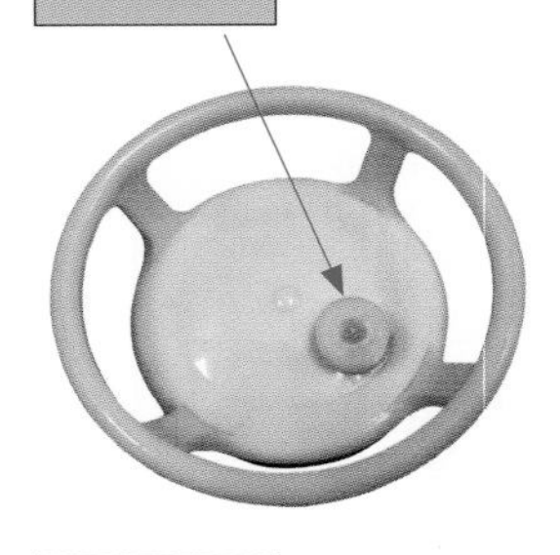

内筒

内筒ふた

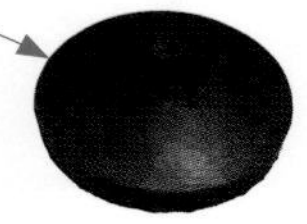

ろ過網

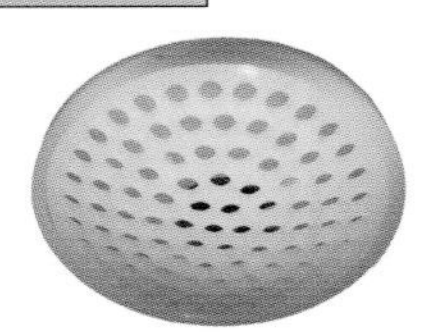

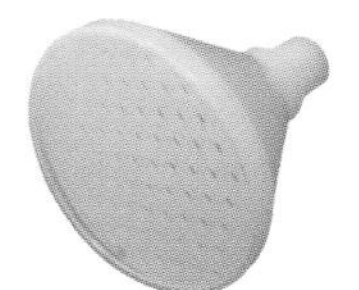

ノズルが詰まらないようにゴミなどをろ過します。

二酸化炭素消火器

油火災　電気火災

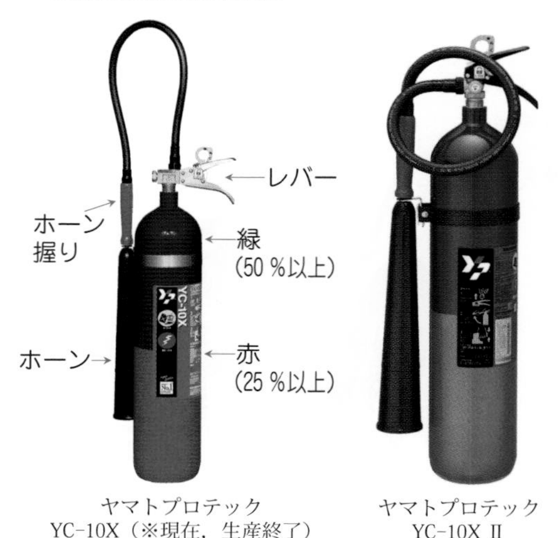

ヤマトプロテック
YC-10X（※現在，生産終了）

ヤマトプロテック
YC-10X Ⅱ

重要ポイント

窒息性がある消火剤のため，換気について有効な開口部を有しない地階，無窓階などには設置できません。

容器内には高圧の液化二酸化炭素が充てんされているので，容器は高圧ガス保安法の適用を受けます。

車載式の二酸化炭素消火器

 油火災　 電気火災

（消火薬剤量 23 kg）

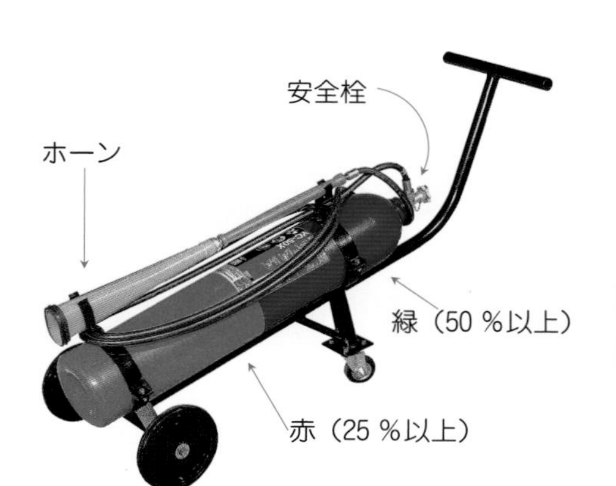

ヤマトプロテック　YC-50X

大型ではない

左の消火器は薬剤量が 23 kg なので，車載式であっても大型消火器には分類されません

ガス加圧式大型粉末消火器（車載式）

 普通火災  油火災 電気火災

大型 消火薬剤量 40 kg

（加圧用ガスは窒素）

ヤマトプロテック　YP-100（※現在，生産終了）

圧力調整器

（窒素ガス容器に取り付けるもの）　（大型消火器に取り付けるもの）

機械泡消火器

 普通火災  油火災

ヤマトプロテック
YVF-3

ハツタ
MFE-3S

ハロン 1301 消火器(現在，生産終了)

 油火災  電気火災

（注 1 ：一部普通火災適応のものもあります）
（注 2 ：写真の絵表示は旧規格です）

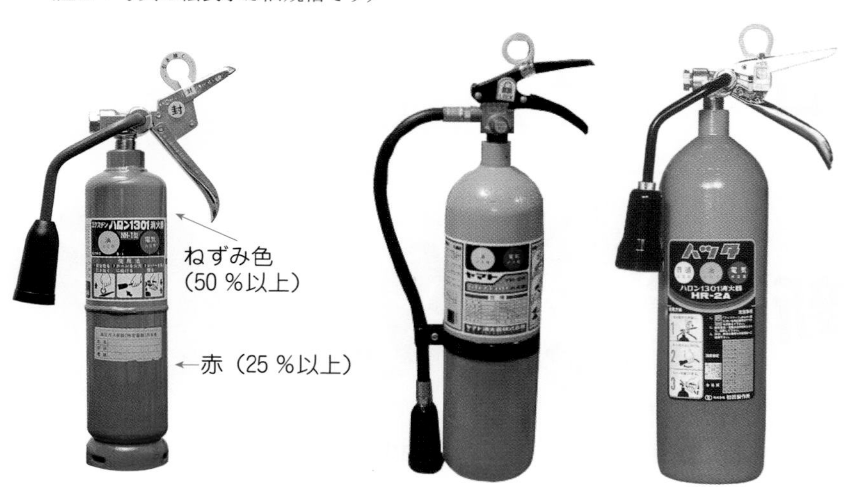

排圧栓と減圧孔

減圧孔は,
二酸化炭素消火器と
ハロン 1301 消火器には
装着されていないので注意！

減圧孔は,
規格で設置が義務付けられています
が,
排圧栓は義務付けられていません。
（排圧栓の方が早く内圧が抜ける）

適応火災の絵表示

普通火災用
（A 火災）

油火災用
（B 火災）

電気火災用
（C 火災）

本試験によく出る！

第６類消防設備士
問題集

工藤政孝　編著

弘　文　社

まえがき

この第6類消防設備士試験におきましては，電気に関する部分がないので，第4類消防設備士試験ほどには傾向が頻繁に変わることはないのですが，それでも，昨今，消火器でも**新型**のものが次から次へと開発され，それが**鑑別**にも反映されていたり，あるいは，**法令**でも共通部分のほか，類別部分でも改正があったりして，徐々に出題傾向が変わってきましたので，それらの情報をベースにして今回，大幅に改訂し，より本試験に対応できるようにいたしました。

したがいまして，最新の本試験にも十分対応できる内容となっております。

なお，本書の特徴につきましては，従来通り，次のポイントに注意をして構成してあります。

1．より実戦的な問題の採用

どのような資格の受験者でも同じですが，本試験とほぼ同等なレベルの問題で力をつけたい，というのがその本音ではないかと思います。本書では，その要求にできるだけ応えるべく，最近数年間の本試験の動向を調査し，その中から**繰り返して出題されているような重要問題**を中心にピックアップして編集してあります。従って，より実戦的な力を身につけることができるものと思っております。

2．解説の充実

いくら最新の出題傾向に沿った問題が並べられていても，その解答に対する解説が物足りなければ“不完全燃焼”にならないとも限りません。従って，本書では，できるだけ紙数の許す限り，**解説の充実**を試みました。

3．暗記事項について

「ものを覚える」というのは，暗記することがそれほど苦にならない方は別として，普通は中々“ヤッカイなシロモノ”ではないかと思います。そこで，前書「わかりやすい消防設備士試験」でも好評を得た，暗記事項をゴロ合わせにした**「こうして覚えよう」**を本書でも多数採用しました。従って，暗記が苦手な人も安心して“ラク”に暗記することができるものと思っております。

4．実技試験の充実

実技試験については，ある意味，一番出題傾向が変わりやすい分野だと思われますので，本書においては，読者の方からの情報なども参考にしながら，さらに“重箱の隅をつつく”が如く，より充実度をアップしました。

従って，これらの問題を十分に活用すれば本試験に臨んだ際に戸惑うことも少ないかと思います。

5．模擬試験の充実

本書の巻末には，ほぼ**本試験と同等レベル**の模擬試験を用意してあります。従って，試験時間の配分など，より実戦に近い感覚で“力試し”を行えるものと期待しております。

以上のような特徴によって本書は構成されていますので，受験者がより効率的に，また，より実戦的に学習ができるものと思っております。

従って，これらのことを十分に理解し，活用されれば受験者にとって最も有力な「合格への牽引車」になれるのではないかと期待しております。

最後になりましたが，本書を手にされた方が一人でも多く「試験合格」の栄冠を勝ち取られんことを，紙面の上からではありますが，お祈り申しあげております。

目　次

本書の使い方

1．重要マークについて

よく出題される重要度の高い問題には，その重要度に応じて 

マークを１個，あるいは２個表示してあります。従って，「あまり時間がない」という方は，それらのマークが付いている問題から先に進めていき，時間に余裕ができた時に他の問題に当たれば，限られた時間を有効に使うことができます。

2．重要ポイントについて

本文中，特に重要と思われる箇所は**太字**にしたり，**重要マーク**を入れて枠で囲むようにして強調してありますので，それらに注意しながら学習を進めていってください。

3．注意を要する部分について

本文中，特に注意が必要だと思われる箇所には「**ここに注意！**」というように表示して，注意を要する部分である，ということを表しています。

4．略語について

本書では，本文の流れを円滑にするために，一部略語を使用しています。

・特防：特定防火対象物　・規格：消火器の技術上の規格を定める省令

・規則：消防法施行規則

5．最後に

本書では，学習効率を上げるために（受験に差しさわりがない範囲で）内容の一部を省略したり，または表現を変えたり，あるいは図においては原則として原理図を用いている，ということをあらかじめ断っておきます。

受験案内

1．消防設備士試験の種類

消防設備士試験には，次の表のように甲種が特類および第１類から第５類まで，乙種が第１類から第７類まであり，甲種が工事と整備を行えるのに対し，乙種は整備のみ行えることになっています。

表１

	甲種	乙種	消防用設備等の種類
特　類	○		特殊消防用設備等
第１類	○	○	屋内消火栓設備，屋外消火栓設備，スプリンクラー設備，水噴霧消火設備
第２類	○	○	泡消火設備
第３類	○	○	不活性ガス消火設備，ハロゲン化物消火設備，粉末消火設備
第４類	○	○	自動火災報知設備，消防機関へ通報する火災報知設備，ガス漏れ火災警報設備
第５類	○	○	金属製避難はしご，救助袋，緩降機
第６類		○	消火器
第７類		○	漏電火災警報器

2．受験資格

（詳細は消防試験研究センターの受験案内を参照して確認して下さい）

(1)　乙種消防設備士試験

受験資格に制限はなく誰でも受験できます。

(2)　甲種消防設備士試験

甲種消防設備士を受験するには次の資格などが必要です。

<国家資格等による受験資格（概要）>

①　（他の類の）甲種消防設備士の免状の交付を受けている者。

②　乙種消防設備士の免状の交付を受けた後２年以上消防設備等の整備の経験を有する者。

③　技術士第2次試験に合格した者。
④　電気工事士
⑤　電気主任技術者（第1種～第3種）
⑥　消防用設備等の工事の補助者として，5年以上の実務経験を有する者。
⑦　専門学校卒業程度検定試験に合格した者。
⑧　管工事施工管理技術者（1級または2級）
⑨　工業高校の教員等
⑩　無線従事者（アマチュア無線技士を除く）
⑪　建築士
⑫　配管技能士（1級または2級）
⑬　ガス主任技術者
⑭　給水装置工事主任技術者
⑮　消防行政に係る事務のうち，消防用設備等に関する事務について3年以上の実務経験を有する者。
⑯　消防法施行規則の一部を改定する省令の施行前（昭和41年1月21日以前）において，消防用設備等の工事について3年以上の実務経験を有する者。
⑰　旧消防設備士（昭和41年10月1日前の東京都火災予防条例による消防設備士）

＜学歴による受験資格（概要）＞

（注：単位の換算はそれぞれの学校の基準によります）

①　大学，短期大学，高等専門学校（5年制），または高等学校において機械，電気，工業化学，土木または建築に関する学科または課程を修めて卒業した者。
②　旧制大学，旧制専門学校，または旧制中等学校において，機械，電気，工業化学，土木または建築に関する学科または課程を修めて卒業した者。
③　大学，短期大学，高等専門学校（5年制），専修学校，または各種学校において，機械，電気，工業化学，土木または建築に関する授業科目を15単位以上修得した者。
④　防衛大学校，防衛医科大学校，水産大学校，海上保安大学校，気象大学校において，機械，電気，工業化学，土木または建築に関する授業科目を15単位以上修得した者。
⑤　職業能力開発大学校，職業能力開発短期大学校，職業訓練開発大学校，

または職業訓練短期大学校，もしくは雇用対策法の改正前の職業訓練法による中央職業訓練所において，機械，電気，工業化学，土木または建築に関する授業科目を15単位以上修得した者。

⑥　理学，工学，農学または薬学のいずれかに相当する専攻分野の名称を付記された修士または博士の学位を有する者。

3．試験の方法

(1)　試験の内容

第6類消防設備士試験には筆記試験と実技試験があり，表2のような試験科目と問題数があります。

試験時間は，1時間45分となっています。

表2　試験科目と問題数（乙種の場合）

<table>
<tr><th></th><th colspan="2">試験科目</th><th colspan="2">問題数</th><th>試験時間</th></tr>
<tr><td rowspan="6">筆記</td><td colspan="2">機械に関する基礎的知識</td><td colspan="2">5</td><td rowspan="7">1時間45分</td></tr>
<tr><td rowspan="2">消防関係法令</td><td>各類に共通する部分</td><td>6</td><td rowspan="2">10</td></tr>
<tr><td>6類に関する部分</td><td>4</td></tr>
<tr><td rowspan="2">構造機能および点検整備の方法</td><td>機械に関する部分</td><td>9</td><td rowspan="2">15</td></tr>
<tr><td>規格に関する部分</td><td>6</td></tr>
<tr><td colspan="2">合計</td><td colspan="2">30</td></tr>
<tr><td>実技</td><td colspan="2">鑑別等</td><td colspan="2">5</td></tr>
</table>

(2)　筆記試験について

解答はマークシート方式で，4つの選択肢から正解を選び，解答用紙の該当する番号を黒く塗りつぶしていきます。

(3)　実技試験について

実技試験は鑑別等試験で，写真や図面などによる記述式です。

4．合格基準

①　筆記試験において，各科目ごとに出題数の**40%以上**，全体では出題数の**60%以上**の成績を修め，かつ

②　実技試験において**60%以上**の成績を修めた者を合格とします。

（試験の一部免除を受けている場合は，その部分を除いて計算します。）

5．試験の一部免除

他類の消防設備士資格を有している者は，消防関係法令のうち，「各類に共通する部分」が免除されます。

なお，第５類の資格（甲種，乙種とも）を有する者は，機械に関する基礎的知識も免除されます。

6．受験手続き

試験は（一財）消防試験研究センターが実施しますので，自分が試験を受けようとする都道府県の支部のほか，試験の日時や場所，受験の申請期間，および受験願書の取得方法などを調べておくとよいでしょう。

一般財団法人 消防試験研究センター 中央試験センター
〒151-0072
東京都渋谷区幡ヶ谷１－13－20
電話 03-3460-7798
Fax 03-3460-7799
ホームページ：**https://www.shoubo-shiken.or.jp/**

7．受験地

全国どこでも受験できます。

8．複数受験について

試験日，または試験時間帯が異なる場合には，４類と６類など，複数種類の受験ができます。詳細は受験案内を参照して下さい。

※本項記載の情報は変更されることがあります。詳しくは試験機関のウェブサイト等でご確認下さい。

受験に際しての注意事項

1．願書はどこで手に入れるか？

近くの消防署や消防試験研究センターの支部などに問い合わせをして確保しておきます。

2．受験申請

自分が受けようとする試験の日にちが決まったら，受験申請となるわけですが，大体試験日の１ヶ月半位前が多いようです。その期間が来たら，郵送で申請する場合は，なるべく早めに申請しておいた方が無難です。というのは，もし申請書類に不備があって返送され，それが申請期間を過ぎていたら，再申請できずに次回にまた受験，なんてことにならないとも限らないからです。

3．試験場所を確実に把握しておく

普通，受験の試験案内には試験会場までの交通案内が掲載されていますが，もし，その現場付近の地理に不案内なら，実際にその現場まで出かけるくらいの慎重さがあってもいいくらいです。実際には，当日，その目的の駅などに到着すれば，試験会場へ向かう受験者の流れが自然にできていることが多く，そう迷うことは少ないとは思いますが，そこに着くまでの電車を乗り間違えたり，また，思っていた以上に時間がかかってしまった，なんてことも起こらないとは限らないので，情報をできるだけ正確に集めておいた方が精神的にも安心です。

4．受験前日

これは当たり前のことかもしれませんが，当日持っていくものをきちんとチェックして，前日には確実に揃えておきます。特に，受験票を忘れる人がたまに見られるので，筆記用具とともに再確認して準備しておきます。

なお，解答カードには，「必ずHB，又はＢの鉛筆を使用して下さい」と指定されているので，HB，又はＢの鉛筆を２～３本と，できれば予備として濃い目のシャーペンを準備しておくと完璧です（芯が順に出てくるロケット鉛筆があれば，重宝するでしょう）。

<注意事項>

「以下，以上，未満，超える」については，間違えやすいので，10を基準値とした場合の例を次に示しておきます。

10 以下………………10 を含む

10 以上………………10 を含む

10 未満………………10 を含まない

10 を超える…………10 を含まない

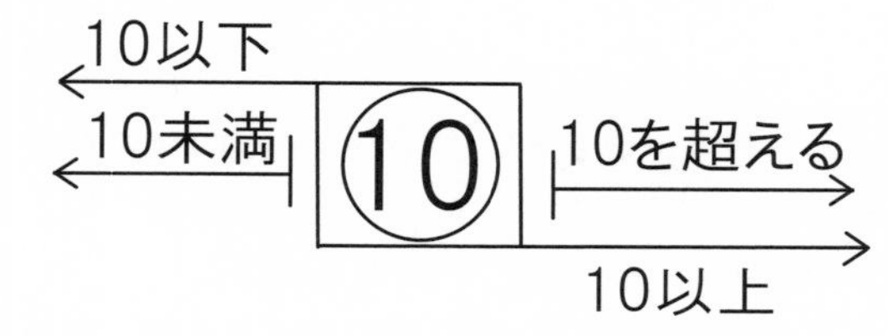

第1編
機械に関する基礎知識

出題の傾向と対策

本試験では，この機械に関する基礎知識は，［問 11］から［問 15］までの**5 問**出題されます。

この分野では，「荷重と応力」「合金」「気体に関するボイル・シャルルの法則」「力のモーメント」に関する出題が最も多く，また，毎回のように出題されているので，問題を繰り返し解いて，その応用力を十分養っておく必要があります。中でも「**せん断荷重に関する問題**」「**炭素含有量をはじめとする炭素鋼に関する種々の問題**」「**ボイル・シャルルの式から気体の体積を求める問題**」は頻出問題なので，十分に対策をとっておく必要があります。

これら以外では，「**合金の成分**」や「**金属材料の防食方法**」なども，よく出題されており，また，曲げ応力に関する出題として，「**はりの形状**」や「**はりの名称**」についての問題，材料に関する出題として，「**クリープ**」についての問題もたまに見受けられるので，これらの内容にも十分注意しておく必要があるでしょう。

（注：１気圧（＝1 atm＝101.325 kPa）について「１気圧は 40 mmHg（水銀柱）」という出題例がありますが，正しくは **760 mmHg**（⇒1 cm^2，760 mm の水銀の重さと等しいということ）なので注意してください。）

【問題 1】

回転軸 O から 2 m の点 A に，図のように OA に直角に 400 N の力を加えた場合，曲げモーメントの値として正しいものは，次のうちどれか。

(1)　200 N･m
(2)　400 N･m
(3)　600 N･m
(4)　800 N･m

解説

モーメント M は，物体を回転させる力の働きをいい，力を F，回転軸から作用点までの距離を ℓ とすると，

$\boldsymbol{M = F \times \ell}$ という式で表されます。

従って，計算すると，

$M = 400 \times 2 = 800$ N･m

となります。

【問題 2】

柄の長さ 60 cm のパイプレンチがある。これを使用して丸棒を回転させるため，図のように丸棒の中心から 50 cm のところを握って 100 N の力を加えた。このとき，丸棒が受けるモーメントの値として，次のうち正しいものはどれか。

(1)　20 N･m
(2)　30 N･m
(3)　50 N･m
(4)　100 N･m

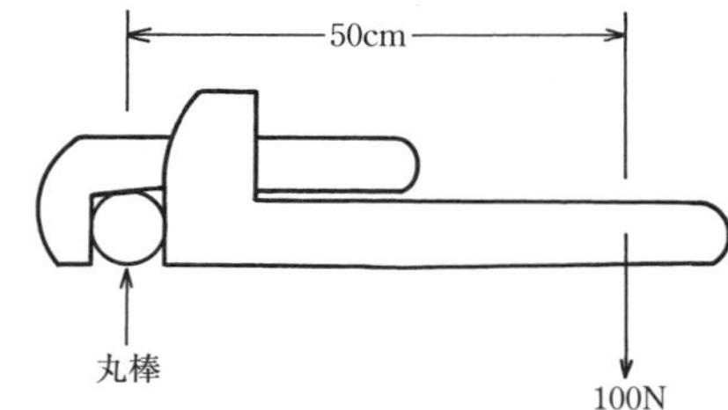

解説

前問から，モーメントは $\boldsymbol{M = F \times \ell}$ という式で求められますが，この問題の

解　答

解答は次ページの下欄にあります。

場合，回転軸は丸棒の中心の位置にあり，作用点は力を加えた部分，すなわち，丸棒の中心から 50 cm のところなので，回転軸から作用点までの距離 ℓ は 50 cm となります。その部分に 100 N が加わるので，モーメント M は，

$M = F \times \ell$

$= 100 \times 0.5$　　（注：50 cm はメートルの単位にしておきます）

$= 50$ N･m となります。

【問題３】 

図のようなスパナを用いてボルトを締め付けた場合，そのトルクはいくらになるか。

⑴　75 N･m
⑵　120 N･m
⑶　750 N･m
⑷　1,200 N･m

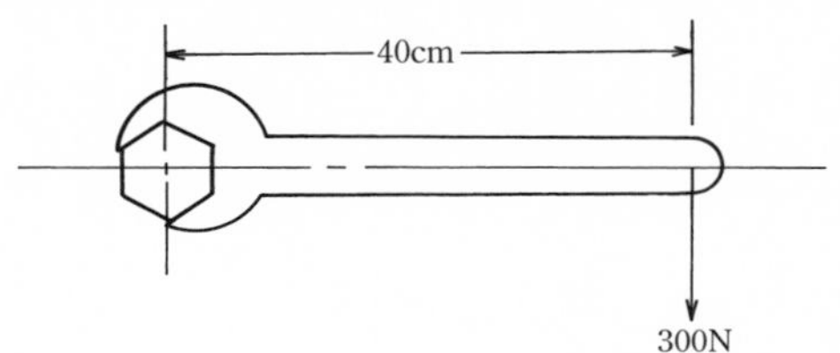

トルクとは，モーメントを工学的に言い表したもので，計算式はモーメントを求める式と同じです。

従って，ボルトに作用するモーメント（トルク）は，

$300 \times 0.4 = 120$ N･m となります。

【問題４】

図のような滑車においてつり合うための力 F の大きさを求めよ。

⑴　$F = \frac{RW}{r}$

⑵　$F = (r + R)$ W

⑶　$F = \frac{r}{W + R}$

⑷　$F = \frac{rW}{R}$

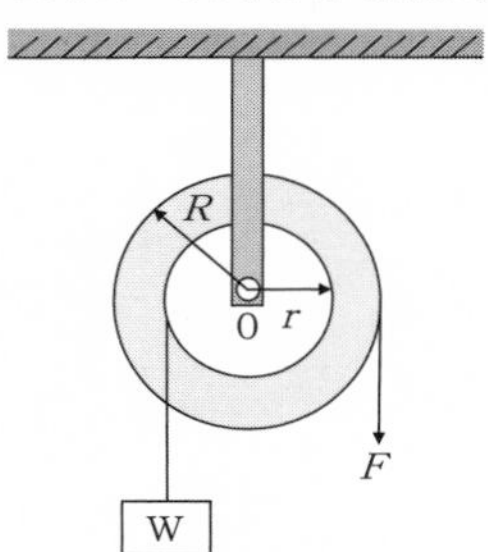

解　答

【問題１】…⑷　　　【問題２】…⑶

解説

点Oを中心とした際の右回りのモーメントは $F \times R$，左回りのモーメントは $W \times r$

つり合っているとき両者は等しいので，$F \times R = W \times r$。$F = \dfrac{rW}{R}$

【問題５】

図のような，200 N と 400 N の集中荷重が働いている両端支持ばりの反力 R_A と R_B の値はいくらか。

	R_A	R_B
(1)	80 N	120 N
(2)	120 N	240 N
(3)	160 N	440 N
(4)	220 N	480 N

200〔N〕 400〔N〕
A B
40cm
R_A〔N〕 90cm R_B〔N〕
100cm

解説

このような問題の場合，A 点またはＢ点を基準にして，右まわりと左まわりのモーメントの和を求め，

右まわりのモーメントの和＝左まわりのモーメントの和

として，R_A と R_B の値を求めていきます。

① **まず，A 点を基準にして，右まわりと左まわりのモーメントを求めます**（注：40cmを「400」とのみ表示した出題例がありますが，単位はmmです）。

右まわりのモーメントの和 $= 200 \times 0.4 + 400 \times 0.9$

$= 80 + 360$

$= 440$ N･m

左まわりのモーメント $= R_B \times 1.0$ N･m

（⇒R_B に A 点までの距離 1 m をかけたもの）

つりあっているとき，両者は等しいので，

$440 = R_B \times 1.0$　　　$\boldsymbol{R_B = 440}$ **N**

となります。

200 N 400 N
A
0.4
0.9
右回り

解　答

【問題３】…(2)　　【問題４】…(4)

② 次に，B 点を基準にして，右まわりと左まわりのモーメントを求めます。

右まわりのモーメントの和 $= R_A \times 1.0$ N・m

次に左のモーメントの和ですが，200 N と B 点は，100－40＝60 cm（＝0.6 m），400 N と B 点は，100－90＝10 cm（＝0.1 m）となるので次式となります。

左まわりのモーメントの和 $= 200 \times 0.6 + 400 \times 0.1$

$= 120 + 40$

$= 160$ N・m

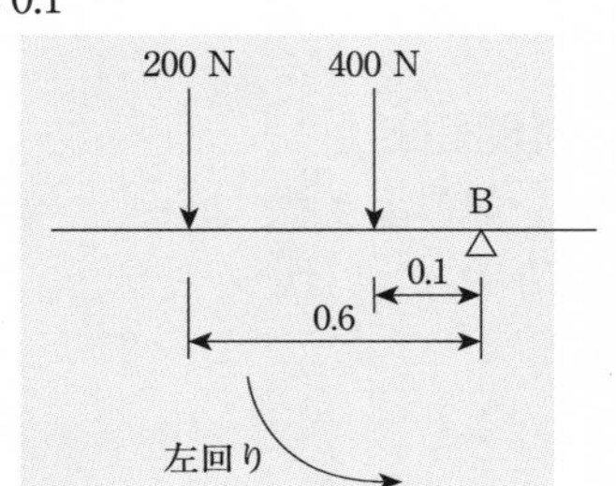

両者は等しいので，$R_A \times 1.0 = 160$

$\boldsymbol{R_A = 160}$ **N**

となります。

なお，200 N のみしかない状態で R_B を求める出題例もありますが，その場合は 400 N を 0 にして①の計算をすれば良いだけです。

【問題６】

図のように，120 N の集中荷重を受けている両端支持ばりがある。支点 R_B の反力がいくらの値であればつり合いの状態を保てるか，次のうちから適切な値を選べ。

(1)　10 N

(2)　20 N

(3)　30 N

(4)　40 N

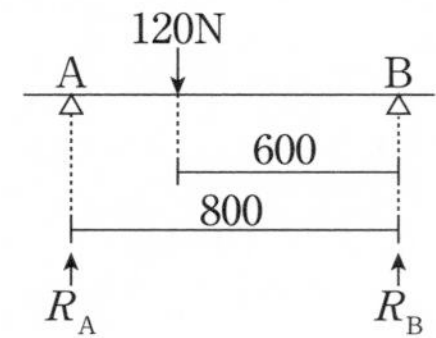

前問の R_B を求める式だけでよいので，A 点を基準にした式を作成します。

なお，図中の数値は表示はありませんが，ミリ単位なので，1 m＝1,000 mm より，1,000 で割っておきます。

右まわりの式 $= 120 \times 0.2$（⇒ 800－600＝200 より，200÷1,000＝**0.2**）

左まわりのモーメント $= R_B \times 0.8$（⇒ 800÷1,000＝**0.8**）

吊り合っているとき，両者は等しいので，

$120 \times 0.2 = R_B \times 0.8 \Rightarrow \quad 24 = R_B \times 0.8$

解　答

【問題５】…(3)

よって，$R_B = 30\text{N}$　となります。

【問題7】

物体に力F〔N〕が働いて力の方向にS〔m〕だけ移動したときは，$W=FS$という式が成り立つが，このWを示すものとして，次のうち正しいものはどれか。

(1)　仕事率
(2)　変位
(3)　仕事量
(4)　荷重

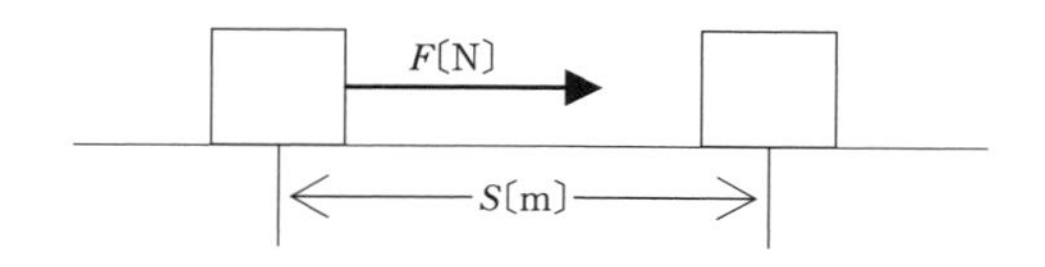

ある物体に力Fが働いて距離Sを移動した場合，「力Fが物体に対して仕事をした」といいます。この場合，$F \times S$を**仕事量**といい，記号Wで表し，単位は〔J〕です。

従って，Fの単位は〔N〕（ニュートン），Sの単位は〔m〕なので，$F \times S = W$を単位だけでみると，〔N〕×〔m〕=〔J〕となります。

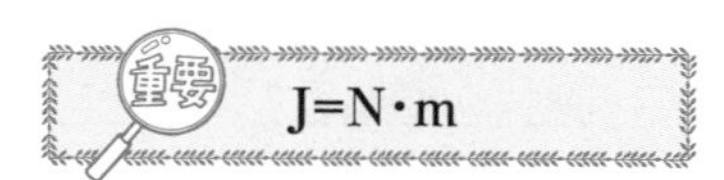

なお，この仕事量Wを（それに要した）時間t〔秒〕で割れば仕事率P（動力＝単位時間あたりの仕事）になります。すなわち，P（仕事率）$=\frac{W}{t}$〔J/s〕または〔W：ワット〕となります（⇒出題例あり）。

【問題8】

次の文中の(A)(B)に当てはまる語句として次のうち正しいものはどれか。
「物体に対する単位時間あたりの仕事を動力または(A)といい，記号Pで表す。また，仕事量をWとすると，$P=$(B)〔W：ワット〕という式で表される。」

	(A)	(B)
(1)	仕事率	$\frac{W}{t}$

解　答

【問題6】…(3)

⑵　機動効率　$\dfrac{t}{W}$

⑶　仕事率　$\dfrac{t}{W}$

⑷　機動効率　$\dfrac{W}{t}$

解説

物体に対する単位時間あたりの仕事を動力または仕事率といい，記号 P で表します。

また，仕事量を W とすると，$P=\dfrac{W}{t}$〔W：ワット〕という式で表されます。（ｔは時間（秒））

【問題９】

運動の第３法則について，次の(ア)～(ウ)に当てはまる語句の組合せとして，消防法令上，正しいものはどれか。

「物体Ａから物体Ｂに力を加えると，物体Ａは物体Ｂから(ア)が同じで(イ)の力を同一線上で働き返す。これを（ウ）という」

	（ア）	（イ）	（ウ）
⑴	大きさ	同一	作用反作用の法則
⑵	大きさ	逆	作用反作用の法則
⑶	作用点	同一	慣性の法則
⑷	作用点	逆	慣性の法則

解説

運動の第３法則とは，物体が互いに力を及ぼすとき，「**大きさ**が等しく力の向きが**反対の力**が働く現象」のことをいい，**作用反作用の法則**とも言われます。

解　答

【問題７】…⑶

【問題 10】

水平面から垂直抗力 1,000 N を受けている下図のような物体に 400 N の水平力を加えたとき，この物体が動きだした。

このときの摩擦係数として，次のうち正しいものはどれか。

(1)　0.25

(2)　0.4

(3)　0.8

(4)　2.5

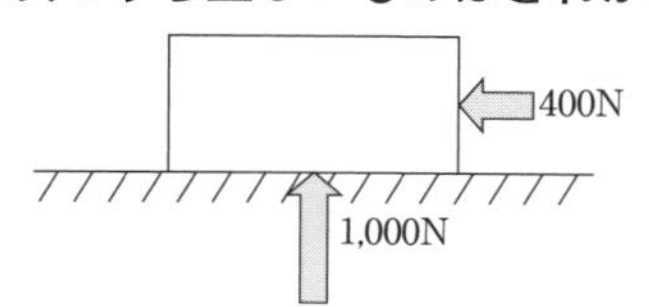

解説

相互に接触している物体を動かそうとするとき，その接触面には動きを妨げる方向に摩擦力が働きます。その大きさは，摩擦力を F〔N〕，摩擦係数を μ，接触面に垂直にかかる圧力を W〔N〕とすると，

$$F = \mu W \text{〔N〕}$$

という式で表されます。

この摩擦力は，物体が動きだすときに最大となり（これを最大摩擦力という）一般に摩擦力という場合は，この最大摩擦力のことをいいます。

従って，問題の摩擦力もこの最大摩擦力のことなので，先ほどの式より摩擦係数 μ は，$\mu = \dfrac{F}{W}$ として求められます。

計算すると，$\mu = \dfrac{400}{1,000} = 0.4$ となります。

類題

【問題 10】で摩擦係数 μ を 0.2，水平力 F を 400 N とした場合，この物体が水平面を垂直に押す力 W（垂直抗力）は何 N になるか。

類題の解説

$F = \mu W$〔N〕の式を W を求める式に変形すると，

$W = \dfrac{F}{\mu} = \dfrac{400}{0.2} = 2,000$ N となります。　　（答）　2,000 N

解　答

【問題 8】…(1)　　　　【問題 9】…(2)

【問題 11】

水平面上に置かれた物体を動かそうとするとき，接触面には摩擦が生じるが，その摩擦に関する次の記述のうち，誤っているものはどれか。

(1)　物体が動きだすときの摩擦力を最大摩擦力というが，その最大摩擦力は物体の重さとは関係がない。

(2)　接触面に垂直にかかる力を W〔N〕とすると，摩擦力 F〔N〕は，$F=\mu W$〔N〕という式で表される。ただし，μ は摩擦係数である。

(3)　摩擦係数は，接触面の材質によって数値が異なる。

(4)　最大摩擦力は，接触面に垂直にかかる力に比例する。

解説

(1)　一般に摩擦力という場合は，最大摩擦力のことをいいますが，(2)からもわかるように，摩擦力 F〔N〕は物体の重さを W〔N〕，摩擦係数を μ とすると，$\boldsymbol{F=\mu W}$〔N〕という式で表されるので，物体の重さとは関係があります。

(3)　摩擦係数は，接触面の材質やその状態によって異なるので，正しい。

(4)　接触面に垂直にかかる力とは(1)で出てきた W であり，最大摩擦力 F は，その(1)の式より W〔N〕に比例するので，正しい。

【問題 12】

図のような滑車で 1,600 N の重力を受けている物体とつり合うために必要な力 F_5 として，次のうち正しいものはどれか。

ただし，ロープと滑車の自重及び摩擦損失は無視するものとする。

(1)　50 N

(2)　100 N

(3)　200 N

(4)　400 N

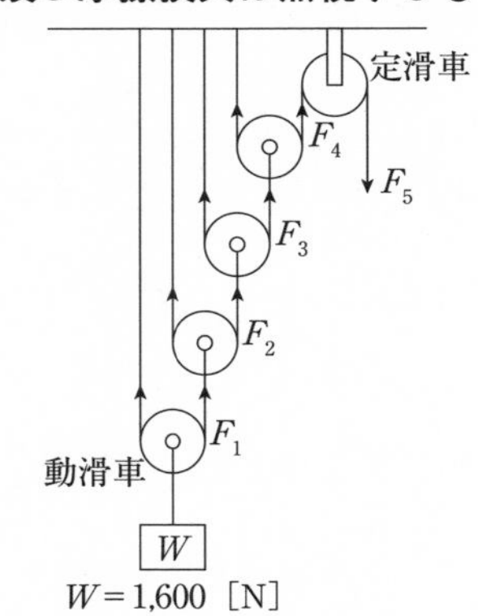

解　答

【問題 10】…(2)

解説

定滑車は固定されている滑車で，**動滑車**は，固定されていない滑車です。

動滑車では，引っぱる力が$\frac{1}{2}$になり，その動滑車が***n*** **個**の場合にロープにかかる張力Fは，

$\boldsymbol{F}=\frac{\boldsymbol{W}}{\boldsymbol{2^n}}$となります（定滑車では荷重はそのままかかり，図の$F_4=F_5$となる）。

従って，動滑車が4つの図のF_4には，

$F_4=\frac{1{,}600}{2^4}=\frac{1{,}600}{16}=100\,\mathrm{N}$の荷重しかかからず，

$F_4=F_5$より，$F_5=100\,\mathrm{N}$ということになります。

つまり，最初の荷重，1,600 N が 100 N に軽減されたことになります。

【問題 13】

非鉄金属材料で，次に示す性質をもつ金属はどれか。

「密度は鉄の約$\frac{1}{3}$と軽い材料であり，ち密な酸化皮膜をつくると，耐食性のよい金属材料として使用できる。」

⑴　アルミニウム

⑵　マグネシウム

⑶　チタン

⑷　ニッケル

解説

密度は，アルミニウムが 2.68 g/cm^3，マグネシウムが 1.74 g/cm^3，チタンが 4.51 g/cm^3，ニッケルが 8.9 g/cm^3 となります。

よって，鉄の密度が 7.86 g/cm^3 なので，その約$\frac{1}{3}$の**密度**という条件に該当するのは，⑴のアルミニウムということになります。

【類題……○×で答える】

鉄とアルミの密度は同じである。

解　答

【問題 11】…⑴　　　　【問題 12】…⑵

【問題 14】

アルミニウムについて，次のうち正しいものはどれか。

⑴　熱伝導性が良いので，炭素鋼に比べて溶接性に優れている。

⑵　密度は鉄や銅とほぼ同じである。

⑶　大気中で酸素と結合して酸化被膜を形成するので，耐食性に優れている。

⑷　加工性が低い。

解説

⑴　熱伝導性が良いので，熱がすぐ逃げてしまい，炭素鋼に比べて溶接性に劣っています。

⑵　密度は鉄や銅の約 $\frac{1}{3}$ です。

⑷　アルミニウムは加工性が良いので，さまざまな形に成形することができます。

【問題 15】

次のうち，鉄鋼材料でないものはどれか。

⑴　炭素鋼

⑵　ステンレス鋼

⑶　黄銅

⑷　鋳鉄

解説

鉄鋼とは，**鉄に炭素を加えた合金**をいい，炭素の含有量によって，**炭素鋼**，**鋳鉄**，**ステンレス鋼**などがあります。従って，⑴，⑵，⑷は正しいですが，⑶の黄銅は真ちゅうともいわれ，「銅」という文字からもわかるように**銅の合金（銅＋亜鉛）**なので，鉄鋼材料ではありません。よって，これが正解です。

なお，ステンレス鋼と耐熱鋼の主成分は次のとおりです。

- ・ステンレス鋼：鉄に**クロム**や**ニッケル**を加えたもの
- ・耐熱鋼：炭素鋼に**クロム**や**ニッケル**を加え高温で酸化しにくくしたもの

解　答

【問題 13】…⑴　　〔類題〕…×

…ステンレス鋼の特徴：
⇒ **耐熱性・加工性・強度**は良いが**熱伝導性**が悪い

【問題 16】

炭素含有量が 1.0% 以下の鋼の常温における性質について，次のうち誤っているものはどれか。

(1)　炭素量が多いほど，延性，展性は大きくなる。
(2)　炭素量が多いほど，鍛接性は悪くなる。
(3)　炭素量が多いほど，引張りや硬さが増加する。
(4)　炭素量が多いほど，伸びや絞りが減少する。

解説

炭素含有量が 1.0% 以下の鋼ということで，炭素鋼（炭素含有量が 0.02～約２％）の性質についての問題となっていますが，この種の「炭素含有量の大小」に関する問題は，よく出題されています。

さて，その炭素含有量ですが，その大小によって次のように性質が異なってきます。

①　炭素の含有量が多い……硬さ，引張り強さが**増す**が，伸びや絞りが**減少**し，延性，展性が**小さく**なる。

②　炭素の含有量が少ない…硬さ，引張り強さは**減少**するが，延性・展性が**増し**，ねばり強くなる（加工しやすくなる）。

従って，①より(1)は「延性，展性は小さくなる」が正しい。

なお，(2)の鍛接は熱した金属を打撃または加圧して行う高温圧接のことをいいます。

類題

次の文中の(A)(B)に「増加する」「減少する」のいずれかを入れなさい。
「鉄に炭素を加えると硬さや引張強さが(A)が，伸び率は(B)。」

解　答

【問題 14】…(3)　　【問題 15】…(3)

類題の解説

鉄に炭素を加えると硬さや引張強さが増加するが，伸び率は減少する。

(答)　(A)：増加する　(B)：減少する

【問題 17】

金属材料の防食の方法として，次のうち誤っているものはどれか。

(1)　メッキ

(2)　脱脂洗浄

(3)　塗装

(4)　ライニング

解説

防食というのは腐食を防ぐという意味で，腐食とは要するに「サビ」のことです。そのサビを防ぐ方法には，(1)のメッキや，(3)の塗装，(4)のライニング（配管等の内部をエポキシ樹脂などで塗装をすること）などがありますが，(2)の脱脂洗浄は，防食としてではなく，防食のために行う塗装などの密着性を向上させるために行うものです。つまり，防食の前段階に行うもので，表面の油脂を洗浄により取り除くことにより，防錆力や塗料などの密着性を向上させるために行います。

なお，(3)の塗装は一般的に広く用いられている防食方法ですが，中でも合成樹脂塗料のエポキシ樹脂塗料は，耐水性，耐薬品性，機械的強度などに非常に優れた塗料で，過去にもこの塗料に関する出題があるので，要注意です。

【問題 18】

金属材料の防食方法について，次のうち正しいものはどれか。

(1)　炭素鋼にクロムメッキを行う。

(2)　エポキシ樹脂塗装を行う。

(3)　鋼材に銅メッキを行う。

(4)　下塗りに水性塗料を用いる。

解　答

【問題 16】…(1)

金属材料の防食，つまり，腐食を防ぐには，一般的に塗装がよく用いられていますが，その塗装には，**油性塗料**と**合成樹脂塗料**とが用いられているので，(4)の水性は誤りです。また，前問でも説明しましたが，中でも合成樹脂塗料のエポキシ樹脂塗料は耐水性，耐薬品性，機械的強度などに非常に優れた塗料なので，(2)が正しく，これが正解です。

一方，メッキもよく用いられている防食方法で，一般的には鋼材（鉄）に対して行います。その方法としては亜鉛メッキが圧倒的に多く，(1)や(3)のように銅やニッケル，クロムなどをメッキに用いると，ピンホールや傷などが存在した場合，腐食が促進されるので，鋼材（鉄）の防食方法としては不適当です。

【問題 19】

金属材料の耐食性について，次のうち最も不適当なものはどれか。

(1)　アルミニウムの表面は，大気中で酸素と結合し，皮膜を形成する。
(2)　鉄鋼は水中では錆びない。
(3)　マグネシウムとその合金は，一般的に耐食性が悪い。
(4)　銅とその合金は大気中の水分で錆び，緑青を生じる。

鉄は，水中で酸素との化学反応により，酸化物である錆を生じます。

【問題 20】

合金には同一のものでも様々な呼び名があるが，次の組合せで同一でないものはどれか。

(1)　青銅とブロンズ
(2)　黄銅と真ちゅう
(3)　白銅とジュラルミン
(4)　洋白とニッケルシルバ

解説

(1)　青銅は銅と錫（すず）の合金で，古くなると緑色の緑青（ろくしょう）（銅のさび）を生ずるの

解　答

【問題 17】…(2)　　　【問題 18】…(2)

でこの名前の由来があり，別名ブロンズともいうので，正しい。

⑵　黄銅は銅と亜鉛の合金で，さびにくく加工しやすいので機械部品などに用いられており，別名真ちゅうともいうので，正しい。

⑶　白銅とジュラルミンは別々の合金で，白銅は銅にニッケルを少量加えたもので，硬くさびにくいので硬貨などに使用されている銀白色の合金です。

一方，ジュラルミンは，アルミニウムに銅やマグネシウムなどを加えて熱処理をし強度を持たせたもので，軽量で強いため航空機の材料などに使用されています。

⑷　洋白（ようはく）は別名ニッケルシルバともいい，ニッケルと銅，及び亜鉛の合金で，優れた強度とバネ特性から電気機器の材料として用いられるほか，柔軟性や耐食性にも富むので，装身具や楽器（フルートなど）の材料としても使用されています。

【問題21】

合金について，次のうち正しいものはどれか。

A　ステンレス鋼は，炭素鋼にクロムやニッケルを加えた合金である。

B　炭素鋼は，鉄にクロムとニッケルを加えた合金である。

C　青銅は，銅とマンガンの合金で，耐食性，鋳造性に優れている。

D　黄銅は真ちゅうとも呼ばれ，亜鉛を含んだ銅の合金で，加工性に優れている。

E　ジュラルミンは，ニッケルに銅，マグネシウム，マンガンなどを加えた合金である。

⑴　A　　⑵　B，C　　⑶　D　　⑷　D，E

A　ステンレス鋼は，炭素鋼ではなく，**鉄**にクロムやニッケルを加えた合金です。なお，炭素鋼にクロムやニッケルを加えた合金は**耐熱鋼**です。

B　鉄にクロムとニッケルを加えた合金は**ステンレス鋼**で，炭素鋼は，鉄に**炭素**を加えた合金です。

C　青銅は，銅と**すず**の合金です（後半は正しい）。

D　黄銅は銅と**亜鉛**の合金で，一般に**真ちゅう**と呼ばれています。

解　答

【問題19】…⑵　　【問題20】…⑶

E　ジュラルミンは，ニッケルではなく，**アルミニウム**に銅，マグネシウム，マンガンなどを加えた合金です。

＜主な合金の成分＞

合金	成分
炭素鋼	鉄＋炭素
黄銅	銅＋亜鉛
青銅	銅＋すず
ジュラルミン	アルミニウム＋銅＋マグネシウム＋マンガン
ベリリウム銅	銅＋ベリリウム

【問題 22】

合金の主な成分として，次のうち誤っているものはどれか。

⑴　はんだ………………鉛＋すず
⑵　ステンレス鋼………鉄＋クロム＋ニッケル
⑶　黄銅…………………銅＋すず
⑷　鋳鉄…………………鉄＋炭素

⑶　黄銅は，銅と亜鉛の合金です。
⑷　鉄と炭素の合金のうち，炭素の含有量が 0.02～約２％のものを**炭素鋼**といい，炭素含有量が２％以上のものを**鋳鉄**といいます。

なお，金属を合金にすると**硬度**は増しますが，**鋳造しやすくなる**，というのもポイントです（**耐食性**も増す）。

重要

【問題 23】

次の文中の⒜⒝に当てはまる語句として，次のうち，正しいものを組み合わせたものはどれか。

「18－8 ステンレスは，鉄に⒜を 18%，⒝を 8% 加えた合金鋼である」

解　答

【問題 21】…⑶

	(A)	(B)
⑴	クロム	マンガン
⑵	炭素	クロム
⑶	クロム	ニッケル
⑷	ニッケル	炭素

解説

下線部⇒「鉄にモリブデンの他，クロムやニッケルを加えたもの」は誤りなので注意。

> 少し詳しく　鉄鋼材料についての補足
> ・ステンレス鋼……**鉄**に**クロム**や**ニッケル**を加えたもの
> ・耐熱鋼……………**炭素鋼**に**クロム**や**ニッケル**を加えたもの

【問題 24】

次の文中の(　)内に当てはまる語句として，次のうち適切なものはどれか。

「ステンレス鋼には，耐熱性や加工性などは優れているが（　）が悪いという特徴がある」

⑴　耐酸性
⑵　耐食性
⑶　強度
⑷　熱伝導性

⑴〜⑶はいずれもステンレス鋼が優れている点です。

【問題 25】

鋼などの金属を加熱，または冷却することによって，必要な性質の材料に変化させることを熱処理と言うが，次の表において，その熱処理の内容（説明）及び目的として，誤っているものはどれか。

解　答

【問題 22】…⑶

	内　　容	目　　的
(1)　焼き入れ	高温に加熱後，油中又は水中で急冷する。	材料の硬度を増し，強くする。
(2)　焼き戻し	焼き入れした鋼を，それより低温で再加熱後，徐々に冷却する。	焼入れにより低下したねばり強さを回復する。
(3)　焼きなまし	一定時間加熱後，炉内で徐々に冷却する。	組織を安定させ，また，軟化させて加工しやすくする。
(4)　焼きならし	加熱後，炉内で急激に冷却する。	ひずみを取り除いて組織を均一にする。

焼きならしは，加熱後，炉内で急激に冷却するのではなく，大気中で徐々に冷却することによって，ひずみを取り除いて組織を均一にします。

【問題 26】

炭素鋼の熱処理について，次のうち正しいものはどれか。

A　焼き入れは，鋼を加熱してマルテンサイトに変化させ，それを急冷してオーステナイトにする熱処理をいい，硬度が増す。

B　焼き戻しは，焼き入れした鋼を最初より高温で再加熱した後，急冷して，焼き入れによるもろさを回復し，ねばり強さを増すために行う。

C　焼きなましは，一定時間加熱してオーステナイトの状態に変化させ，それを炉内で徐々に冷却して内部のひずみを取り除き，組織を軟化させるために行う。

D　焼きならしは，加熱してオーステナイトの状態に変化させた後，空気中で徐々に冷却して，ひずみを取り除き，組織を均一にするために行う。

E　浸炭（しんたん）とは，耐摩耗性を向上させるために，鋼の表面に炭素を拡散浸透させる処理の総称で，浸炭を行った後には一般的に焼き戻しを行う。

(1)　A，B　　(2)　A，C　　(3)　B，E　　(4)　C，D

解　答

【問題 23】…(3)　　【問題 24】…(4)

Ａはマルテンサイトとオーステナイト※が逆になっており，焼き入れは，「**オーステナイトをマルテンサイトにする熱処理**」をいいます。

（※オーステナイトというのは，炭素鋼を高温に加熱して組織が柔らかくなった状態のものをいい，そのオーステナイトを急冷した場合に生じる硬い組織がマルテンサイトになります）。

Ｂの焼き戻しは，焼き入れした鋼を最初より**低い**温度で再加熱した後，急冷ではなく，**徐々に冷却**します（後半部分は正しい）。

Ｅの浸炭（しんたん）は，金属の表層から炭素を固溶させて表面のみを**硬化する**熱処理で，主に重機や機械部品のギアなど高負荷がかかる部品に対して耐摩耗性を向上させる目的で行われます。その浸炭を行った後には一般的に**焼き入れ**を行うので，誤りです。

【類題……○×で答える】

浸炭は，鋼の表面を軟化させるために行う

【問題 27】

金属材料のクリープについて，次のうち誤っているものはどれか。

⑴　弾性限度内の応力でもクリープは発生する。

⑵　一定の応力におけるクリープの発生は温度によって変化する。

⑶　一定の応力及び一定の温度におけるクリープは時間に関係なく一定である。

⑷　クリープの発生は応力の値によって変化する。

クリープとは，高温状態で材料に**一定の静荷重（応力）**を加えた場合，時間とともに**ひずみが増加する現象**のことをいいます。従って，⑶の「**一定の応力**および一定の温度におけるクリープは時間に関係なく一定である。」というのが誤りです（⇒一定の応力でもひずみは増加する）。また，このクリープは，**応力が大きいほど**，また**温度が高いほど**大きくなるので，⑷と⑵は正しい。

【問題 28】

次の文中の(A)(B)に当てはまる語句として，次のうち，正しいものを組み合わ

解　答

【問題 25】…⑷　　【問題 26】…⑷　　〔類題〕…×（硬化させる）

せたものはどれか。

「クリープによるひずみを（A）という。また，ある一定の温度において破断に至らない限界の応力の（B）をその温度における（C）という。

	(A)	(B)	(C)
(1)	最大応力	最小値	弾性限度
(2)	クリープひずみ	最大値	クリープ限度
(3)	最大応力	最小値	クリープ限度
(4)	クリープひずみ	最大値	弾性限度

解説

クリープによるひずみを（**クリープひずみ**），クリープ減少の表れない最大応力（**応力の最大値**）を（**クリープ限度**）といいます。

【問題 29】

ねじに関する次の記述のうち，誤っているものはどれか。

(1)　ねじの大きさは，おねじの外径で表し，これをねじの呼び径という。

(2)　日本産業規格で「M 10」と表されているねじは，メートル並目ねじである。

(3)　ねじが機械の振動などによって緩むことを防ぐ方法には，止めナットを用いる方法やリード角が異なるねじを用いる方法などがある。

(4)　ねじを1回転させて，ねじが軸方向に動く距離をリードといい，ねじの軸に平行に測って隣り合うねじ山の対応する点の距離をピッチという。

解説

主なねじの概要と記号を示すと，次のようになります（カッコ内は表示記号）。

①　メートルねじ（M）：標準ピッチのメートル並目ねじとそれより細かいピッチのメートル細目ねじがあり，両者ともMのあとに外径（mm）の数値を付けて表す。

②　管用平行ねじ（G）：単に機械的接続を目的として用いられる。

③　管用テーパねじ（R）：先細りになっている形状のねじで，気密性が求められる管の接続に用いられるインチ三角ねじ

④　ユニファイ並目ねじ（UNC）：ISO 規格のインチ三角ねじのこと。

解　答

【問題 27】…(3)　　　【問題 28】…(2)

⑴，⑷は正しい。⑵は①より，正しい。

⑶は，ねじが機械の振動などによって緩むことを防ぐ方法には，**止めナットを用いる方法や座金を用いる方法**，あるいは，**ピンや止めねじなどを用いる方法**がありますが，リード角（ねじ山のラインと水平面とのなす角度）が異なるねじを用いるというのは，不適当です（リード角が異なるねじを用いて無理やり締めるとねじ山が破損するおそれがある)。

【問題 30】

次のうち，転がり軸受でないものはどれか。

⑴　円筒ころ軸受

⑵　円錐ころ軸受

⑶　自動調心ころ軸受

⑷　球面滑り軸受

球面滑り軸受は滑り軸受になります。

【問題 31】

材料に働く荷重について，次のうち誤っているものはどれか。

⑴　材料を上刃と下刃で挟み切る際に加わる荷重は，せん断の動荷重である。

⑵　棒状の材料を引抜く際に加わる静荷重は，引張荷重である。

⑶　機械全体を保持する脚材や，万力ではさんだ材料などに徐々に加わる荷重は繰返しの静荷重である。

⑷　ハンマで材料を打つように，比較的短い時間に衝撃的に加わる荷重は，衝撃の動荷重である。

まず，静荷重と動荷重ですが，①静荷重（死荷重ともいう）というのは，時間的に変化しない一定の大きさの荷重をいい，次のような荷重があります。

1．分布荷重：物体の表面に広がりをもって作用する荷重

2．集中荷重：1 点に作用する荷重

また，②動荷重というのは，時間的に変化する荷重のことをいい，次のよう

解　答

【問題 29】…⑶

な荷重があります。

1．繰返し荷重：繰返し加わる荷重

2．交番荷重　：大きさだけではなく，方向も変わる荷重

3．衝撃荷重　：急激に作用する荷重

このことを念頭において各設問を考えていきます。

⑴　物体を引きちぎる際に加わる力は，せん断荷重であり，上刃と下刃ではさみ切るのは，そのせん断の**動荷重**となるので，正しい。なお，せん断時の断面で発生する応力の名前は？という出題もありますが，答は**せん断応力**です。

⑶　いずれも荷重が一定なので**静荷重**ですが，繰り返し加わっているわけではないので，よって，これが誤りです。

⑷　ハンマで材料を打つように，急激に作用する一定でない**動荷重**は，**衝撃の動荷重**です。

【問題 32】

せん断応力を求める式として，次のうち正しいものはどれか。

⑴　せん断応力＝せん断荷重×断面積

⑵　せん断応力＝せん断荷重÷断面積

⑶　せん断応力＝せん断ひずみ÷断面積

⑷　せん断応力＝せん断ひずみ×断面積

解説

「せん断応力＝せん断荷重÷ 断面積」となります。

類題

せん断応力を τ，せん断荷重を W，断面積を A とした場合，次の①，②を記号で答えよ。

$$\tau=\frac{(①)}{(②)}$$

類題の解説

$\tau=\dfrac{W}{A}$ より，①は W　②は A

（答）　①：W　②：A

解　答

【問題 30】…⑷　　【問題 31】…⑶

【問題 33】

図のようなフックに，軸線と直角に 1,000 N のせん断荷重が働いている。この時のせん断応力として次のうち正しいものはどれか。

(1)　10 MPa
(2)　25 MPa
(3)　50 MPa
(4)　100 MPa

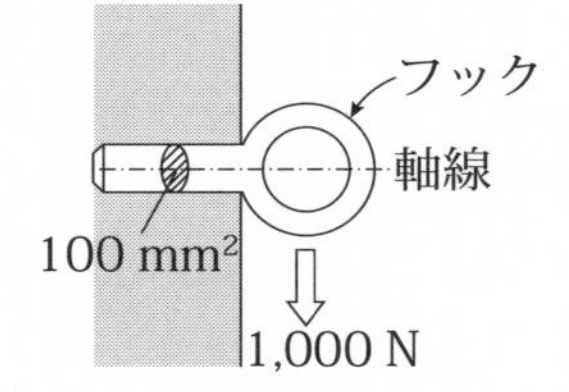

図より，フックの断面積 A が $100\ \text{mm}^2$，せん断荷重が 1,000 N だから，

$\tau = \dfrac{W〔\text{N}〕}{A〔\text{mm}^2〕} = \dfrac{1{,}000}{100} = 10〔\text{MPa}〕$となります。

【問題 34】

直径 20 mm の軟鋼丸棒がある。この軟鋼丸棒に 31, 400 N の荷重が垂直に加わった場合，この丸棒に生ずるせん断応力として，次のうち正しいものはどれか。ただし，円周率 π は 3. 14 とする。

(1)　10 MPa
(2)　50 MPa
(3)　100 MPa
(4)　200 MPa

解説

軟鋼丸棒の断面積 A は，$\dfrac{\pi D^2}{4} = \dfrac{3.14 \times 20^2}{4} = \dfrac{3.14 \times 400}{4}$

$= 3.14 \times 100 = 314$　（注：D は直径）

せん断応力 $\tau = \dfrac{W〔\text{N}〕}{A〔\text{mm}^2〕} = \dfrac{\text{せん断荷重}}{\text{断面積}} = \dfrac{31,400}{314} = 100\ \text{MPa}$ となります。

解　答

【問題 32】…(2)

類題

前問（問題34）の軟銅丸棒に31,400 N の引っ張り荷重を水平に加えたときの引っ張り応力の値を求めなさい。

類題の解説

【問題34】のせん断応力が引っ張り応力に変わっただけで，計算方法も答も同じです。

（答）　100 MPa

【問題35】

短い円柱形の軟鋼棒の上面に10,000 N の圧縮荷重を軸方向にかけたとき，この荷重に耐え得る最小断面積として，次のうち正しいものはどれか。

ただし，軟鋼の圧縮許容応力は，250 MPa とする。

(1)　25 mm^2

(2)　40 mm^2

(3)　200 mm^2

(4)　400 mm^2

解説

問題34のせん断応力の式で，せん断応力（τ）の代わりに応力（σ）を入れるだけでよいので，σ=250 MPa，W = 10,000 N を代入すると，

$$250 = \frac{10,000}{A}$$

$$A = \frac{10,000}{250} = 40\ \text{〔mm}^2\text{〕}$$ となります。

解　答

【問題33】…(1)　　【問題34】…(3)

【問題 36】

直径 20 mm の円形の鋼棒を図のような片持ちばりとした場合，支点から 1 m のところに 100 N の力が作用しているときの最大曲げ応力として，次のうち最も近い値はどれか。ただし，棒の直径を d とした場合の断面係数 Z を $\left(\frac{\pi d^3}{32}\right)$ とする。

(1)　38. 0 MPa
(2)　79. 2 MPa
(3)　127. 0 MPa
(4)　152. 1 MPa

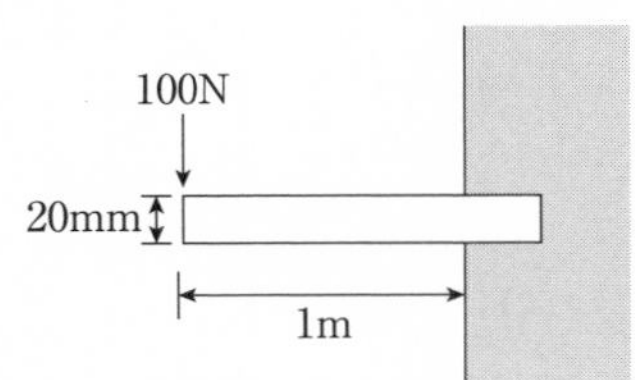

最大曲げモーメント M は，<u>$M = F \times \ell = 100 \times 1{,}000 = 100{,}000$ N･mm</u> となります。一方，断面係数は，はりの断面の形状から求められる係数で，問題で提示された式より求めると，

$$Z = \frac{\pi d^3}{32}$$
$$= 3.14 \times \frac{20 \times 20 \times 20}{32}$$
$$= 3.14 \times \frac{8{,}000}{32}$$
$$= 785 \text{ mm}^3$$

一方，最大曲げ応力 σ_{max} は，$\sigma_{max} = \frac{M}{Z}$ という式で求められます。

この式の M に上記下線部の $M = 100{,}000$ N･mm, Z に 785 mm^3 を代入すると，

$$\sigma_{max} = \frac{M}{Z}$$
$$= \frac{100{,}000 \text{ N}\cdot\text{m}}{785 \text{ mm}^3}$$
$$\fallingdotseq 127 \text{ N/mm}^2$$

N/mm^2 = MPa なので，127.0 MPa が近い値となります。

解　答

【問題 35】…(2)

【問題 37】

次の文中の（　）に当てはまる語句として，正しいものはどれか。

「ある材料に外力を加えて変形させたとき，変形量と元の長さの比を（　　）という」

(1)　ヤング率

(2)　弾性係数

(3)　ポアソン比

(4)　ひずみ

解説

ある材料を圧縮してℓ_1からℓ_2になった場合，変形量の$\ell_1-\ell_2$をλ（ラムダ）とすると，変形量と元の長さの比，λ/ℓ_1をひずみといい，ε（イプシロン）で表します。

$$\varepsilon=\lambda/\ell_1$$

【問題 38】

図は，鋼材に荷重を加えた場合の荷重と伸びの関係を表したものである。次の説明のうち，誤っているものはどれか。

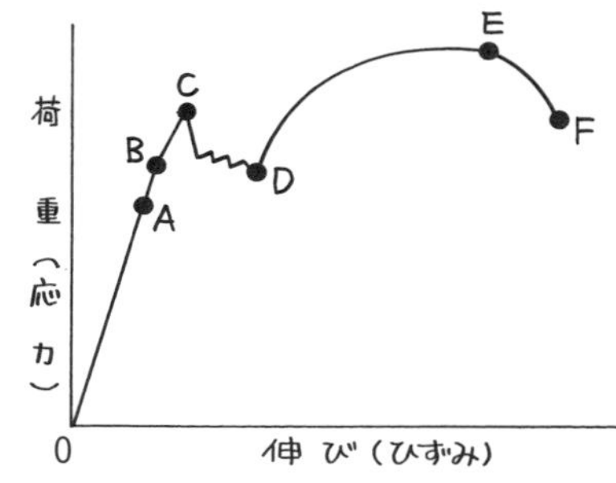

(1)　A点まではフックの法則が成立し，応力とひずみが比例する。このA点の応力を比例限度という。

(2)　B点までは，荷重を取り除くと応力やひずみもなくなる。このひずみを弾性ひずみといい，このひずみの生じない応力の最大限度B点を弾性限度という。従って，B点以降は，荷重を除去してもひずみが残るので，このひずみを永久ひずみという。

(3)　C点を過ぎると，荷重は増加しないのにひずみが急激に増加してD点まで達する。このC点を上降伏点，D点を下降伏点という。

(4)　D点よりさらに荷重を加えると，荷重に比べてひずみが大きくなり，材料が耐えうる極限の強さE点に達し，F点で破断する。このF点を引張り強さという。

解答

【問題 36】…(3)

鋼材を徐々に引っぱると，まずA点までは荷重（応力）と伸び（ひずみ）が比例し（⇒フックの法則が成立する），B点までは，荷重を取り除くとひずみが元に戻り（**弾性限度**という），また，C～D間は，荷重（応力）は増加しないのにひずみが急激に増加します（**降伏点**）。

そして，E点に達すると，材料が耐えうる最大応力，言い換えると「**材料が破壊するまでの最大応力**（＝最大荷重）」である**引張り強さ**（**極限強さ**ともいう）となり，その後はさらにひずみが増加し，F点で破断されます。

従って，(4)の引張強さはE点のことであり，F点は「破断点」となります（注：引張強さは，**基準強さ**という場合もあります）。

なお，この引張強さ以下の荷重でも，長期的に繰り返し力がかかると材料が破断することがあります。この現象を**疲労破壊**といいます。重要

【問題39】

金属材料の引張強さ（基準強さ），許容応力，安全率の関係式として，次のうち正しいものはどれか。

(1)　引張強さ＝許容応力×安全率

(2)　引張強さ＝許容応力÷安全率

(3)　引張強さ＝許容応力＋安全率

(4)　引張強さ＝許容応力－安全率

引張強さは，**極限強さ**または**基準強さ**ともいい，材料が耐えうる最大応力のことをいいます。また，材料に外力を加えると材料の内部には応力が生じますが，そのうち，材料を安全に使用できる応力の最大を**許容応力**といいます。

前問の図でいうと，B点の弾性限度内，すなわち，外力（荷重）を加えても元の長さに戻る範囲内に，この**許容応力**を設定しておく必要があります。

その**引張強さ**と**許容応力**の比が**安全率**となります。

つまり，

解　答

【問題37】…(4)　　　【問題38】…(4)

$$安全率 = \frac{引張強さ（基準強さ）}{許容応力}$$

となるので，引張強さは「許容応力×安全率」となるわけです。

〔**類題**　基準強さが 340 MPa，安全率が 5 の材料の許容応力はいくらか。〕

【問題 40】

金属材料に関する次の文中の(A),(B)に当てはまる語句として，正しいものはどれか。

「材料が耐えうる最大応力は材料が破壊するまでの最大応力とも言うことができるが，そのときの応力を（A）といい，基準強さということもある。また，この基準強さと許容応力の比を（B）という。許容応力は，材質が同じであっても，使用条件が異なれば値も変化する。」

	（A）	（B）
(1)	破断点	安全率
(2)	引張強さ	安全率
(3)	破断点	基準強度
(4)	引張強さ	基準強度

引張強さは，材料が破壊するまでに生じる最大応力のことで，極限強さと言う場合もあります（引張強度という場合もある）。

【問題 41】

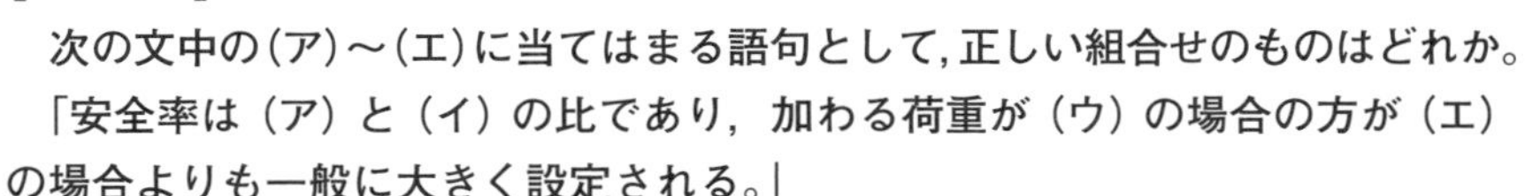

次の文中の（ア）～（エ）に当てはまる語句として，正しい組合せのものはどれか。

「安全率は（ア）と（イ）の比であり，加わる荷重が（ウ）の場合の方が（エ）の場合よりも一般に大きく設定される。」

	（ア）	（イ）	（ウ）	（エ）
(1)	基準強さ	許容応力	静的荷重	動的荷重
(2)	基準強さ	許容応力	動的荷重	静的荷重
(3)	曲げ応力	基準強さ	静的荷重	動的荷重
(4)	曲げ応力	基準強さ	動的荷重	静的荷重

解　答

【問題 39】…(1)　　〔類題〕…68 MPa $\left(=\frac{340}{5}\right)$

正解は，次のようになります。

「安全率は（ア：基準強さ）と（イ：許容応力）の比であり，加わる荷重が（ウ：動的荷重）の場合の方が（エ：静的荷重）の場合よりも一般に大きく設定される。」

【問題 42】

下図のような「はり」の断面のうち，上下の曲げ作用に対して，次のうち，最も強い形状のものはどれか。

ただし，はりの長さ，材質及び断面積は，いずれも同一のものとする。

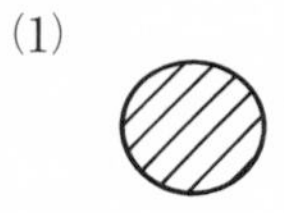
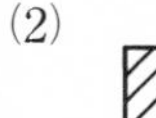
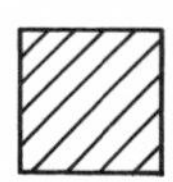
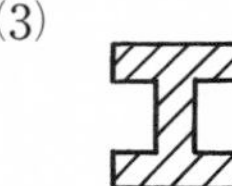

解説

圧縮力と引張力の最もかかる部分を厚く，ほとんど応力のかからない部分を薄くした(3)の形状が，上下の曲げ作用（荷重）に対して最も強い形状ということになります。(強い順に(3)＞(4)＞(2)＞(1)となります。)

【問題 43】

はりの種類の説明として，次のうち誤っているものはどれか。

(1)　片持ばり………一端のみ固定し，他端を自由にしたはり

(2)　固定ばり………両端とも固定支持されているはり

(3)　張出しばり……支点の外側に荷重が加わっているはり

(4)　連続ばり………２個の支点で支えられているはり

連続ばりは，２個の支点ではなく，下の図の(4)のように３個以上の支点で支えられているはりのことをいいます。

解　答

【問題 40】…(2)　　　　【問題 41】…(2)

なお，問題にはありませんでしたが，(5)のような両端支持ばりというものもあるので，参考まで。

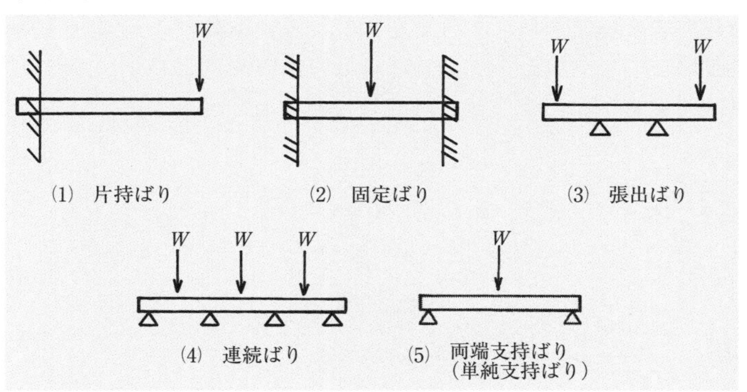

【問題 44】

単純ばりが下図のような等分布荷重を受けている場合，そのモーメントの概念図を表す図として，次のうち正しいものはどれか。

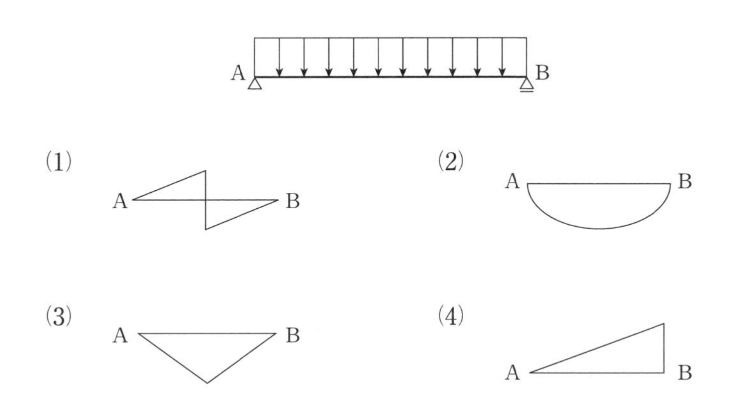

解　答

【問題 42】…(3)　　　　【問題 43】…(4)

⑴は，梁の中心にモーメント荷重が加わっている場合，⑶は，梁の中心に集中荷重が加わっている場合，⑷は，片持梁に集中荷重が加わっている場合のモーメント図です。

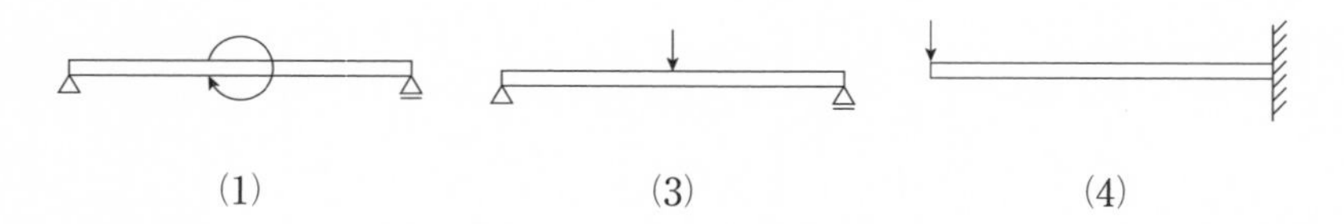

⑴　⑶　⑷

【問題 45】

次の⑴から⑷は１気圧（＝1 atm）を表したものである。誤っているものはどれか。

⑴　1013.25 hPa

⑵　101325 N/m²

⑶　40 mmHg

⑷　1.033 kgf/cm²

解説

⑴　１気圧をパスカルの単位で表したものです（1 Pa は，1 m² に 1 N の力がかかる圧力）。

まず，1 気圧は 101.325 KPa と定められています。K＝1,000 なので，Pa の単位に換算すると，1 気圧は 101325 Pa となります。次に，問題の hPa（ヘクトパスカル）の h は 100 を表しているので，**1013.25 hPa** を Pa の単位に換算すると，1013.25×100＝101325 Pa となります。よって，先ほどの数値と同じになるので，1 気圧として正しいことになります。

⑵　Pa と N/m² は，1 Pa＝1 N/m² となり，同じ数値になります。従って，⑴の解説より 1 気圧＝101325 Pa＝101325 N/m² となるので，正しい。

⑶　1 気圧で水銀柱が押し上がる高さを表したもので，**760 mmHg（76 cmHg）**となるので，誤りです。

⑷　1 気圧を工学単位と呼ばれる単位で表したもので，正しい。

解　答

【問題 44】…⑵

【問題 46】

気体に関するボイル・シャルルの法則について，次のうち正しい記述のものはどれか。

A　一定温度で一定量の気体の体積は圧力に反比例する。
B　一定量の気体の体積は圧力の 2 乗に反比例する。
C　一定量の気体の体積は絶対温度に反比例する。
D　気体の圧力は，絶対温度に比例し，体積に反比例する。

(1)　A，B　　(2)　A，D　　(3)　B，C　　(4)　C，D

気体を理想気体とした場合，圧力を P，体積を V，絶対温度を T（セ氏温度を t とすると，$T=t+273$，と表されます。）とすると，

$\frac{PV}{T}$＝一定　　という式が成り立ちます。

これを**ボイル・シャルルの法則**といい，ことばで表すと，**「気体の圧力は，絶対温度に比例し，体積に反比例する。」**となります。よって，Dが正解です。

また，この式を「体積は，……」という文で表すと，「一定量の気体の体積（V）は，圧力（P）に**反比例**し，絶対温度（T）に**比例**する。」となります。

従って，一定温度の場合，気体の体積は圧力に反比例するので，Aも正解です。

【問題 47】

ある一定質量の気体の圧力を 10 倍，絶対温度を 5 倍にすると，体積は何倍になるか。

(1)　$\frac{1}{2}$ 倍　　(2)　$\frac{1}{5}$ 倍　　(3)　$\frac{3}{5}$ 倍　　(4)　$\frac{5}{3}$ 倍

解説

「一定量の気体の体積は，圧力に反比例し，絶対温度に比例する」。これを**ボイル・シャルルの法則**といい，圧力を P，絶対温度を T，体積を V とすると，

$\boldsymbol{\frac{PV}{T}}$**＝一定**　という式で表されます。

解　答

【問題 45】…(3)

問題の場合，元の気体の圧力をP_1，絶対温度をT_1，体積をV_1，変化後の圧力をP_2，絶対温度をT_2，体積をV_2とすると

$$\boldsymbol{\frac{P_1V_1}{T_1}=\frac{P_2V_2}{T_2}}$$ の式が成り立ちます。

問題の条件より，$P_2=10\,P_1$　$T_2=5\,T_1$となるので，この条件をこの式に代入して変化後の体積V_2を元の体積V_1の式で表せば，V_2がV_1の何倍か，という答が求められます。

従って，$\frac{P_1V_1}{T_1}=\frac{10\,P_1V_2}{5\,T_1}$　$\Rightarrow$　$\frac{\cancel{P_1}V_1}{\cancel{T_1}}=\frac{\overset{2}{\cancel{10}}\,\cancel{P_1}V_2}{\underset{1}{\cancel{5}}\,\cancel{T_1}}$　$V_1=2\,V_2$

$\therefore$　$V_2=\frac{1}{2}V_1$　つまり，元の体積の$\frac{1}{2}$になった，というわけです。

【問題48】

気体の性質について，次のうち正しいものはどれか。なお，圧力は一定とする。

(1)　273℃を超えると，すべての物質が気体になる。

(2)　液体が気体になると，体積は273倍になる。

(3)　温度が1℃上昇するごとに，0℃のときの体積の$\frac{1}{273}$膨張する。

(4)　温度が1℃降下するごとに，0℃のときの体積の$\frac{1}{273}$液化する。

解説

気体の法則には，ボイルの法則とシャルルの法則がありますが，このうち，シャルルの法則をセ氏温度で表現したのが(3)になります。

（絶対温度で表現すると，「（圧力一定の場合）気体の体積は絶対温度に比例する」となります。）

解　答

【問題46】…(2)　　【問題47】…(1)　　【問題48】…(3)

第２編
消防関係法令

第１章　共通部分

ここで，本文に出てくる法令について，簡単に説明しておきます。法令の大まかな構成は次のようになっています。

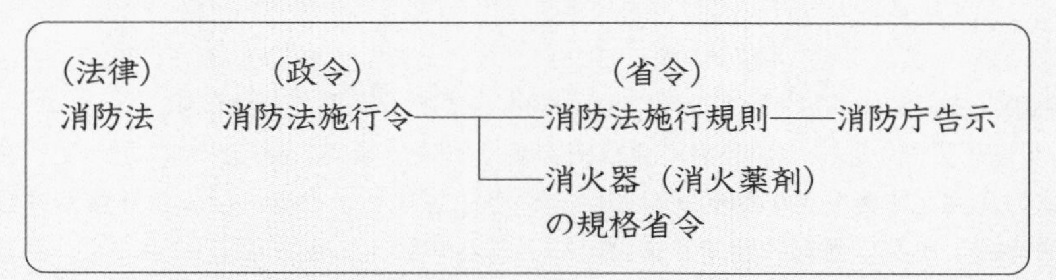

つまり，消防法で大まかな枠を決め，それより細かい規則を消防法施行令で決め，それより更に細かい規則を消防法施行規則や規格省令で定める，という構成になっています。

ちなみに，消防法は国会で制定，施行令は内閣が制定，施行規則と消火器の規格省令は消防庁長官が定めます（危険物の規制に関する政令と危険物の規制に関する規則も同様の構成になっています）。

出題の傾向と対策

まず,「用語」についてですが,**特定防火対象物**や**無窓階**についての説明や**特定防火対象物に該当する防火対象物はどれか**,という出題がよくあります。

法第8条の2の「統括防火管理者」については,**統括防火管理者の選任が必要な防火対象物**について,ごくたまに出題されています。

「消防用設備等の設置単位(施行令第8～9条)」については,**1棟の建物でも別の防火対象物と見なされる条件**等に関する出題がたまにあります。

法第17条の2の5の「基準法令の適用除外」については,「用途変更時の適用除外」とともに比較的よく出題されています(前者の方が多い)。従って,**そ及適用される条件**などをよく覚えておく必要があります。

法第17条の3の2の「消防用設備等を設置した際の届出,検査」については,よく出題されているので,**届出,検査の必要な防火対象物**や**届出を行う者**,**届出期間**などについてよく把握する必要があります。

法第17条の3の3「定期点検」についても,よく出題されているので,全般についてよく把握する必要があります。

法第21条の2の「検定制度」については,出題は比較的少ないですが,主な事項(検定の流れなど)については,把握しておく必要があります。

「消防設備士」については,**免状**に関する出題が頻繁にあります。従って,**免状の書換え**や**再交付の申請先**などについて把握するとともに,**工事整備対象設備等の工事又は整備に関する講習**についても頻繁に出題されているので,**講習の実施者**や**期間**などを十分に把握しておく必要があります。

「消防設備士の義務」については,常識的な判断で解ける問題が殆どですが,「消防用設備等が法令に違反して設置されていれば消防長等に届け出なければならない。」というひねった出題もあるので,注意してください(答は×)。

また,「工事整備対象設備等の着工届出義務」についても,同じく頻繁に出題されているので,**届出を行う者**や**届出先**,**届出期間**などをよく把握しておく必要があります。

【問題１】 

消防法令上の無窓階の説明として，次のうち正しいものはどれか。

⑴　建物外壁に窓を有しない階

⑵　排煙上有効な開口部が一定の基準に達しない階

⑶　避難上又は消火活動上有効な開口部が一定の基準に達しない階

⑷　採光上有効な窓が一定基準に達しない階

解説

窓が無い階と書いてあるので，思わず⑴が正解かな？と思われるかもしれませんが，そうではなく，建築物の地上階のうち，「避難上又は消火活動上有効な開口部が一定の基準に達しない階」のことをいいます。

【問題２】

消防法に規定する用語について，次のうち誤っているものはどれか。

⑴　病院やデパートなど，不特定多数の者が出入りする防火対象物を特定防火対象物という。

⑵　防火対象物または消防対象物の所有者，管理者または占有者を関係者という。

⑶　同じ防火対象物に，政令で定める２以上の用途が存するものを複合用途防火対象物という。

⑷　山林または舟車，船きょ若しくはふ頭に繋留された船舶，建築物その他の工作物または物件を防火対象物という。

解説

⑴　名称に「特定」とありますが，出入りする者は「不特定多数の者」なので注意してください。なお，小学校や中学校などは多数の者が出入りしても不特定多数の者ではないので，特定防火対象物とはなりません。

⑵，⑶　正しい。なお，**防火管理者**は関係者に含まれないので注意！

⑷　防火対象物は「山林または舟車，船きょ若しくはふ頭に繋留された船舶，建築物その他の工作物若しくはこれらに属する物」をいい，設問の文は消防対象物の説明になっています。

解　答

解答は次ページの下欄にあります。

＜防火対象物と消防対象物＞

このケースのように，似たような二つのものを覚える場合，同時に二つ覚えるよりも片方を強調して覚えた方が暗記の効率がよい場合があります。

このケースの場合，「物件」に着目します。つまり，法律用語的な「物件」という，かた苦しい言い方をしている方が「消防対象物」だと覚えるのです。よって，「防火と消防」⇒「消防の方がかた苦しい」⇒

「物件」の付いている方が「消防対象物」

と，連想して思い出すわけです。

【問題３】

特定防火対象物の説明として，次のうち消防法令上正しいものはどれか。

⑴　同一敷地内にある複数の建築物等の総称
⑵　特定された多数の者が出入りする防火対象物
⑶　消防用設備等の設置を義務づけられているすべての防火対象物
⑷　消防法施行令で定められた多数の者が出入りする防火対象物

前問の⑴より，病院やデパートなど，不特定多数の者が出入りする防火対象物を特定防火対象物というので，⑵が誤りで，⑷が正解です。

【問題４】

消防法令上，特定防火対象物に該当するものは，次のうちどれか。

⑴　蒸気浴場，熱気浴場その他これらに類する公衆浴場
⑵　小学校又は中学校
⑶　冷凍倉庫を含む作業場
⑷　図書館と事務所からなる高層ビル

解　答

【問題１】…⑶　　　　【問題２】…⑷

⑴　蒸気浴場，熱気浴場は，令別表第１⑼項のイで，特定防火対象物であり，正しい。（令別表第１は巻末Ｐ311参照）

⑵　小学校や中学校は，高等学校や大学などと同様，令別表第１⑺項に該当する**非**特定防火対象物です。なお，**幼稚園**は，特別支援学校などと同じく特定防火対象物なので，注意が必要です。

⑶　作業場は，令別表第１⑿項のイに該当する**非**特定防火対象物です。

⑷　政令で定める２以上の用途に供される高層ビルなので，複合用途防火対象物ということになりますが，その２以上の用途に特定用途を含まないので（図書館も事務所も**非**特定防火対象物です），令別表第１⒃項のロに該当し，**非**特定防火対象物となります。

【問題５】

消防法令上，特定防火対象物に該当しないものは，次のうちどれか。

⑴　旅館又は宿泊所

⑵　共同住宅

⑶　公会堂

⑷　料理店

共同住宅は寄宿舎や下宿などと同様，令別表第１⑸項のロに該当し，**非**特定防火対象物となります。

なお，⑴は⑸項イ，⑶は⑴項ロ，⑷は⑶項イに該当する特定防火対象物です。

【問題６】

特定防火対象物に該当しないものは次のうちどれか。

⑴　物品販売店舗

⑵　映画館

⑶　テレビスタジオが併設された映画スタジオ

⑷　診療所

解　答

【問題３】…⑷　　【問題４】…⑴

テレビスタジオや映画スタジオは令別表第１⑿項のロに該当し，**非**特定防火対象物です。なお，⑷の診療所は病院と同じく，令別表第１⑹項のイに該当する特定防火対象物です。

⑷の診断所は「診療所に併設する助産施設」であっても同じく特定防火対象物だよ。

【問題７】

防火管理について，次の文中の（　）内に当てはまる消防法令に定められている語句の組合せとして，正しいものはどれか。

「（ア）は，消防の用に供する設備，消防用水若しくは消火活動上必要な施設の（イ）及び整備又は火気の使用若しくは取扱いに関する監督を行うときは，火元責任者その他の防火管理の業務に従事する者に対し，必要な指示を与えなければならない。」

	（ア）	（イ）
⑴	防火管理者	点検
⑵	防火管理者	工事
⑶	管理について権原を有する者	点検
⑷	管理について権原を有する者	工事

本問は，消防法施行令第３条の２第４項をそのまま問題にしたもので，正しくは，次のようになります。

「（ア：**防火管理者**）は，消防の用に供する設備，消防用水若しくは消火活動上必要な施設の（イ：**点検**）及び整備又は火気の使用若しくは取扱いに関する監督を行うときは，火元責任者その他の防火管理の業務に従事する者に対し，必要な指示を与えなければならない。」

従って，アは防火管理者，イは点検となるので，正解は⑴になります。

解　答

【問題５】…⑵　　【問題６】…⑶

【問題８】

防火管理者が行う業務の内容として，次のうち誤っているのはどれか。

(1)　消防計画の作成

(2)　消防の用に供する設備，消防用水又は消火活動上必要な施設の点検，および整備

(3)　危険物の使用または取扱いに関する監督

(4)　消防計画に基づく消火，通報および避難訓練の実施

防火管理者の業務内容は，次のとおりです。

①　防火対象物について消防計画の作成，

②　消防計画に基づく消火，通報及び避難の訓練の実施，

③　消防の用に供する設備，消防用水又は消火活動上必要な施設の**点検及び整備**，

④　火気の使用又は取扱いに関する監督，

⑤　避難又は防火上必要な構造及び設備の維持管理並びに収容人員の管理

⑥　その他防火管理上必要な業務（収容人員の管理など）

従って，(3)の「危険物」というのがこの中に含まれていませんので，これが正解です（正しくは「**火気の使用または取扱いに関する監督**」）。

なお，(1)(2)(4)以外には「避難又は防火上必要な構造及び設備の維持管理並びに収容人員の管理」「その他の防火管理上必要な業務」などがあります。

類題

次の文の(A)，(B)に当てはまる語句の組合せとして，正しいものはどれか。

「（A）は（B）に基づき適正に行われているかを確認する。」

	（A）	（B）
(1)	消防長又は消防署長	防火管理に係る消防計画
(2)	消防長又は消防署長	防火管理に係る消防法
(3)	都道府県知事	防火管理に係る消防計画
(4)	都道府県知事	防火管理に係る消防法

類題の解説

消防法第８条第４項からの出題です。なお，消防計画に従って行われていな

解　答

【問題７】…(1)

いと認める場合は，権原を有する者に対し，業務が法令の規定や消防計画に従って行われるように必要な措置を講ずべきことを命ずることができます。

【問題9】 重要

防火管理者を選任する必要がない防火対象物は，次のうちどれか。

⑴　事務所で収容人員が50人のもの

⑵　同じ敷地内に所有者が同じで，収容人員が15人のカフェと収容人員が10人の飲食店がある場合

⑶　同じ敷地内に所有者が同じで，収容人員が30人と収容人員が40人の2棟のアパートがある場合

⑷　幼稚園で収容人員が40人のもの

防火管理者を置かなければならない防火対象物は，令別表第1（巻末資料1，P 311）に掲げる防火対象物のうち，特定防火対象物の場合が**30人以上**，非特定防火対象物の場合が**50人以上**の場合です。

従って，選任する必要がある防火対象物を○で表すと，⑴の事務所は**非**特定防火対象物なので，50人以上の場合に選任する必要があり，○。また，⑷の幼稚園は，特定防火対象物なので，30人以上の場合に選任する必要があり，よって，○。

一方，同じ敷地内に管理権原を有する者の同一の防火対象物が2つ以上ある場合は，それらを一つの防火対象物とみなして収容人員を合計します。従って，⑵はカフェ，飲食店ともに特定防火対象物であり，収容人員は15人＋10人＝25人と30人未満となるので，選任する必要はありません。

また，⑶はアパートなので**非**特定防火対象物であり，収容人員は30＋40＝70人で50人以上となるため選任する必要があります（○）。

なお，防火管理者を選任するのは，「**管理について権原を有する者**（⇒所有者や会社社長など）」なので，注意して下さい。

【問題10】 重要

次の防火対象物のうち，防火管理者を定めなければならないものはどれか。

⑴　教会で，収容人員が45人のもの

解　答

【問題8】…⑶　〔類題〕…⑴

⑵　老人短期入所施設で，収容人員が 25 人のもの
⑶　カラオケボックスで，収容人員が 25 人のもの
⑷　共同住宅で，収容人員が 45 人のもの

解説

前問の解説より，⑴の教会と⑷の共同住宅は非特定防火対象物なので，50 人以上で選任義務がありますが，いずれも 50 人未満なので，その必要はありません。

また，⑶のカラオケボックスは特定防火対象物なので，30 人以上で選任義務があり，25 人ではその必要はありません。

⑵の老人短期入所施設については，養護老人ホームなどとともに令別表第１第６項ロの防火対象物であり，**10 人以上**で選任義務が生じます。

【問題 11】

管理について権原が分かれている（＝複数の管理権原者がいる）次の防火対象物のうち，統括防火管理者の選任が必要なものはどれか。

ただし，防火対象物は，高層建築物（高さ 31 m を超える建築物）ではないものとする。

A　２階をカラオケボックスとして使用する地階を除く階数が２の複合用途防火対象物で，収容人員が 50 人のもの。
B　地階を除く階数が３の特別養護老人ホームで，収容人員が 20 人のもの。
C　駐車場と共同住宅からなる複合用途防火対象物で，収容人員が 110 人で，かつ，地階を除く階数が４のもの。
D　料理店と映画館からなる複合用途防火対象物で，収容人員が 550 人で，かつ，地階を除く階数が２のもの。
E　地階を除く階数が５の事務所で，収容人員が 80 人のもの。
F　地階を除く階数が５の病院で，収容人員が 70 人のもの。

⑴　AとD　　⑵　BとE　　⑶　BとF　　⑷　CとF

解説

統括防火管理者を選任する必要があるのは，次の防火対象物で，管理について権原が分かれている（＝管理権原者が複数いる）場合です。

解　答

【問題９】…⑵

①　高さが 31 m を超える建築物（＝高層建築物　⇒消防長または消防署長の指定は**不要**）

②　特定防火対象物（特定用途を含む複合用途防火対象物を含む）
地階を除く階数が 3 **以上**で，かつ，収容人員が＊30 **人以上**のもの。
（＊⇒6 項ロ（**養護老人ホーム**等），6 項ロの用途部分が存する複合用途防火対象物の場合は 10 **人以上**）

③　特定用途部分を含まない複合用途防火対象物
地階を除く階数が 5 **以上**で，かつ，収容人員が 50 **人以上**のもの。

④　準地下街

⑤　地下街（ただし，消防長または消防署長が指定したものに限る。）
指定が必要なのはこの地下街だけです。従って，指定のない地下街には統括防火管理者の選任は必要ありません。

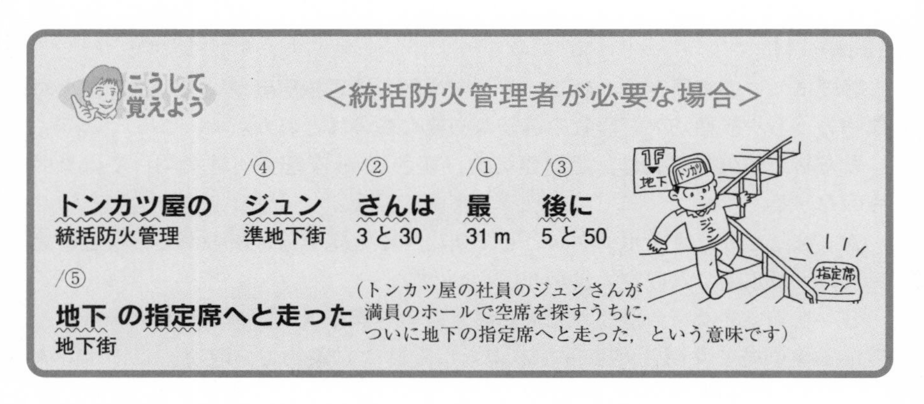

以上より，問題を確認していくと，

A　②の条件より，階数が 2 では，選任する必要はありません。

B　A に同じく②の条件の特例（＊）より，特別養護老人ホームなどの 6 項ロでは，収容人員が 10 人以上で選任する必要があります。

C　駐車場と共同住宅なので，③の特定用途部分を含まない複合用途防火対象物ということになり，その場合，地階を除く階数が **5 以上**で統括防火管理者を選任する必要があるので，4 ではその必要はありません。

D　料理店と映画館は特定用途部分なので，②の条件より，地階を除く階数が **3 以上**である必要があるので，2 では統括防火管理者を選任する必要はあり

解　答

【問題 10】…(2)　　【問題 11】…(3)

ません。

E　事務所だけのビルなので，複合用途防火対象物には該当せず，また，特定防火対象物でもないので，選任する必要はありません。

F　特定防火対象物なので，地階を除く階数が３以上で収容人員が30人以上で選任する必要があり，選任が必要になります。

【問題12】

防火対象物点検資格者について，次のうち正しいものはどれか。

⑴　防火管理者は点検を行うことはできない。

⑵　消防設備士の場合，必要とされる実務経験は１年以上である。

⑶　消防設備点検資格者の場合，３年以上の実務経験があり，かつ，登録講習機関の行う講習を修了しなければならない。

⑷　管理権原者も，登録講習機関の行う講習を受ければ点検を自ら行うことができる。

解説

防火対象物の定期点検制度からの出題です（法第８条の２の２）。

その概要は次の通りです。

⇒　一定の防火対象物の管理権原者は，専門的知識を有する者（防火対象物点検資格者）に防火管理上の業務や消防用設備等，その他火災予防上必要な事項について定期的に点検させ，消防長等に報告する必要があります。

①　防火対象物点検資格者について

防火管理者，消防設備士，消防設備点検資格者の場合，**３年以上**の実務経験があり，かつ，**登録講習機関の行う講習**を修了しなければならない。

②　防火対象物点検資格者に点検させる必要がある防火対象物

・特定防火対象物（準地下街は除く）で収容人員が300**人以上**のもの

・特定１階段等防火対象物

③　点検，および報告期間：**１年に１回**

④　報告先：**消防長**または**消防署長**

以上から問題を確認すると，

⑴　防火管理者も実務経験があり，登録講習機関の行う講習を修了すれば点検を行うことができます。

解　答

解答は次ページの下欄にあります。

(2)　他の資格者と同じく，3年です。
(3)　正しい。
(4)　管理権原者というだけでは，防火対象物点検資格者にはなれません。

点検には，この問題のように防火対象物の点検（法第8条の2の2）と消防用設備等の点検（法第17条の3の3）があるんだ。
防火対象物の点検の方は，主に業務というソフト面に対する点検で，消防用設備等の点検の方は，設備などのハード面に対する点検なので，区別しておくことが大事だヨ。

【問題 13】

消防用設備等について，次のうち誤っているものはいくつあるか。

A　消防の用に供する設備とは，消火設備，警報設備及び避難設備をいう。
B　消火活動上必要な施設とは，排煙設備，連結散水設備及び動力消防ポンプ設備をいう。
C　動力消防ポンプ設備は，粉末消火設備と同じく，消火設備に含まれる。
D　誘導灯は，すべり台や救助袋と同じく，避難設備に含まれる。
E　消防機関へ通報する火災報知設備は，無線通信補助設備と同じく消火活動上必要な施設に含まれる。

(1)　1つ　(2)　2つ　(3)　3つ　(4)　4つ

Bの動力消防ポンプ設備は**消火設備**に含まれるので誤り。また，Eの無線通信補助設備は消火活動上必要な施設に含まれますが，消防機関へ通報する火災報知設備は，**警報設備**に含まれます。
従って，誤っているのは，B，Eの2つになります（⇒次ページの表参照）。

類題

次の消防用設備等の設置に関する記述について，○×で答えなさい。

(1)　設置することが義務付けられている防火対象物は，百貨店，病院，旅館等不特定多数の者が出入りする防火対象物に限られている。
(2)　戸建て一般住宅についても一定の規模を超える場合，消防用設備等の設置を義務付けられる場合がある。（※解答はP60の下欄です）

解　答

【問題12】…(3)

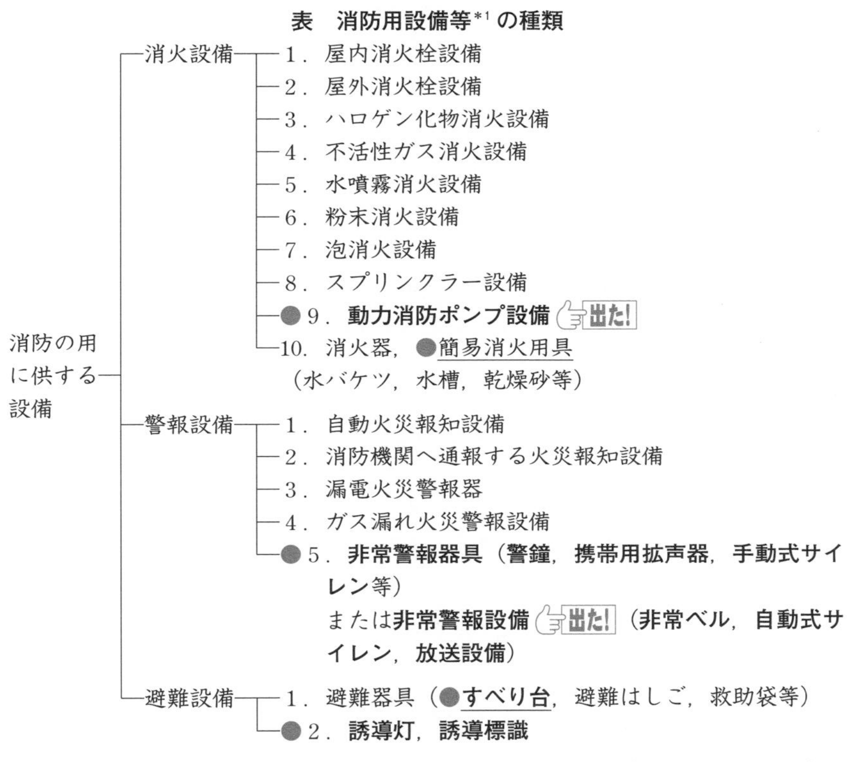

●消防用水――防火水槽，またはこれに代わる貯水池その他の用水

●消火活動上必要な施設[*2]
（下線部は，「こうして覚えよう」に使う部分です）

1．無線通信補助設備
2．非常コンセント設備
3．排煙設備
4．連結散水設備
5．連結送水管

その他，**「必要とされる防火安全性能を有する消防の用に供する設備等」**に該当する設備も当該消防用設備等に含まれ，それに該当する**パッケージ型消火設備**，**パッケージ型自動消火設備**もこの消防用設備等に含まれることになります。

＊1　消防用設備等とは，政令で定める**消防の用に供する設備，消防用水及び消火活動上必要な施設**をいう。
＊2　消火活動上必要な施設とは，消防隊の活動に際して必要となる施設のことをいいます。
●印の付いたものは（注：下線の付いたものは，その設備のみが対象です）消防設備士でなくても工事や整備などが行える設備等です。

解　答

【問題 13】…(2)

<消防用設備等の種類>

1．消防の用に供する設備

要は　火　け　し
用　避難　警報　消火

2．消火活動上必要な施設

消火活動は　向　こう　の　晴　れた　所でやっている
無線　コンセント　排煙　連結

【問題 14】

消防法第 17 条において規定されている「消防の用に供する設備」について，次のうち正しいものはどれか。

A　連結送水管は，消火器と同じく消火設備に含まれる。
B　屋内消火栓設備は，スプリンクラー設備と同じく，消火活動上必要な施設に含まれる。
C　ガス漏れ火災警報設備は，非常警報設備と同じく警報設備に含まれる。
D　水バケツや水槽は，消防用水のひとつである。
E　パッケージ型消火設備は，消防の用に供する設備に該当する。

(1)　AとB　　(2)　C　　(3)　D　　(4)　CとE

A　連結送水管は**消火活動上必要な施設**に含まれます。
B　屋内消火栓設備やスプリンクラー設備は，**消火設備**に含まれています。
D　**消火設備**のひとつです（簡易消火用具）。
E　パッケージ型消火設備はＰ59 の表に含まれているので，該当します。

【問題 15】

指定数量の 10 倍以上の危険物を貯蔵し，又は取り扱う危険物製造所等（移動タンク貯蔵所を除く）に設ける警報設備として，次のうち不適当なものはどれか。

解　答

〔類題〕…(1)×（Ｐ311, 令別表第１の防火対象物）　(2)×（規模に関係なく設置義務なし）

(1)　ガス漏れ火災警報設備　　(2)　拡声装置
(3)　非常ベル装置　　(4)　消防機関へ通報できる電話

指定数量の10倍以上の危険物を貯蔵し，または取り扱う危険物施設に設置しなければならない警報設備の種類は，「自動火災報知設備，拡声装置，非常ベル装置，消防機関へ通報できる電話，警鐘」の５つです。従って，(1)のガス漏れ火災警報設備がこの中に含まれていないので，誤りです。

P59の消防用設備等としての警報設備と，この危険物施設に設ける警報設備の内容は一部異なるので，要注意じゃ。

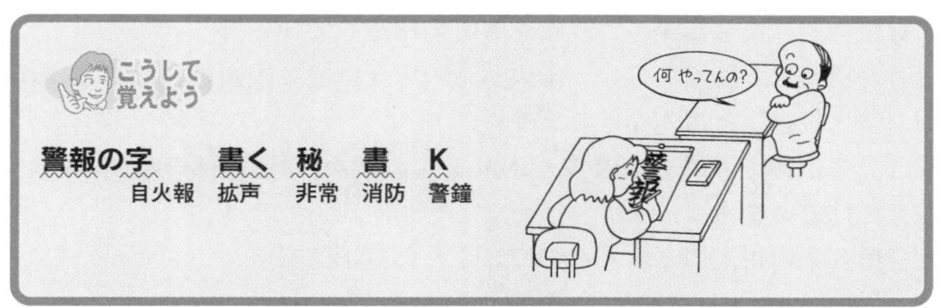

【問題16】

１階が物品販売店舗で，２階が料理店となっている防火対象物に消防用設備等を設置する場合について，次のうち消防法令上正しいものはどれか。

(1)　１階と２階の管理者が別の場合は，それぞれを別の防火対象物とみなす。
(2)　階段部分を除き，１階と２階の耐火構造の床又は壁で区画されていれば，それぞれを別の防火対象物とみなす。
(3)　１階と２階が開口部のない耐火構造の床又は壁で区画されていれば，それぞれを別の防火対象物とみなす。
(4)　政令別表第１（16）項に掲げる防火対象物の部分で，同表（16）項以外の防火対象物の用途のいずれかに該当する用途に供されるものは，法令上，同一用途に供される部分を一の防火対象物とみなす。

解　答

【問題14】…(4)

消防用設備等の設置単位は，特段の規定がない限り棟単位に基準を適用するのが原則ですが，次のような例外もあります。

① **開口部のない耐火構造の床または壁で区画されている場合**
② 複合用途防火対象物の場合
③ 地下街の場合
④ 地下街と接続する特定防火対象物の地階で消防長又は消防署長が指定した場合（ただし，特定の設備のみ）
⑤ 渡り廊下などで防火対象物を接続した場合で，一定の防火措置を講じたもの

①②⑤の場合，それぞれを別の防火対象物とみなし，③④の場合，全体で1つの防火対象物とみなします。これらをもとに確認していくと，

⑴ 管理者が別でも，開口部のない耐火構造の床又は壁で区画されていなければ，別の防火対象物とはみなされません。
⑵ 階段部分も区画されている必要があります。また，「開口部のない」という条件も抜けています。
⑶ 施行令第8条の規定のとおりなので，正しい（下図参照）。
⑷ P 64，「参考」にある消防用設備等については，各用途部分ではなく，1棟を単位として設置します。

なお，⑵の開口部というのは，「建築物の，床又は壁に採光，換気，通風，出入り等のために設けられた窓，出入口等の部分」をいいます。従って，たとえ**特定防火設備**である開口部であっても，開口部があれば，もはや別の防火対象物とはみなされません。

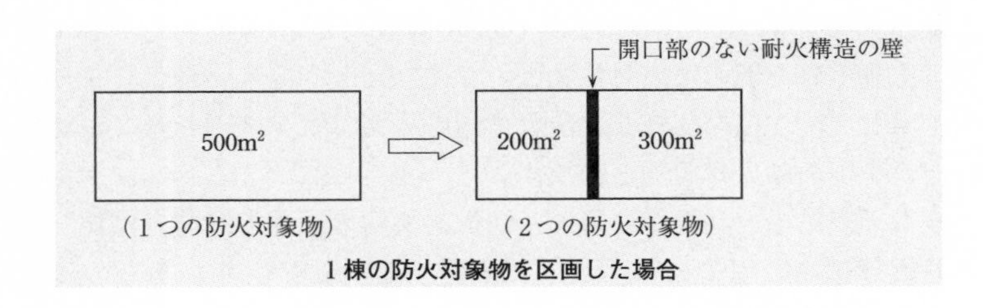

1棟の防火対象物を区画した場合

解　答

【問題 15】…⑴　　【問題 16】…⑶

なお，「**２以上の防火対象物があり，外壁間の中心線からの水平距離が１階は３m 以下，２階は５m 以下で近接する場合は，１棟とみなされる**」という出題例がありますが，これは屋外消火栓設備のみが対象であり，すべての消防用設備等に適応されるわけではないので，誤りになります。

【問題 17】

消防用設備等を設置しなければならない防火対象物に関する説明として，次のうち消防法令上正しいものはどれか。

⑴　複合用途防火対象物では，各階ごとを一の防火対象物とみなして消防用設備等を設置しなければならない。

⑵　複合用途防火対象物では，常にそれぞれの用途区分ごとに消防用設備等を設置しなければならない。

⑶　複合用途防火対象物では，主たる用途区分に適応する消防用設備等を設置しなければならない。

⑷　複合用途防火対象物でも，ある特定の消防用設備等を設置すれば，一の防火対象物とみなされる場合がある。

解説

（施行令第９条からの出題です。）複合用途防火対象物に消防用設備等を設置する場合は，原則として**各用途部分を１つの防火対象物とみなして基準を適用**します。従って，⑴の「各階ごと」というのは誤りで，また，⑶の「（複合用途防火対象物の）主たる用途区分」というのも誤りです。

また，この規定には**例外**があり，＊ある特定の設備を設置する場合は，**全体を１つの防火対象物**とみなします。

従って，⑵の「常にそれぞれの用途区分ごと」というのは誤りで（⇒　原則として用途区分ごとに設置する必要があるが，例外もあるので「常に」の部分が誤り），⑷が正解となります。

解　答

解答は次ページの下欄にあります。

ある特定の設備とは次の設備のことです。

- **スプリンクラー設備**
- **自動火災報知設備**
- **ガス漏れ火災警報設備**
- **漏電火災警報器**
- **非常警報設備**
- **避難器具**
- **誘導灯**

⇒（これらは，いずれも警報や避難などの際に必要な設備で，防火対象物全体として配慮する必要があるためです。）

〔類題……○×で答える〕
複合用途防火対象物に屋内消火栓設備と消火器を設置する場合，１棟を単位として基準を適用する。

類題の解説

両方の設備とも上記の表に含まれていないので，原則どおり各用途部分ごとに基準を適用します。

【問題 18】

消防用設備等が技術上の基準に従って維持されていない場合，「消防長又は消防署長」は必要な措置をとることを命じることができるが，その命令を受ける者として，消防法令上，正しいものは次のうちどれか。

(1) 防火対象物の防火管理者に限られる。
(2) 防火対象物の関係者で命令の内容を正当に履行できる者。
(3) 防火対象物の関係者であれば権原を有しなくてもよい。
(4) 防火対象物の占有者は含まれない。

設置維持命令については，次のようになっています。

「**消防長又は消防署長**は，防火対象物の消防用設備等が**設備等技術基準**に従

解　答

【問題 17】…(4)　〔類題〕…×

って設置され，又は維持されていないと認めるときは，当該**防火対象物の関係者で権原を有する者**（命令の内容を法律上正当に履行できる者）に対し，**設備等技術基準**に従ってこれを設置すべきこと，又はその維持のため，必要な措置をなすべきことを命じることができる」（⇒下線部穴埋めの出題例あり）

(1)　防火対象物の関係者は「所有者，管理者，占有者」で，防火管理者だけに限られていないため，誤りです。

(3)　防火対象物の関係者で，しかも権原を有する必要があるので，誤りです。

(4)　占有者も含まれます。

なお，設置工事に携わった**消防設備士**も設置維持命令を受ける者には含まれないので，要注意です。

類題

次の文中の(A)，(B)に当てはまる語句を答えなさい。

「設置維持命令は，（A）が（B）に対して命ずることができる。」

※解答はＰ65~66の下欄

【問題 19】

法第 17 条第 2 項の規定では，地方の気候又は風土の特殊性によっては，消防用設備等の技術上の基準を定める政令又はこれに基づく命令の規定と異なる規定を設けることができるとされているが，この規定を定めているものとして，次のうち正しいものはどれか。

(1)　消防庁長官が定める告示基準により定める。

(2)　都道府県条例により定める。

(3)　その地域を管轄する消防長又は消防署長が定める基準により定める。

(4)　市町村条例により定める。

解説

地方の気候又は風土の特殊性として，たとえば，北海道のような寒冷地と雪がほとんど降らないような地域を同一の基準で運用すると，どうしても不具合が生じる場合があります。そのような場合に，政令またはこれに基づく命令の規定と異なる規定を**市町村条例**により定めることができるとされています。

ただ，この場合，注意しなければならないのは，政令で定める基準を**強化することはできても**，緩和することはできないということです。

解　答

【問題 18】…(2)　　〔類題〕 (A)：消防長又は消防署長

【問題 20】

既存の防火対象物を消防用設備等の技術上の基準が改正された後に増築又は改築した場合，消防用設備等を改正後の基準に適合させなければならない増築又は改築の規模として，次のうち消防法令に定められているものはどれか。

(1)　増築又は改築の床面積の合計が，300 m² 以上となる場合。
(2)　増築又は改築の床面積の合計が，500 m² 以上となる場合。
(3)　増築又は改築の床面積の合計が，1,000 m² 以上となる場合。
(4)　増築又は改築の床面積の合計が，3,000 m² 以上となる場合。

問題文の「既存の防火対象物を消防用設備等の技術上の基準が改正された後に増築又は改築した場合」を具体例を挙げて説明すると，「令和元年にＡという建築物を建て（このＡが既存の防火対象物となる），令和２年に技術上の基準が改正され，令和３年に増築（又は改築）した場合」，という意味です。

その場合，その増改築の規模がどのくらいの場合に改正後の基準（令和３年の基準⇒現行の基準法令）に適合させなければならないか，というのが本問の主旨です。

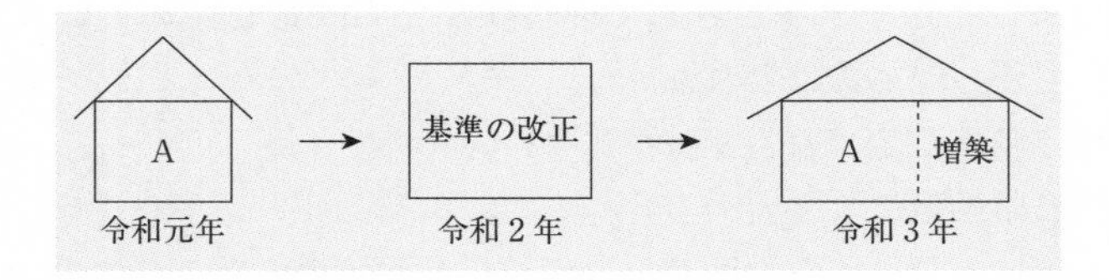

この基準法令の適用除外については，法第 17 条の２の５に規定があり，それによると，次の場合に現行の基準法令（改正後の基準）に適合させなければならないことになっています。

①　**特定防火対象物**の場合
②　従前の規定に違反している場合
　（⇒　建築物Ａでいうと，令和元年以前の規定に違反している場合）
③　現行の基準法令に適合させて消防用設備等を設置してある場合

解　答

〔類題〕 (B)：防火対象物の関係者で権原を有する者　　　【問題 19】…(4)

④　現行の基準法令の規定の施行または適用後に次の工事を行った場合
（⇒　建築物Ａでいうと，「令和２年以降において」）
○　床面積 1,000 m² **以上**，又は従前の延べ面積の２**分の１以上**の
1．**増改築**
2．主要構造部である**壁**について大規模な修繕若しくは模様替えの工事
（⇒　２は屋根や階段などの修繕等は含まない）

⑤　次の消防用設備等については，常に現行の基準に適合させる必要があります（波線部は，［こうして覚えよう］に使う部分です）。
○　漏電火災警報器
○　避難器具
○　消火器，簡易消火用具
○　自動火災報知設備（特定防火対象物と重要文化財等のみ）
○　ガス漏れ火災警報設備（特防と法で定める温泉採取設備のみ）
○　誘導灯，誘導標識
○　非常警報器具または非常警報設備

（特防：特定防火対象物の略称です）

こうして覚えよう　＜常に現行の基準に適合させる消防用設備等＞

新基準発令！

老	秘	書	爺(じい)	が	ゆ	け
漏電	避難	消火	自火報	ガス	誘導	警報

（新しい法律が発令されたので秘書に見に行かせる，という意味です）

従って，この④の１より，**床面積 1,000 m² 以上を増築又は改築した場合に，改正後の基準に適合させなければならない**，ということになります。

解　答

【問題 20】…(3)

【問題 21】

既存の防火対象物における消防用設備等は，技術上の基準が改正されても，原則として改正前の基準に適合していればよいと規定されているが，基準が改正された後に一定の「増改築」がなされた場合は，この規定は適用されず，改正後の基準に適合させなければならない。この一定の「増改築」に該当しないものは，次のうちどれか。

(1)　既存の延べ面積の $\frac{1}{4}$ で 1,100 m^2 の増改築

(2)　既存の延べ面積の $\frac{3}{4}$ で 800 m^2 の増改築

(3)　既存の延べ面積の $\frac{2}{5}$ で 800 m^2 の増改築

(4)　既存の延べ面積の $\frac{5}{6}$ で 1,700 m^2 の増改築

これも，前問同様，前問の解説の④の１からの出題です。

改正後の基準に適合させる必要が生じる増改築は，

(ア)　従前の延べ面積の２分の１以上
(イ)　床面積 1,000 m^2 以上

のどちらかの条件を満たしている場合です。問題では，その増改築に該当しないものを探せばよいので，(ア),(イ)の条件が両方とも×のものを探せばよいのです。

順に検討すると（○は増改築の条件に適合する場合），

(1)　(ア)の条件は×ですが，(イ)の条件を満たしているので，○です。
(2)　(ア)の条件は○で，(イ)の条件が×なので，結局は○です。
(3)　(ア)の条件は×で，かつ，(イ)の条件も×なので，よって，一定の「増改築」に該当せず，「現行の基準法令に適合しなくてもよい（⇒　従前のままでよい）」，ということになります。
(4)　(ア)の条件も(イ)の条件も○です。

解　答

解答は次ページの下欄にあります。

【問題 22】

次のうち，消防用設備等の技術上の基準が改正された場合に，改正後の基準に適合させなければならない防火対象物はどれか。

(1)　主要構造部である壁を $\frac{1}{3}$ にわたって修繕した床面積が 1,000 m^2 の図書館

(2)　床面積が 600 m^2 の展示場

(3)　床面積が 1,500 m^2 の倉庫

(4)　スプリンクラー設備が設置されている床面積が 3,000 m^2 の小学校

解説

改正後の基準に適合させなければならない条件は，前問のように増改築の場合もあれば，問題 20 の解説の①にあるように，**特定防火対象物**の場合もあります。従って，床面積に関係なく，特定防火対象物であれば改正後の基準に適合させなければならないので，(2)の展示場が正解となります。

なお，(1)は，$\frac{1}{2}$ を超えていないので（＝過半ではない），適合しません。

また，(4)の設備は問題 20 の解説の⑤に含まれていません。

【問題 23】

消防用設備等の設置に関する基準が改正された場合，原則として既存の防火対象物には適用されないが，消防法令上，すべての防火対象物に改正後の規定が適用される消防用設備等は，次のうちどれか。

A　消防機関へ通報する火災報知設備

B　工場に設置されている非常コンセント設備

C　屋内または屋外消火栓設備

D　倉庫に設置されている非常警報設備

E　大学の附属図書館に設置されている自動火災報知設備

(1)　A，C　　(2)　B　　(3)　C，E　　(4)　D

問題 20 の解説の⑤より，D の非常警報設備のみが正解です（工場，倉庫，

解　答

【問題 21】…(3)

図書館等は非特定防火対象物です)。なお，Ｅは展示場等の特定防火対象物に設置されていれば適用されます。

【問題 24】

防火対象物の用途が変更された場合の消防用設備等の技術上の基準の適用について，次のうち消防法令上正しいものはどれか。

⑴　防火対象物の用途が変更された場合は，変更後の用途に適合する消防用設備等を設置しなければならない。

⑵　変更後の用途が特定防火対象物に該当しなければ，すべての消防用設備等を変更しなくてよい。

⑶　変更後の用途が特定防火対象物に該当する場合は，変更後の用途区分に適合する消防用設備等を設置しなければならない。

⑷　用途変更前に設置された消防用設備等が違反していた場合は，変更前の基準に適合するよう措置しなければならない。

解説

用途変更の場合も，問題 20 の基準法令の適用除外と同様に考えます。つまり，「法令の変更」を「用途の変更」に置き換えればよいだけです。

⑴　防火対象物の用途が変更されたからといって，常に変更後の用途に適合させる必要があるのではなく，変更後の用途に適合させる必要があるのは，あくまでも“例外”です。

　つまり，原則は変更前の基準に適合していればよいのです。

⑵　変更後の用途が特定防火対象物に該当しなくても，問題 20 の解説にもあるように，たとえば，用途変更後に **1,000 m² 以上**の増改築をすれば，消防用設備等を変更する必要があるので，誤りです。

⑶　問題 20 の解説の①より，正しい。

⑷　変更前の基準に違反していたら，変更前ではなく，変更後の基準に適合するよう措置しなければならないので，誤りです（問題 20 の解説の②参照)。

【問題 25】

防火対象物の用途が変更された場合の消防用設備等の技術上の基準の適用に

解　答

【問題 22】…⑵　　　　　【問題 23】…⑷

ついて，次のうち消防法令上誤っているものはどれか。

⑴　変更後の用途が特定防火対象物に該当する場合は，変更後の用途区分に適合する消防用設備等を設置しなければならない。

⑵　用途変更前に設置された消防用設備等が違反していた場合は，用途変更後の基準に適合する消防用設備等を設置しなければならない。

⑶　原則として用途変更前に設置された消防用設備等は，そのままにしておいてよいが，その後一定規模以上の増改築工事を行う場合は，変更後の用途区分に適合する消防用設備等を設置しなければならない。

⑷　用途変更後に不要となった消防用設備等については，撤去するなどして，確実に機構を停止させなければならない。

この問題も，問題 20 の解説（P 66）をもとに判断します。

⑴は①の条件，⑵は②の条件，⑶は④の１の条件から，各条件に適合する消防用設備等を設置する必要があります。

⑷については，用途変更後に消防用設備等が不要となっても，そのまま「任意に設置した消防用設備等」として設置しておけばよいだけで，撤去や機構を停止させなければならないというような規定はありません。

【問題 26】

消防用設備等を設置したときの届出及び検査について，次のうち消防法令上誤っているものはどれか。

⑴　届出期間は，設置工事完了後４日以内である。

⑵　特定防火対象物に消防用設備等を設置した場合は，消防用設備等の種類にかかわらず，すべて届け出て検査を受けなければならない。

⑶　特定防火対象物であっても簡易消火用具を設置した場合には，届け出て検査を受ける必要はない。

⑷　特定防火対象物以外のものであっても自動火災報知設備を設置した場合には，届け出て検査を受けなければならないものがある。

解　答

【問題 24】…⑶

解説

消防用設備等を設置した場合に届け出て検査を受けなければならない防火対象物は，次のようになっています。

(a)　特定防火対象物	延べ面積が 300 m² 以上のもの
(b)　非特定防火対象物	延べ面積が 300 m² 以上で，かつ， 消防長または消防署長が指定したもの
(c)　・２項ニ（カラオケボックス等） ・５項イ（旅館，ホテル等） ・６項イ（病院，診療所等）で入院施設のあるもの ・６項ロ（老人短期入所施設，養護老人ホーム，要介護の老人ホーム等） ・６項ハ（要介護除く老人ホーム，保育所等）で宿泊施設のあるもの ・上記用途部分を含む複合用途防火対象物，地下街，準地下街 ・特定１階段等防火対象物*	すべて

＊特定１階段等防火対象物

図のように，**地下階**または**３階以上の階**に特定用途部分があり，１階までの**屋内階段が１つ**しかない建物のことをいいます。

この１つしかない階段が煙突となって危険なので，特に「特定１階段等防火対象物」と名付けてすべて届け出るように規制しているわけです。

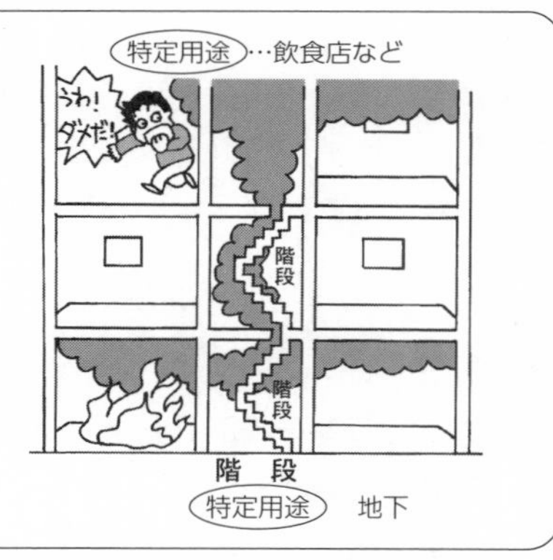

ただし，次のものは，設置しても届け出て検査を受ける必要はありません。

簡易消火用具（⇒　水バケツ，水槽，乾燥砂，膨張ひる石，膨張真珠岩）
非常警報器具（⇒　警鐘，携帯用拡声器，手動式サイレン）

従って，⑶が正しく，⑵が誤りです。

ただし，次のものは，設置しても届出を受ける必要はありません。

⑷は，非特定防火対象物であっても(b)のような防火対象物の場合は届け出て検査を受けなければならないので，正しい。

解　答

【問題 25】…⑷

また，届出先は**消防長**（消防本部を置かない市町村はその市町村長），または**消防署長**で，届出期間は設置工事完了後４**日以内**なので，⑴も正しい。

なお，消防用設備等の設置をする際は，当然，その設置工事をする必要がありますが，それについては法第 17 条の 14 に規定があり，工事の着工 **10 日前**までに着工届けを**甲種消防設備士**が**消防長**又は**消防署長**に提出しなければならないことになっています。

【問題 27】

消防用設備等を設置したときの届出及び検査について，次のうち消防法令上正しいものはどれか。

⑴　消防用設備を設置したときに届け出て検査を受けるのは，当該工事をしなかった消防設備士である。

⑵　消防用設備等を設置して検査を受ける場合の届出先は，当該市町村長である。

⑶　特定防火対象物以外のものについては，延べ面積に関係なく，届け出て検査を受ける必要はない。

⑷　避難階が１階にあり，地上に直通する屋内階段が２か所ある６階建ての共同住宅で，延べ面積が $250m^2$ のものは届け出て検査を受ける必要はない。

解説

⑴　届け出て検査を受けるのは，当該防火対象物の関係者，**所有者，管理者**または**占有者**です。

⑵　消防長または消防署長です。

⑶　前問の表の⒝より，非特定防火対象物であっても，届け出て検査を受けなければならない防火対象物もあるので，誤りです。

⑷　この建物は屋内階段が２つあるので【問題 26】の解説にある特定１階段等防火対象物に該当せず，かつ非特定で 300 m^2 未満なので，届け出て検査を受ける必要はありません。

なお，似たような規定に，消防用設備等の定期点検に関する規定があり，その場合は，【問題 30】の解説にある表のようになるので数値を間違わないように！

解　答

【問題 26】…⑵

【問題 28】

設備等技術基準に従って設置しなければならない消防用設備等（簡易消火用具及び非常警報器具を除く。）を設置した場合に，消防長又は消防署長に届け出て，検査を受けなければならない防火対象物として，消防法令上，正しいものは次のうちどれか。ただし，特定1階段等防火対象物でないものとする。

⑴　集会場で，延べ面積が 250 m² のもの。

⑵　教会で，延べ面積が 250 m² のもの。

⑶　カラオケボックスで，延べ面積が 250 m² のもの。

⑷　入院施設を有しない助産所で，延べ面積が 250 m² のもの。

【問題 26】の解説の表（a）～（c）より確認していきます。

⑴　集会場は（a）に該当するので，延べ面積が 300 m² 未満では届け出て，検査を受ける必要はありません。

⑵　教会は（b）に該当するので，延べ面積が 300 m² 未満では届け出て，検査を受ける必要はありません。

⑶　カラオケボックスは（c）に該当するので，延べ面積に関わらず届け出て，検査を受ける必要があります。

⑷　入院施設を有しない助産所は（a）に該当するので，延べ面積が 300 m² 未満では届け出て，検査を受ける必要はありません。

【問題 29】

消防用設備等を設置等技術基準に従って設置した場合，消防長又は消防署長に届け出て検査を受けなければならない防火対象物として，消防法令上，正しいものは次のうちどれか。

⑴　延べ面積が 250 m² の老人短期入所施設（消防法施行令別表第1（6）項ロ）に設置した誘導灯

⑵　延べ面積が 280 m² の飲食店（消防法施行令別表第1（3）項ロ）に設置したガス漏れ火災警報設備

⑶　延べ面積が 300 m² の公衆浴場（消防法施行令別表第1（9）項ロ）に設置した非常警報器具

⑷　延べ面積が 350 m² の幼稚園（消防法施行令別表第1（6）項ニ）に設置

解　答

【問題 27】…⑷

した水槽

【問題 26】の解説の表（P 72）より確認していきます。

(1)（ c ）に該当するので，延べ面積に関わらず届け出て，検査を受ける必要があります。

(2)（ c ）に該当せず，かつ，300 m² 未満の特定防火対象物なので，届け出て，検査を受ける必要はありません。

(3) 300 m² は（ a ）の「300 m² 以上」という条件に該当しますが，設置しても届出を受ける必要がない消防用設備に非常警報器具が含まれている（P 72 下の色枠内参照）ので，届け出て，検査を受ける必要はありません。

(4) 水槽は，(3)に同じく，設置しても届出を受ける必要がない消防用設備に含まれているので（⇒簡易消火用具），届け出て，検査を受ける必要はありません。

【問題 30】

消防用設備等の定期点検を消防設備士又は消防設備点検資格者にさせなければならない防火対象物として，次のうち消防法令上正しいものはどれか。

ただし，消防長又は消防署長が指定するものを除くものとする。

(1) キャバレーで，延べ面積が 600 m² のもの

(2) 集会場や公会堂で，延べ面積が 800 m² のもの

(3) ホテルで，延べ面積が 1,000 m² のもの

(4) 駐車場で，延べ面積が 1,600 m² のもの

解説

消防用設備等又は特殊消防用設備等の定期点検を消防設備士または消防設備点検資格者が行わなければならない防火対象物は，次のようになっています（P 72 の消防用設備等を設置した場合に届け出て検査を受けなければならない防火対象物の延べ面積と比べてみよう！）。

解　答

【問題 28】…(3)

(a)　特定防火対象物	延べ面積が 1,000 m² 以上のもの。
(b)　非特定防火対象物	延べ面積が 1,000 m² 以上で，かつ消防長または消防署長が指定したもの。
(c)　特定１階段等防火対象物	すべて

（上記以外の防火対象物は防火対象物の関係者が点検を行います）

これから問題の防火対象物を考えると，(1)～(3)は特定防火対象物ですが，(1)と(2)は 1,000 m² 未満なので，防火対象物の関係者が点検を行います。しかし，(3)は 1,000 m² 以上となるので，消防設備士又は消防設備点検資格者が点検を行うことになり，従って，これが正解です。

(4)の駐車場は，問題の条件より，消防長等の指定のない**非**特定防火対象物なので，防火対象物の関係者が点検を行います。

【問題 31】

消防用設備等の定期点検を消防設備士又は消防設備点検資格者にさせなければならない特定防火対象物の最小延べ面積として，次のうち消防法令上に定められているものはどれか。

(1)　300 m²
(2)　500 m²
(3)　1,000 m²
(4)　2,000 m²

前問解説の表からもわかるように，特定防火対象物の場合は，(3)の 1,000 m² 以上となります。

【問題 32】

消防用設備等の定期点検の結果について，消防長又は消防署長への報告期間として，次のうち消防法令上正しい組合せのものはどれか。

(1)　工場，駐車場………………６か月に１回
(2)　小学校，図書館……………１年に１回

解　答

【問題 29】…(1)　【問題 30】…(3)

⑶　百貨店，ホテル……………6か月に1回
⑷　病院，養護老人ホーム……1年に1回

定期点検の結果については，「特定防火対象物が**1年に1回**」，「非特定防火対象物が**3年に1回**」となっています。従って，⑴と⑵は，「非特定防火対象物」なので3年に1回であり誤り，また，⑶と⑷は「特定防火対象物」なので1年に1回となり，⑶が誤りで，⑷が正解となります。

なお，点検の報告期間については解説の通りですが，点検の時期については「機器点検が**6か月に1回**」，「総合点検が**1年に1回**」なので，注意してください（その他，任意設置の消防用設備等の点検等は必要ないので，こちらも注意）。

【問題33】

消防用設備等の定期点検及び報告に関する記述について，次のうち消防法令上誤っているものはどれか。

⑴　消防法第17条に基づいて設置された消防用設備等は，定期に検査をしなければならない。
⑵　特定防火対象物以外の防火対象物にあっては，点検を行った結果を維持台帳に記録し，消防長，又は消防署長に報告を求められたとき報告すればよい。
⑶　特定防火対象物の関係者は，点検の結果を消防長，又は消防署長に報告しなければならない。
⑷　特定防火対象物に設置された消防用設備等であっても，任意に設置されたものは，定期点検及びその結果の報告についての義務は課されていない。

解説

点検及び報告は“義務”であり，「報告を求められたとき報告すればよい。」というのは誤りです。

解　答

【問題31】…⑶

【問題 34】

消防用設備等又は特殊消防用設備等の定期点検を実施した際に報告を行う者，及びその報告先として，次のうち正しいものはどれか。

	報告を行う者	報告先
(1)	消防設備士又は消防設備点検資格者	都道府県知事
(2)	防火対象物の関係者	消防長又は消防署長
(3)	消防設備士又は消防設備点検資格者	消防長又は消防署長
(4)	防火対象物の関係者	都道府県知事

これも，定期点検の“おさらい”としての問題です。

定期点検を実施した際に報告を行う者は，「防火対象物の関係者」であり，報告先は，「消防長又は消防署長」です。

【問題 35】

消防の用に供する機械器具等の検定について，消防法令上誤っているものは次のうちどれか。

(1)　型式承認とは，検定対象機械器具等の型式に係る形状等が，総務省令で定める検定対象機械器具等に係る技術上の規格に適合している旨の承認をいう。

(2)　型式適合検定とは，検定対象機械器具等の形状等が型式承認を受けた検定対象機械器具等の型式に係る形状等に適合しているかどうかについて総務省令で定める方法により行う検定をいう。

(3)　検定対象機械器具等のうち消防の用に供する機械器具等は，型式承認を受けた形状等と同じものであれば，設置や変更又は修理の請負に係る工事に使用できる。

(4)　検定対象機械器具等には，消火器，火災報知設備の感知器又は発信機，閉鎖型スプリンクラーヘッド，金属製避難はしごなどがある。

解　答

【問題 32】…(4)　　【問題 33】…(2)

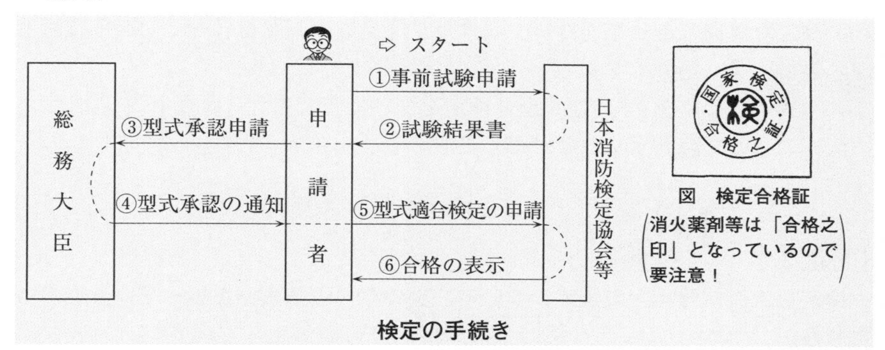

検定の手続き

(3)　検定対象機械器具等を「**販売**の目的で陳列する」ためには，「型式承認を受け，かつ，**型式適合検定に合格したものである旨の表示**（＝**検定合格証**）が付されていなければ**販売**の目的で陳列してはならない」となっています。しかし，この「消防の用に供する機械器具又は設備」については，その他に「**設置したり修理の請負に係る工事に使用する**」際にもこの**検定合格証の表示**が必要，となっており，その表示が必要な説明がないので，誤りです。

【問題 36】

型式承認及び型式適合検定について，次のうち正しいものはどれか。

(1)　型式承認に係る申請がなされた場合，その承認を行う者は消防庁長官である。

(2)　日本消防検定協会又は法人であって総務大臣の登録を受けたものは，型式適合検定に合格した検定対象機械器具等にその旨の表示を付さなければならない。

(3)　検定対象機械器具等の材質や成分及び性能等は，日本消防検定協会又は登録検定機関が定める技術上の基準により定める。

(4)　検定対象機械器具等に型式承認を受けて合格した旨の表示があれば，販売の目的で陳列することができる。

(1)　型式承認の承認を行う者は**総務大臣**です。

解　答

【問題 34】…(2)　　【問題 35】…(3)

⑵　正しい。なお，「法人であって総務大臣の登録を受けたもの」とは，**登録検定機関**のことをいいます。

⑶　検定対象機械器具等の材質や成分及び性能等は，総務省令で定める技術上の規格により定めます。

⑷　型式承認ではなく，「**型式適合検定**を受けて合格した旨の表示」があれば，販売の目的で陳列することができます。

【問題 37】

検定対象機械器具等の検定について，次のうち消防法令上誤っているものはどれか。

⑴　総務大臣は，型式承認が失効したときは，その旨を公示するとともに，当該型式承認を受けた者に通知しなければならない。

⑵　型式承認の効力が失われたときは，その型式承認に係る型式適合検定の合格の効力も失われる。

⑶　型式適合検定を受けようとする者は，まず総務大臣に申請しなければならない。

⑷　みだりに型式適合検定合格の表示を付したり，紛らわしい表示を付した場合には罰則の適用がある。

型式適合検定を受けようとする者は，総務大臣ではなく，**日本消防検定協会**又は**登録検定機関**に申請する必要があります。

【問題 38】

次のうち，消火器用の検定合格証はどれか。

⑴

⑵

⑶

⑷

解説

⑵は閉鎖型スプリンクラーヘッド，⑶は消火器用消火薬剤（⇒　「合格之印」

解　答

【問題 36】…⑵

になっている）です。

(3)の消火薬剤の方は，「**印**」，(4)の消火器の方は「**証**」となっているので，くれぐれも間違わないように！

【問題 39】

消防設備士が行うことができる工事又は整備について，消防法令上，正しいものは次のうちどれか。

(1)　甲種特類消防設備士免状の交付を受けている者は，消火器の点検整備を行うことができる。

(2)　乙種第１類消防設備士免状の交付を受けている者は，水噴霧消火設備のほかパッケージ型消火設備の工事も行うことができる。

(3)　乙種第４類の消防設備士免状の交付を受けているものは，ガス漏れ火災警報設備や漏電火災警報器の整備を行うことができる。

(4)　甲種第５類の消防設備士免状の交付を受けているものは，緩降機及び救助袋の工事を行うことができる。

解説

消防設備士の業務独占の対象となるものは，次のようになっています。

（注：Ⓟⓐは，パッケージ型消火設備，パッケージ型自動消火設備です⇒ P 315 参照）

区分	工事整備対象設備等の種類（太枠部分は甲種，乙種とも）⇒ 規則 33 条の 3		
特　類	特殊消防用設備等（注：この特類と下の太枠の設備は**工事着工届**が必要です）		
第１類	屋内又は屋外消火栓設備，水噴霧消火設備，スプリンクラー設備，Ⓟⓐ		
第２類	泡消火設備，Ⓟⓐ		
第３類	ハロゲン化物消火設備，粉末消火設備，不活性ガス消火設備，Ⓟⓐ		
第４類	自動火災報知設備，消防機関へ通報する火災報知設備， ガス漏れ火災警報設備		
第５類	金属製避難はしご，救助袋，緩降機		
第６類	消火器	第７類	漏電火災警報器

（＊注：**電源部分**は除く。第１類はさらに**水源**，**配管部分**も除く⇒ 資格不要）

解　答

【問題 37】…(3)　　　　【問題 38】…(4)

（甲種消防設備士は**特類**及び**第1類から第5類**の**工事と整備**を，乙種消防設備士は**第1類から第7類**の**整備のみ**を行うことができる。例えば，甲種第2類の消防設備士は泡消火設備の**工事**と**整備**を，乙種第7類消防設備士は漏電火災警報器の**整備**のみを行うことができる。ただし，軽微な整備……**屋内消火栓設備の表示灯**の交換や，**ホース**，**ネジ**，**ビス**，**ヒューズ**等の交換など総務省令で定めるものや，**電源・水源**や**配管部分**の工事や整備は消防設備士でなくても行える）。

この表を見ながら(1)から順に確認すると，

(1)　甲種特類は特殊消防用設備等が対象なので，消火器の点検整備を行うことはできません。

(2)　乙種第1類消防設備士は，水噴霧消火設備やパッケージ型消火設備の整備は行えますが，工事は行えません。

(3)　乙種第4類消防設備士は，ガス漏れ火災警報設備の整備を行うことができますが，漏電火災警報器の整備は行えません（⇒第7類消防設備士が行う）。

なお，「**すべり台**」「**放送設備**」「**動力消防ポンプ設備**」は表にない消防用設備等ということで，**消防設備士でなくても工事または整備を行うことができる**ので，注意してください。

【問題40】

消防設備士が行う工事又は整備について，消防法令上，正しいものは次のうちどれか。

(1)　甲種特類の消防設備士は，特殊消防用設備等のほかすべての消防用設備等の整備を行うことができる。

(2)　甲種第1類の消防設備士は，泡消火設備の工事を行うことができる。

(3)　甲種第4類の消防設備士は，自動火災報知設備の整備と工事を行うことができる。

(4)　乙種第5類の消防設備士は，金属製避難はしごの設置工事を行うことができる。

解説

前頁の解説にある表より，(1)の甲種特類は**特殊消防用設備等**のみです。
(2)の泡消火設備の工事は，甲種**第2類**の消防設備士が行うことができます。

解　答

【問題39】…(4)

⑷は第5類なので，金属製避難はしごは適切ですが，乙種なので，設置工事を行うことはできません。

【問題 41】

消防設備士でなくても行える消防用設備等の整備の範囲として，次のうち消防法令上誤っているものはどれか。

⑴　給水装置工事主任技術者であるAは，スプリンクラー設備の水源に水を補給するための給水管を取り外し交換した。

⑵　電気主任技術者であるBは，自動火災報知設備の電源表示ランプを交換した。

⑶　電気工事士であるCは，屋内消火栓の表示灯が消えていたので，表示灯配線の異常の有無について検査して，電球を取り替えた。

⑷　水道工事業者であるDは，屋外消火栓の水漏れ補修を頼まれ，水漏れの原因となった屋外消火栓開閉弁を新品と交換した。

屋内消火栓設備の表示灯の交換その他総務省令で定める軽微な整備（「**ねじやビス**類の交換」やヒューズ，ホース，ノズル等の交換など）は消防設備士でなくても行うことができますが，屋外消火栓開閉弁を新品と交換するのは軽微な整備に該当しません（⑴はP81下＊より配管部分は除くので行える）。

【問題 42】

消防用設備等の着工届けについて，次のうち消防法令上正しいものはどれか。

⑴　市町村長に，工事着手の4日前までに届け出る。

⑵　市町村長に，工事着手の10日前までに届け出る。

⑶　消防長又は消防署長に，工事着手の4日前までに届け出る。

⑷　消防長又は消防署長に，工事着手の10日前までに届け出る。

解説

消防用設備等の着工届けについては，P81，問題39－解説の表の太枠で囲んだ設備と特殊消防用設備等が必要であり，**甲種消防設備士**が消防長又は消防

解　答

【問題 40】…⑶

署長に，工事着手の**10日前まで**に届け出ます。なお，4日というのは，消防用設備等または特殊消防用設備等の設置工事をしたときの届出期間です（⇒工事完了後4日以内に届け出る）

【問題43】

消防用設備等の着工届について，次のうち消防法令上誤っているものはどれか。

(1)　屋内消火栓設備や救助袋などは着工届が必要であるが，非常警報設備や連結散水設備などは必要ない。

(2)　泡消火設備や消防機関へ通報する火災報知設備などは着工届が必要であるが，漏電火災警報器や誘導灯などは必要ない。

(3)　着工届は，工事を行う防火対象物の関係者が届け出なければならない。

(4)　着工届を怠った場合は，罰金又は拘留に処せられる場合がある。

解説

(1)　非常警報設備や連結散水設備は，P 81，問題39－解説の表の特類及び太枠内には無い設備なので，着工届は不要です。

(2)　漏電火災警報器や誘導灯は，問題39－解説の表の特類及び太枠内には無い設備なので，着工届は不要です。

(3)　着工届は「**甲種消防設備士**」が「**消防長又は消防署長**」に工事着工**10日前まで**に届け出ます。

「カギカッコ」の語句は穴埋めの出題があるので要注意。

【問題44】

都道府県知事（総務大臣が指定する市町村長その他の機関を含む。）が行う工事整備対象設備等の工事又は整備に関する講習の制度について，消防法令上，正しいものは次のうちどれか。

(1)　消防設備士は，その業務に従事することとなった日から2年以内に，その後，前回の講習を受けた日から5年以内ごとに講習を受けなければなら

解　答

【問題41】…(4)　　　　【問題42】…(4)

ない。

⑵　消防設備士は，その業務に従事することとなった日以後における最初の4月1日から5年以内ごとに講習を受けなければならない。

⑶　消防設備士は，その業務に従事することとなった日以後における最初の4月1日から2年以内に講習を受け，その後，前回の講習を受けた日以後における最初の4月1日から5年以内ごとに講習を受けなければならない。

⑷　消防設備士は，免状の交付を受けた日以後における最初の4月1日から2年以内に講習を受け，その後，前回の講習を受けた日以後における最初の4月1日から5年以内ごとに講習を受けなければならない。

解説

消防設備士は，**免状の交付を受けた日**以後における最初の4月1日から**2年以内**に講習を受け，その後，**前回の講習を受けた日**以後における最初の4月1日から**5年以内**ごとに講習を受けなければなりません。

【問題45】 重要

工事整備対象設備等の工事又は整備に関する講習について，次のうち消防法令上，正しいものはどれか。

⑴　消防設備士免状の交付を受けている者は，たとえ業務に従事していなくても受講しなければならない。

⑵　定められた期間内に受講しなかった者は，消防設備士免状の返納を命ぜられる。

⑶　免状の交付を受けた日以後における最初の4月1日から3年以内に講習を受けなければならない。

⑷　講習を実施するのは所轄の消防長又は消防署長である。

解説

⑴　消防設備士は，その業務の従事，不従事にかかわらず，消防設備士免状の交付を受けている者すべてが受けなければなりません。

⑵　定められた期間内に受講しなかった者は，消防設備士免状の返納を命ぜられることがある，というだけで，必ず返納命令を受けるわけではありません。

解　答

【問題43】…⑶

なお，返納を命ぜられれば消防設備士の資格を喪失します。ちなみに，返納命令に従わないときは，罰則が適用されます。

(3)　**免状の交付を受けた**日以後における最初の4月1日から**2年**以内に講習を受ける必要があります。

(4)　講習を実施するのは，**都道府県知事**です。

【問題46】

消防設備士免状に関する記述について，消防法令上，正しいものは次のうちどれか。

(1)　消防設備士免状の記載事項に変更を生じた場合，当該免状を交付した都道府県知事又は居住地若しくは勤務地を管轄する都道府県知事に免状の書換えを申請しなければならない。

(2)　消防設備士免状の交付を受けた都道府県以外で業務に従事するときは，業務地を管轄する都道府県知事に免状の書換え申請をしなければならない。

(3)　消防設備士免状の返納を命ぜられた日から3年を経過しない者については，新たに試験に合格しても免状が交付されないことがある。

(4)　消防設備士免状を亡失した者は，亡失した日から10日以内に免状の再交付を申請しなければならない。

(1)　免状の書換えになるので，「免状を**交付**した都道府県知事」または「**居住地**若しくは**勤務地**を管轄する都道府県知事」に免状の書換えを申請します。

免状の書換えと免状の再交付の申請先

書換えの　近　況　は　最高　かぇ？
書換え　⇒勤務地　居住地　再交付　⇒書換えをした知事

なお，その他，両方に共通する「**免状を交付した知事**」も申請先に入ります。

かぇ婆ちゃん

解　答	
【問題44】…(4)	【問題45】…(1)

⑵　免状は全国で有効なので，このような書換えをする必要はありません。
⑶　3年ではなく，**1年**です（その他，罰金以上の刑に処せられ2年を経過しない者にも免状が交付されないことがある）。なお，免状の返納を命ずるのは「**免状を交付した都道府県知事**」なので，要注意！
⑷　消防設備士免状を亡失した者は，再交付を申請することができますが，「10日以内」という制限はありません（10日以内という制限は次の問題の⑶）。

【問題47】

消防設備士免状の再交付，書換えの申請について，消防法令上，正しいものは次のうちどれか。

⑴　消防設備士免状の交付を受けている者は，免状の記載事項に変更を生じたときは，遅滞なく，当該免状に総務省令で定める書類を添えて，免状を交付又は再交付した都道府県知事に限り書換えを申請することができる。
⑵　消防設備士免状の交付を受けている者は，免状を亡失し，滅失し，汚損し，又は破損した場合には，総務省令で定めるところにより免状の交付又は書換えをした都道府県知事に限りその再交付を申請することができる。
⑶　消防設備士免状を亡失して再交付を受けた者は，亡失した免状を発見した場合は，これを10日以内に居住地を管轄する消防長又は消防署長に提出しなければならない。
⑷　消防設備士免状の写真が，撮影した日から10年を経過した場合，居住地又は勤務地を管轄する消防長又は消防署長に書換えの申請をしなければならない。

解説

⑴　前問の⑴より，免状の書換えになるので，「免状を交付した都道府県知事」または「**居住地**若しくは**勤務地**を管轄する都道府県知事」に免状の書換え申請をします。よって，「免状を再交付した都道府県知事」の部分が誤りです。
⑵　免状の**再交付**になるので，「免状を**交付**した都道府県知事」または「免状の**書換え**をした都道府県知事」に申請します。よって，正しい。
⑶　再交付を受けた後に亡失した免状を発見した場合は，所轄消防長又は消防署長ではなく，**免状の再交付を受けた都道府県知事**に提出しなければなりま

解　答

【問題46】…⑴

せん。

⑷ 書換えになるので，「免状を交付した都道府県知事」または「**居住地**若しくは**勤務地**を管轄する都道府県知事」に申請します。

よって，消防長又は消防署長が誤りです。

【問題 48】

消防設備士免状の記載事項について，次のうち消防法令上に定められていないものはどれか。

⑴ 免状の交付年月日及び交付番号

⑵ 氏名及び生年月日

⑶ 現住所

⑷ 過去 10 年以内に撮影した写真

現住所ではなく，「本籍地の属する都道府県」です。

解 答

【問題 47】…⑵ 【問題 48】…⑶

第２編
消防関係法令

第２章　第６類に関する部分

出題の傾向と対策

まず，「消火器の設置義務」についてですが，ほぼ毎回出題されているので，**設置義務が生じる延べ面積**や**階数**などをよく把握しておく必要があります。

規則第６条及び第７条の「消火器具の設置基準」についても，ほぼ毎回のように出題されているので，**消火器の配置間隔**（大型は **30 m 以下**，大型以外は **20 m 以下**）などについてよく把握する必要があります。

また，規則第８条の「消火器具の設置の軽減」ですが，こちらもほぼ毎回出題されているので，**減少できる能力単位の数値**などをよく把握する必要があります。

令第 10 条や規則第 11 条の「**地下街等に設置できない消火器**」についてもよく出題されているので，「地下街等に設置できない消火器⇒　**二酸化炭素消火器**と**ハロゲン化物消火器（ハロン 1301 は除く）**」というのを覚えておく必要があります。

規則第６条の「消火器具の適応性」についても，たまに出題されている「電気設備に使用できない消火器」や「第４類危険物に使用できない消火器」などを覚える必要があります。なお，この場合，第４類危険物に使用できない消火器として出題される場合がありますが，「ガソリン火災の消火に適応しない消火器具」として出題される場合もあります。

以上，大まかな傾向を説明しましたが，その内容からもわかるように，この分野は**数値**や**消火器具**などの暗記事項が多いので，本書にも掲載したゴロ合わせなどを利用して，それらを確実に覚えるようにしてください。

絶対合格！

【問題１】

消防法令上，消火器具を設置しなければならない防火対象物は，次のうちどれか。

(1)　神社で延べ面積が 200 m²
(2)　集会場で延べ面積が 200 m²
(3)　車両の停車場で延べ面積が 200 m²
(4)　美術館で延べ面積が 200 m²

解説

防火対象物への設置義務を判断する場合，「防火対象物の**種類**による場合」と「**階数**による場合」があります。

(1)　防火対象物の種類による場合

①（延べ面積に関係なく）設置する必要があるもの

表１　令別表第１（一部）

1	イ	劇場，映画館，演芸場等
2	イ	キャバレー，ナイトクラブ等
	ロ	遊技場，ダンスホール
	ハ	性風俗営業店舗等
	ニ	カラオケボックス，インターネットカフェ等
3※	イ	料理店，待合等
	ロ	飲食店
6	イ	病院，診療所，または助産所
	ロ	老人短期入所施設，有料老人ホーム(要介護)等
16の2		地下街
16の3		準地下街
17		重要文化財等
20		舟車（総務省令で定めるもの）

（注：消火器具を設置する際の**算定基準面積**は 50 m² です。但し３項イ，ロと６項イ，ロは 100 m² です。）

（注：６項イのうち，無床診療所，無床助産所は 150 m² 以上で設置義務が生じます。）

府　**営**　**B**　**団**　**地**
舟車　映画館　病院　ダンス　地下街
内，　**カラオケ**　**老人**の
ナイト　カラオケ　老人短期入所施設
飲　**料水**は　**全て**　**重要**
飲食店　料理店　重要文化財

（府営団地とは一般の県で言うと，県営団地，東京なら都営団地といったところです）

※３項イとロについては「火を使用する設備や器具」を設けたものが対象であり，設けていないものについては②のグループに入ります。

解　答

解答は次ページの下欄にあります。

② 延べ面積 150 m² 以上の場合に設置する必要があるもの

表２ 令別表第１（一部）

1	ロ 公会堂，**集会場**
4	百貨店，マーケット，店舗，展示場
5	イ 旅館，ホテル等
	ロ 寄宿舎，下宿，共同住宅
6	ハ 有料老人ホーム（要介護を除く），保育所など
	ニ 幼稚園，特別支援学校
9	イ 蒸気浴場，熱気浴場等
	ロ イ以外の公衆浴場
12	イ 工場，作業場
	ロ 映画およびテレビスタジオ
13	イ 自動車車庫，駐車場
	ロ 格納庫（飛行機，ヘリコプタ）
14	倉庫

①と③以外のもの と覚える

（注：消火器具を設置する際の **算定基準面積**は 100 m² です）

③ 延べ面積 300 m² 以上の場合に設置する必要があるもの

表３ 令別表第１（一部）

7	学校（大学，専修，専門学校含む）
8	図書館，博物館，**美術館**等
10	**車両の停車場**，船舶，航空機の発着場
11	**神社**，寺院，教会等
15	１～14 項に該当しない事業場（事務所等）

（注：消火器具を設置する際の **算定基準面積**は 200 m² です）

（学校に消火器を設置して去る時は門を閉じて去れ，という意味です）

（設置後は）

学校　閉　じ　て　去れ

図書館　寺院，事務所　停車場　300

解　答

【問題１】…(2)

(2)　階数による場合

・(1)の②と③の条件に当てはまらなくても（たとえば，③のグループで延べ面積が 300 m² 未満の場合など），「**地階，無窓階，3階以上の階**」で床面積が **50 m² 以上**であれば設置義務が生じます。

地階，無窓階，3階以上の階
⇒床面積が 50 m² 以上で設置義務が生じる。

これが適用されるのは，②と③のグループだけなので，たとえば，①のグループにある劇場の3階の床面積が 50 m² に満たなくても「延べ面積にかかわらず設置義務が生じる」が適用され，消火器具の設置義務が生じるんだ。

以上より，問題を判断すると，(1)の神社と(3)の車両の停車場，及び(4)の美術館は表3（P 92）にあるので，延べ面積が 300 m² 以上でないと設置義務が生じません。従って，延べ面積が 200 m² では設置しなくてよい，ということになります。

(2)の集会場は表2（P 92）にあるので，150 m² 以上の場合に設置義務が生じ，よって，延べ面積が 200 m² では設置しなければならない，ということになります。

消防法令上，消火器具を設置しなければならない防火対象物は，次のうちどれか。

(1)　共同住宅で延べ面積が 140 m² のもの
(2)　物品販売店舗で延べ面積が 100 m² のもの
(3)　3階部分の床面積が 45 m² の老人短期入所施設
(4)　すべての旅館

類題の解説

【問題1】，解説の表を見ながら確認していきます。

(1)　共同住宅は，②のグループに入っているので，**150 m² 以上**で設置義務が

解　答

解答は次ページの下欄にあります。

生じます。よって，140 m² ではその必要はありません。

⑵　物品販売店舗も②のグループに入っているので（⇒4項），100 m² では設置義務が生じません。

⑶　老人短期入所施設は，①のグループに入っているので（⇒P91，6項ロ），延べ面積にかかわらず消火器具を設置する必要があります。よって，P93の ⑵　階数による場合 は適用されず，床面積が3階の床面積が 50 m² 未満であっても設置義務が生じます。

⑷　旅館は②のグループに入っているので（⇒P92，5項イ），**150 m² 以上**で設置義務が生じます。よって，「すべての旅館」というのは，誤りです。

【問題2】

次の防火対象物のうち，消火器具を設けなくてよいのはどれか。なお，面積は延べ面積とする。

⑴　300 m² の工場　　⑵　140 m² の劇場

⑶　290 m² の蒸気サウナ　　⑷　220 m² の図書館

⑴の工場と⑶の蒸気サウナは，表2（P92）の「**150 m² 以上**の場合に設置する必要がある防火対象物（12項のイと9項のイ）」なので，300 m² と 290 m² では消火器具を設置する必要があります。

⑵の劇場は，映画館などとともに，表1（P91）の「延べ面積にかかわらず消火器具を設置しなければならない防火対象物」のグループに入っているので，140 m² であっても設置する必要があります。

⑷の図書館は，表3（P92）の「**300 m² 以上**の場合に設置する必要がある防火対象物」のグループに入っているので，220 m² ではその必要はなく，従って，「消火器具を設けなくてよい」ということになります。

【問題3】 重要

延べ面積が 150 m² 以上の場合に消火器具を設置しなければならない防火対象物として，次のうち消防法令上誤っているものはどれか。

⑴　駐車場　　⑵　映画館

⑶　ホテル　　⑷　マーケット

解　答

〔類題〕…⑶

⑴の駐車場と⑶のホテル，及び⑷のマーケットは，表２（P 92 の 13 項のイ，５項のイ，４項）にあるので，延べ面積が 150 m² **以上**の場合に設置しなければならない防火対象物となり，正しい。しかし，⑵の映画館は，表１（P 91）にあるので，延べ面積に関係なく設置しなければならない防火対象物となり，誤りです。

【問題４】

延べ面積が 300 m² 以上の場合に消火器具を設置しなければならない防火対象物として，次のうち消防法令上誤っているものはどれか。

⑴　病院　　⑵　神社
⑶　事務所　　⑷　高等学校

⑵，⑶，⑷は表３（P 92）にあるので，300 m² **以上**の場合に消火器具を設置する必要がありますが，⑴の病院は表１（P 91）にあるので，延べ面積に関係なく設置しなければならない防火対象物であり，誤りです。

【問題５】

延べ面積に関係なく消火器具を設置しなければならない防火対象物として，次のうち消防法令上誤っているものはどれか。

⑴　ダンスホール　　⑵　博物館
⑶　カラオケボックス　　⑷　地下街

「延べ面積に関係なく消火器具を設置しなければならない防火対象物」は，表１（P 91）のグループであり，⑴，⑶，⑷はこれに含まれていますが，⑵の博物館は，表３（P 92）の「延べ面積が 300 m² **以上**の場合に設置する必要がある防火対象物」のグループに入っているので，これが誤りです。

解　答

【問題２】…⑷　　【問題３】…⑵

【問題6】

次の防火対象物のうち延べ面積にかかわらず消火器具を設置しなければならないものとして，誤っているものはどれか。

A　公会堂

B　老人短期入所施設

C　ホテル

D　映画館

E　病院

(1)　AとC　　(2)　BとE　　(3)　BとD　　(4)　CとD

解説

AとCはP92の②に該当するので，**150 m² 以上**で設置義務が生じます。

なお，Bの老人短期入所施設は養護老人ホームとともに延べ面積にかかわらず消火器具を設置しなければならない防火対象物です。

【問題7】

消防法令上，延べ面積又は階の床面積にかかわらず消火器具を設置しなければならない防火対象物又はその部分として，次のうち誤っているものはどれか。

(1)　重要文化財に指定された建造物

(2)　地階又は無窓階にある延べ面積160m² の飲食店（火を使用する設備なし）

(3)　延べ面積が120 m² の料理店（火を使用する設備あり）

(4)　蒸気浴場の地階部分

解説

(1)，(3)　表1（P91）の①のグループに入っています。また，(2)は火を使用する設備がないので，**P92，②のグループですが，150 m² 以上なので，設置義務があります。**

(4)　蒸気浴場（P92，②のグループ）の地階部分は，P93の［(2)　階数による場合］の条件である「床面積が50 m² 以上」という条件があるので，「延べ面積にかかわらず」という問題の条件を満たしておりません。

解　答

【問題4】…(1)　　　　【問題5】…(2)

【問題8】

指定可燃物を貯蔵，取扱う場合，危政令別表第四で規定する数量の50倍の数量で割った値以上の能力単位の消火器具を設置する必要があるが，その危政令別表第四で規定する数量として，次のうち正しいものはどれか。

(1)　綿花……………100 kg
(2)　わら類…………500 kg
(3)　再生資源燃料…1,000 kg
(4)　可燃性固体類…2,500 kg

解説

(1)の綿花は200 kg，(2)のわら類は1,000 kg，(4)の可燃性固体類は3,000 kgです（P 313，資料3参照）。

【問題9】

一定の防火対象物内において次のような設備等がある場所には，それぞれの消火に適応した消火器具を設置する必要があるが，その際の算定基準として，次のうち誤っているものはどれか。

(1)　指定数量の5分の1以上の少量危険物を貯蔵している場合，危険物の数量を，その危険物の指定数量で除して得た数値以上の能力単位の消火器具を設ける必要がある。
(2)　指定可燃物を取り扱っている場合，指定可燃物の数量を，危政令別表第四で規定する数量の50倍の数量で除して得た数値以上の能力単位の消火器具を設ける必要がある。
(3)　電気設備が設置してある防火対象物においては，その床面積を100 m^2で除して得た数値以上の能力単位の消火器具を設ける必要がある。
(4)　ボイラー室等，多量の火気を使用する場所においては，その床面積を25 m^2で除して得た数値以上の能力単位の消火器具を設ける必要がある。

解説

防火対象物内の設備などにより設置義務が生じる場合の規定には，次のようなものがあります（規則第6条）。

解　答

【問題6】…(1)　　【問題7】…(4)

(A)　**少量危険物**または**指定可燃物**を貯蔵し，または取り扱う場合

①　**少量危険物**の場合（＊指定数量の 1/5 以上，かつ，指定数量未満の危険物のこと）

危険物の数量を，その危険物の指定数量で割った値以上の能力単位の消火器具（その危険物の消火に適応したもの）を設ける。

消火器具の能力単位の合計≧$\frac{\text{危険物の数量}}{\text{指定数量}}$　（⇒必ず1未満になる）

②　**指定可燃物**の場合

指定可燃物の数量を，危政令別表第四で規定する数量の**50倍**の数量で割った値以上の能力単位の消火器具（その指定可燃物の消火に適応したもの）を設ける。

消火器具の能力単位の合計≧$\frac{\text{指定可燃物の数量}}{\text{危政令別表第四で定める数量}\times 50}$

(B)　**電気設備**（変圧器や配電盤など）がある防火対象物の場合

床面積 100 m² **以下**ごとに1個の消火器（電気設備の消火に適応したもの）を設ける。

(C)　**多量の火気を使用する場所**（鍛造場，ボイラー室，乾燥室など）がある防火対象物の場合

その場所の床面積を 25 m² で割った値以上の能力単位の消火器具（建築物その他の工作物の消火に適応したもの）を設ける。

消火器具の能力単位の合計≧$\frac{\text{床面積}}{25\ \text{m}^2}$

以上より問題を確認すると，

(1)は(A)の①，(2)は(A)の②より正しい。

(3)は(B)より「床面積を 100 m² で除して得た数値以上」ではなく，「床面積 100 m² **以下**ごとに」消火器を1個設ける必要があるので，これが誤りです。

(4)は(C)より正しい。

解　答

【問題8】…(3)　　　　【問題9】…(3)

【問題 10】

防火対象物またはその部分に設置する消火器具の必要な能力単位数を算出する際は，延べ面積または床面積を一定の面積で除して得た数以上の数値となるように定められている。この一定の面積と次の防火対象物の組み合わせについて，誤っているものはどれか。ただし，いずれも主要構造部は耐火構造でないものとする。

(1)　マーケット……100 m²
(2)　劇場……………50 m²
(3)　図書館…………200 m²
(4)　ホテル…………50 m²

解説

一定の面積とは，**算定基準面積**と呼ばれるもので（下の表を参照），問題１の解説にも注意書きで記しておきましたが，表１（①）のグループが **50 m²**，表２（②）のグループが **100 m²**，表３（③）のグループが **200 m²**，となっています（注：主要構造部を**耐火構造**とし，かつ，壁や天井などの内装部分の仕上げを**難燃材料**とすると，算定基準面積を **2 倍**にすることができます。⇒　分母が大きくなるので，消火器具の能力単位が小さいもので済む……つまり，緩和されるわけです）。

従って，(1)のマーケットと(4)のホテルは表１のグループなので，100 m² であり，**50 m²** となっている(4)のホテルが誤りです。

(2)の劇場は，表３のグループなので，**50 m²** で正しい。

(3)の図書館は，表２のグループなので，**200 m²** で正しい。

防火対象物の種類	算定基準面積
①の防火対象物（延べ面積に関係なく設置する防火対象物のうち **3 項イ，ロ，6 項イ，ロ**，舟車を除く）	**50 m²**
②の防火対象物（150 m² 以上で設置する防火対象物に **3 項イ，ロ，6 項イ，ロ**を含む）	**100 m²**
③の防火対象物（300 m² 以上で設置する防火対象物）	**200 m²**

解　答

解答は次ページの下欄にあります。

第２編　法令（第６類に関する部分）

【問題 11】

延べ面積が 4,000 m² の図書館に能力単位が 2 の消火器を設置する場合，何本設置すればよいか。

ただし，主要構造部が耐火構造で，壁や天井などの内装部分が不燃材料で仕上げてあるものとし，また，歩行距離についての制限は考慮しないものとする。

(1)　2 本
(2)　5 本
(3)　10 本
(4)　20 本

解説

この種の問題は，筆記試験というより実技試験の第 4 問か第 5 問によく出題されています。その際，算定基準面積は，「消防法施行規則第 6 条による，図書館の消火器設置算定基準面積は，200 m² である。」などと“親切にも”表示がしてある場合がありますが，筆記試験の方ではその数値自体を問う問題が出題されているので，ここでは表示はしていません。

さて，図書館は，P 92 の表 2 のグループにあるので，算定基準面積は 200 m² ですが，前問にも注意書きで記しましたが，主要構造部が**耐火構造**で，内装部分が**不燃材料**（注：難燃材料には不燃材料と準不燃材料を含みます）であるので算定基準面積は **2 倍**の **400 m²** となります。

従って，4,000 m² を 400 m² で割れば図書館に必要な消火能力単位が求められます。

$$4{,}000\ \mathrm{m}^2 \div 400\ \mathrm{m}^2 = 10\ （単位）$$

消火器の能力単位が 2 なので，図書館に必要な単位の 10 をこの 2 で割れば，必要とする消火器の本数が求まります。

$$\therefore\ \frac{10}{2} = 5\ 本$$

すなわち，5 本設置すればよい，ということになります。

【問題 12】

簡易消火用具の消火能力単位について，次の数量と単位の組合せのうち誤っ

解　答

【問題 10】…(4)

ているものはどれか。

(1)「水バケツ」……容量8ℓの5個……………………………………1単位

(2)「水槽」……容量8ℓ以上の消火専用バケツ3個以上を有する容量80ℓ以上の1個 ……………………………………………………………1.5単位

(3)「乾燥砂」…………スコップを有する容量50ℓ以上の1塊……0.5単位

(4)「膨張ひる石」……スコップを有する容量160ℓ以上の1塊……1単位

解説

水バケツは容量8ℓ以上の水バケツ3個で1単位，と定められています。

なお，消火能力単位については，(2)〜(4)のほか，(2)の水槽に次のような規定があります。

・190ℓ以上の水槽と消火専用バケツ6個以上で2.5単位

【問題13】

大型消火器の設置義務について，次の文中の（　）内に当てはまる数値として，正しいものはどれか。

「防火対象物またはその部分で，指定可燃物を危政令別表第4で定める数量の（　）倍以上貯蔵し，又は取り扱うものには，令別表第2において指定可燃物の種類ごとにその消火に適応するものとされる大型消火器を設置しなければならない。

(1)　100

(2)　200

(3)　300

(4)　500

解説

規則第7条からの出題です（問題文は規則第7条1項を要約した文章になっている）。規則第7条には，「指定可燃物から大型消火器に至る距離」や「大型消火器を設置した場合の消火器具の能力単位の減少」などに関する規定があり，そちらの方は頻繁に出題されていますが，本問のように，単に大型消火器の設置義務のみを問う問題，というのは出題例が少ないので，予備知識として頭に入れておけばよいでしょう。

解　答

【問題11】…(2)

【問題 14】

消火器具を防火対象物等に設置する際の基準として，次のうち正しいものはどれか。

(1) 消火器具は床面からの高さが1.6m以下の箇所に設けること。

(2) 粉末消火器その他消火剤が漏れ出るおそれがない場合でも，地震による震動等による転倒を防止するための適当な措置を講じなければならない。

(3) 消火器具は，水その他消火剤が凍結し，変質し，又は噴出するおそれが少ない箇所に設けること。ただし，保護の為の有効な措置を講じたときは，この限りでない。

(4) 膨張ひる石，膨張真珠岩を設置した箇所には，「防火ひる石」と表示した標識を設けなければならない。

規則第9条からの出題です。(1)は1.5m以下が正しい。(2)は，**化学泡消火器**など，転倒により消火薬剤が混合して噴出するおそれのある消火器具に関する記述であり，条文には，「消火器には，地震による震動等による転倒を防止するための適当な措置を講じること。ただし，**粉末消火器**その他転倒により消火剤が漏出するおそれのない消火器にあってはこの限りでない」となっています。従って，粉末消火器等は除外されているので，誤りです。(4)は「**消火ひる石**」が正解です。

〔類題……○×で答える〕
「消火器具は，水その他消火剤が凍結し，変質し，又は噴出するおそれが少ない箇所に設けること。」

類題の解説

(3)の問題文にあるとおり，「ただし，保護のための有効な措置を講じたときは，この限りでない。」という例外があるので，誤りです。

(答) ×

【問題 15】

消火器具を防火対象物等に設置する際の基準として，次のうち正しいものは

解 答

【問題 12】…(1)　　【問題 13】…(4)

どれか。

(1)　蒸気，ガス等の発生する恐れのある場所に設置してあるものには保持装置により壁体に支持するか架台を設ける等の措置を講じること。

(2)　消火器と簡易消火用具を併設した場合にあっては，消火器の能力単位の数値が簡易消火用具の能力単位の合計数の 2 倍以上であること。

(3)　大型消火器以外の消火器にあっては，電気設備のある場所の各部分から歩行距離が 25 m となるように設けること。

(4)　大型消火器にあっては，少量危険物を貯蔵し，または取り扱う場所の各部分から水平距離が 25 m となるように設けること。

解説

(1)　蒸気，ガス等の発生する恐れのある場所に設置してあるものには「**格納箱などに収納するなどの防護措置をすること**」となっているので，誤りです。なお，「保持装置により壁体に支持するか架台を設ける等の措置を講じること。」というのは，水を流す場所等に設置してある消火器に対する必要な措置です。

(3)　大型消火器以外の消火器では，歩行距離が **20 m 以下**となるように設ける必要があります。

(4)　水平距離は歩行距離の誤りで，また，25 m は 30 m の誤りです。

【問題 16】 重要

消火器具を設置した箇所に設ける標識について，次のうち正しいものはどれか。

(1)　消火器　―「消火器具」

(2)　乾燥砂　―「消火砂」

(3)　水槽　　―「防火水槽」

(4)　水バケツ―「防火バケツ」

解説

同じく規則第 9 条からの出題です（乾燥砂を設置した箇所に設ける標識の組合せとしては消火土類という出題例がありますが当然×）。

(1)の消火器は「消火器」が正しく，(3)の水槽は「消火水槽」，(4)の水バケツは「消火バケツ」になります。その他，膨張ひる石，または膨張真珠岩には「消

解　答

【問題 14】…(3)

火ひる石」の標識を設ける必要があります。

〔**類題**…（A），（B）に文字または数値を入れる
　標識の地色は**赤**，文字は（A）で，サイズは短辺が**8 cm 以上**，長辺が（B）cm **以上**必要である。〕

【問題 17】

防火対象物の部分で，大型消火器を設置する場合，防火対象物の階ごとにその各部分から一つの消火器に至る距離として，次のうち消防法令上正しいものはどれか。

(1)　ボイラー室のある防火対象物の各部分から，水平距離が 20 m 以下となるように配置すること。

(2)　電気設備のある部分から，歩行距離が 20 m 以下となるように配置すること。

(3)　指定可燃物を貯蔵し，又は取り扱う場所の各部分から，歩行距離が 30 m 以下となるように配置すること。

(4)　少量危険物を貯蔵し，又は取り扱う場所の各部分から，水平距離が 30 m 以下となるように配置すること。

解説

施行規則第７条より「消火器は，防火対象物の階ごとに指定可燃物を貯蔵し，又は取り扱う場所の各部分から一の大型消火器に至る**歩行距離が 30m 以下**となるように設けなければならない」となっています（小型消火器の場合は，歩行距離が **20m 以下**となるように設ける）。

本問の場合，具体的な「ボイラー室がある場所」や「電気設備がある場所」などの場所を提示されていますが，それらに惑わされず，大型消火器なら「**歩行距離が 30m 以下**」で判断します。

なお，問題文が「大型消火器以外」となっていたら小型消火器の「**歩行距離が 20m 以下**」で判断します。

解　答

【問題 15】…(2)　　　【問題 16】…(2)　　　〔類題〕…(A)　白，(B)　24

【問題 18】

消火器の設置義務がある防火対象物の部分に，ガス加圧式の粉末消火設備を技術上の基準に従い設置した場合，その有効範囲内の部分において，当該粉末消火設備の適応性と同一である消火器は，能力単位の数値を減少させることができる。この減少数値として，次のうち消防法令上に定められているものはどれか。

(1)　合計値の $\frac{1}{2}$ まで　　(2)　合計値の $\frac{1}{3}$ まで

(3)　合計値の $\frac{1}{4}$ まで　　(4)　合計値の $\frac{1}{5}$ まで

（規則第８条参照）

次の①，②の消火設備を設置する場合，防火対象物に設置すべき消火器具の適応性と同一なら，当該消火器の能力単位の合計を次のように減少することができます。

設置する消火設備	減少できる能力単位の数値
①　大型消火器	$\frac{1}{2}$ まで
②　屋内消火栓設備，スプリンクラー設備，水噴霧消火設備，泡消火設備，**粉末消火設備**，不活性ガス消火設備，ハロゲン化物消火設備	$\frac{1}{3}$ まで

注）

1．②の消火設備を設置している防火対象物に適応性が同一の大型消火器を設置する場合

⇒　大型消火器の設置を省略できます（ただし，消火設備の有効範囲内のみ）。

2．②の消火設備を設置しても，消火器具を 11 **階以上**に設置する場合は，能力単位の減少はできません。

従って，上の表の②より，$\frac{1}{3}$ までが正解です。

「粉末消火設備」が「スプリンクラー設備」をはじめ，他の②の消火設備であっても，答えは同じだよ。

解　答

【問題 17】…(3)

【問題 19】

消火器を設置しなければならない防火対象物で指定可燃物を貯蔵しているところに，大型消火器を技術上の基準に従い設置した場合，その有効範囲内の部分において，当該大型消火器の適応性と同一である消火器具は，能力単位の数値を減少させることができる。この減少数値として，次のうち消防法令上に定められているものはどれか。

(1)　合計値の $\frac{1}{5}$ まで　　(2)　合計値の $\frac{1}{4}$ まで

(3)　合計値の $\frac{1}{3}$ まで　　(4)　合計値の $\frac{1}{2}$ まで

前問（問題 18 の解説）の表の①参照。

【問題 20】

ある消火設備を技術上の基準に従って設置する場合，その消火設備の対象物に対する適応性と設置すべき消火器具の適応性が同一なら，その消火設備の有効範囲内において，消火器具の能力単位の合計を $\frac{1}{3}$ まで減少することができる消火設備として，次のうちそれに該当しない組合せはどれか。

(1)　屋外消火栓設備と連結散水設備
(2)　屋内消火栓設備とスプリンクラー設備
(3)　粉末消火設備と不活性ガス消火設備
(4)　水噴霧消火設備と泡消火設備

該当しない消火設備は，問題 18（の解説）の表にない消火設備です。

消火器具の能力単位を軽減できない消火設備
⇒　**屋外消火栓設備，水蒸気消火設備，連結散水設備**

従って，(1)が正解です。

解　答

【問題 18】…(2)

類題１

ガス加圧式の粉末消火設備を設置している防火対象物に適応性が同一の消火設備を設置する場合，設置する消火設備と，その結果，減少できる消火器具の能力単位の数値の組合せについて，次のうち誤っているものはどれか。

(1)　大型消火器………………$\frac{1}{2}$まで

(2)　泡消火設備………………$\frac{1}{2}$まで

(3)　屋内消火栓設備…………$\frac{1}{3}$まで

(4)　不活性ガス消火設備……$\frac{1}{3}$まで

類題の解説

能力単位を$\frac{1}{2}$まで減少することができるのは大型消火器のみです。従って，(2)の泡消火設備が誤りです$\left(\text{正しくは}\frac{1}{3}\text{まで}\right)$。

(答)…(2)

類題２

消防法令上，スプリンクラー設備の有効範囲内において，適応性が同一の消火器具は所要能力単位の数値を減ずることができるが，その数値として次のうち正しいものはどれか。

(1)　$\frac{1}{2}$　(2)　$\frac{1}{3}$　(3)　$\frac{1}{4}$　(4)　$\frac{1}{5}$

類題の解説

スプリンクラー設備は，【問題18】の解説にある表の②より，$\frac{1}{3}$まで能力単位を減少できます。

(答)　(2)

解　答

【問題19】…(4)　【問題20】…(1)

【問題 21】

法令上，消火器の設置義務がある防火対象物の部分に以下の設備を設置したが，その有効範囲内の部分において，消火器具の能力単位の合計数を減少することができないものはどれか。

ただし，各消火設備の対象物に対する適応性と消火器具の適応性は同一とする。

(1)　12 階にスプリンクラー設備を設置した場合

(2)　地下に泡消火設備を設置した場合

(3)　1 階に粉末消火設備を設置した場合

(4)　10 階に屋内消火栓設備を設置した場合

P 105，問題 18 の解説，注）2 より，11 階以上は減少できません。

【問題 22】

消防法令上，地階，無窓階又は居室に設置してはならない消火器は，次のうちどれか。

ただし，地階，無窓階又は居室は，換気について有効な開口部の面積が床面積の 30 分の 1 以下で，かつ，当該床面積が 20 m² 以下のものとする。

A　霧状の水を放射する消火器

B　泡を放射する消火器

C　二酸化炭素を放射する消火器

D　ハロン 1301 消火器

E　消火粉末を放射する消火器

(1)　A と B　　(2)　B と D　　(3)　C　　(4)　E

地下街，準地下街や密閉した狭い地下無窓階等に設置できない消火器は，**二酸化炭素消火器**と**ハロゲン化物消火器**（一部を除く）なのでCが正解です。

なお，Dについては，ハロゲン化物消火器で設置できないのはハロン 1211 とハロン 2402 のみで，**ハロン 1301** は含まれておらず**地下街等に設置できる**ので，要注意です。

解　答

解答は次ページの下欄にあります。

【問題 23】

消火器の設置場所と適応消火器について，次のうち消防法令上誤っているものはどれか。

(1)　地階にあるボイラー室に霧状の強化液を放射する強化液消火器を設置する。

(2)　地下街にある電気室に二酸化炭素消火器を設置する。

(3)　灯油を貯蔵する少量危険物貯蔵取扱所に泡消火器を設置する。

(4)　飲食店の厨房にりん酸塩類を薬剤とした粉末消火器を設置する。

前問の解説より，二酸化炭素消火器は地下街等には設置できません。

【問題 24】

二酸化炭素消火器とハロゲン化物消火器（ハロン 1301 は除く）は地下街や準地下街の他，<u>ある一定の要件</u>の地階，無窓階，居室にも設置してはならないとされているが，その要件として，次のうち正しいものはどれか。

(1)　換気について有効な開口部の面積が床面積の 10 分の 1 以下で，かつ床面積が 20 m^2 以下のもの

(2)　換気について有効な開口部の面積が床面積の 20 分の 1 以下で，かつ床面積が 30 m^2 以下のもの

(3)　換気について有効な開口部の面積が床面積の 30 分の 1 以下で，かつ床面積が 20 m^2 以下のもの

(4)　換気について有効な開口部の面積が床面積の 40 分の 1 以下で，かつ床面積が 30 m^2 以下のもの

解説

(3)の条件に当てはまる地階，無窓階，居室には，問題文にある消火器を設置することはできません。

（注：鑑別で地階という表記を（空欄）にした穴埋め問題や「地下街などに設置できない理由⇒**窒息性があるため**」を答えさせる出題があるので注意！）

解　答

【問題 21】…(1)　　【問題 22】…(3)

【問題25】

ガソリンまたは灯油の火災の消火に適応しない消火器具として，次のうち消防法令上正しいものはどれか。

A　二酸化炭素を放射する消火器

B　棒状の強化液を放射する消火器

C　泡を放射する消火器

D　乾燥砂

E　霧状の水

(1)　AとB　(2)　BとE　(3)　CとD　(4)　CとE

ガソリンや灯油をはじめ引火性液体の火災の消火に適応しない消火器具は，**水**（棒状，霧状とも）と**棒状の強化液**を放射する消火器です。

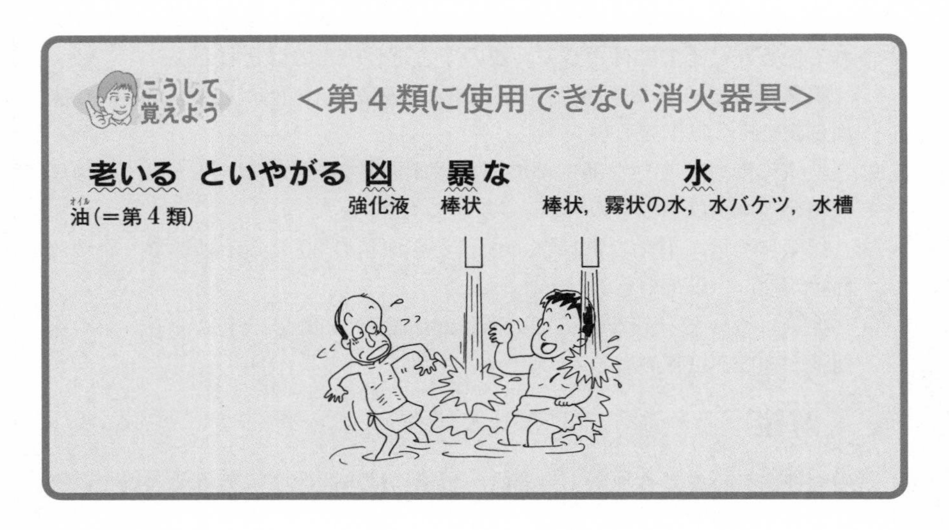

解　答

【問題23】…(2)　【問題24】…(3)

【問題 26】

消火器具の適応性について，次のうち消防法令上誤っているものはどれか。

⑴　指定可燃物のうち，可燃性液体の消火に適応する消火器具は，第４類の危険物の消火にも適応する。

⑵　指定可燃物のうち，可燃性固体の消火に適応する消火器具は，第４類に属するすべての危険物の消火にも適応する。

⑶　建築物その他の工作物の消火に適応する消火器具の中には，電気設備の消火に適応しないものがある。

⑷　乾燥砂は，指定可燃物のうち，可燃性固体類の消火には適応するが，建築物その他の工作物の消火には適応しない。

消火器具の火災の適応性については，内容が複雑であり，頻繁に出題される分野でもないのでポイントのみを要約して説明します。

⑴　令別表第２（P 312，巻末資料２参照）より，可燃性液体（下から２段目）と第４類危険物（下から６段目）の適応消火器具は同じなので，正しい。

⑵　令別表第２で，指定可燃物の可燃性固体類の欄（下から３段目）を見ると，たとえば，「①水を放射する消火器」のように，指定可燃物の可燃性固体には適応しても第４類危険物には適応しない消火器具もあるので，誤りです。

⑶　同じく，表の一段目と二段目を見てすぐにわかるように，お互いに適応しない消火器具もあるので，正しい。

⑷　同じく，表の一段目の「建築物その他の工作物」の欄より，⑧乾燥砂のところが空白になっているので適応しません。よって，正しい。

なお，「建築物その他の工作物」の火災は，要するに**普通火災**なので，P 144 の④の適応火災の欄からも判断できます。

解　答

【問題 25】…⑵

【問題27】

次に示す対象物と，その消火に適応する消火器との組合せについて，誤っているものは次のうちどれか。

(1)　変圧器等の火災……………………………霧状の水を放射する消火器
(2)　指定可燃物のうち，可燃性固体類……泡消火器
(3)　配電盤等の火災………………………りん酸塩類を主成分とする粉末消火器
(4)　建築物その他の工作物…………………二酸化炭素消火器

解説

巻末資料2の令別表第2（P 312）を参照しながら確認していきます。

(1)　電気設備の火災に霧状の強化液（②）や霧状の水（①）は適応するので，正しい。
(2)　可燃性固体類（表の下から3段目）は，⑥の消火粉末のうち，「その他のもの」以外は適応するので，正しい。
(3)　電気設備の火災にりん酸塩類を主成分とする粉末消火器（⑥）は適応するので，正しい。
(4)　建築物その他の工作物に対しては，普通火災に適応する消火器であればよく，二酸化炭素消火器（④）は普通火災に適応しないので，誤りです。

類題

建築物その他の工作物に設置するのに適切な消火器は次のうちどれか。

①　強化液消火器
②　二酸化炭素消火器
③　粉末消火器（炭酸水素塩類）

【問題28】

次のうち，強化液を放射する消火器が適応しないものはどれか。

(1)　第2類危険物の引火性固体
(2)　第3類危険物のうち禁水性物品
(3)　第5類危険物
(4)　第6類危険物

解　答

【問題26】…(2)

P 312の令別表第2を見ながら確認していきます。上の欄にある②の「強化液を放射する消火器」のところを見て行くと，(1), (3), (4)は適応していますが，第3類危険物については，すべてが適応というわけではなく，禁水性物品（水との接触により発火などするもの）が適応していません。

【問題 29】

消防法令上，危険物の貯蔵所に消火設備（第4種又は第5種）を設置する場合の1所要単位となるものは，次のうちどれか。

(1)　危険物の指定数量の10倍
(2)　危険物の指定数量の20倍
(3)　危険物の指定数量の30倍
(4)　危険物の指定数量の40倍

所要単位というのは，製造所等に対してどのくらいの消火能力を有する消火設備が必要か，というのを定めた数値で，建築物等の構造や規模，または危険物の量により，その1所要単位が定められています。

本問は，**危険物**の量による1所要単位の数値を求めており，その場合，指定数量の**10倍**が1所要単位と定められています。

【問題 30】

次の消火設備の組合せで，誤っているものはどれか。

(1)　屋外消火栓設備　…　第1種消火設備
(2)　スプリンクラー設備　…　第2種消火設備
(3)　泡消火設備　…　第3種消火設備
(4)　棒状の強化液を放射する小型消火器　…　第4種消火設備

解説

小型消火器は，水バケツ，水槽などと同じく第5種消火設備です（⇒P 313,

解　答

【問題 27】…(4)　〔類題〕…①（③は粉末（**りん酸塩類**）消火器が適応）　【問題 28】…(2)

巻末資料4参照）。

【問題 31】

次の文中の(A)，(B)に当てはまる数値の組合せとして，正しいものはどれか。

「移動タンク貯蔵所には，薬剤の質量が（A）kg以上の粉末消火器（第5種消火設備）を（B）本以上設置しなければならない。」

	(A)	(B)
(1)	1.5	1
(2)	1.5	2
(3)	3.5	1
(4)	3.5	2

解説

正解は，次のようになります。

「移動タンク貯蔵所には，薬剤の質量が**3.5kg以上の粉末消火器**（第5種消火設備）を**2本以上**設置しなければならない。」

なお，粉末消火器は加圧式，蓄圧式を問いません。

解　答

【問題 29】…(1)　【問題 30】…(4)　【問題 31】…(4)

第３編
構造・機能及び点検・整備の方法

第１章　機械に関する部分

出題の傾向と対策

まず，「消火器の標識」については，よく出題されており，**表示の種類**や，時には標識の色や寸法までの詳細についても出題されているので，よく覚えておく必要があります。

「消火器の設置，維持の方法」については，これもまた，よく出題されているので，**設置位置に関する規定**や**設置方法**，たとえば，地震による転倒を防止するための措置……などをまとめておく必要があります。

「消火器と適応火災」についても，よく出題されているので，**どの消火器がどの火災に適応しているか**，などをベースにして知識をまとめておく必要があります。なお，その際，たとえば，普通火災をA火災というように，A，B，Cで火災を表記している場合があるので，普通火災はA火災，油火災はB火災，電気火災はC火災という表記の仕方を確実に覚えておく必要があります。

（以上の3項目については，おおむね2回に1回程度の割合で出題されています。）

「消火器の構造」については，各消火器ごとに説明します。

① **化学泡消火器**については，おおむね2回に1回位の割合で出題されており，特に**使用温度範囲**についての出題が目立つので，そのあたりの知識をまとめておく必要があります。

② **蓄圧式強化液消火器**と**機械泡消火器**については，おおむね毎回出題されているので，両者の共通点などを把握しておく必要があります。

③ **粉末消火器**については，ほぼ毎回出題されており，大型ガス加圧式粉末消火器と大型以外のガス加圧式粉末消火器，及び蓄圧式の粉末消火器がほぼ同じ割合で出題されています。従って，これらの消火器の**構造**や**機能**，たとえば，**放射圧力源**や**使用圧力範囲**，または**操作方法**などをよく把握しておく必要があります。

以上，よく出題されている項目を中心にして説明しましたが，その他では，**第1石油類の初期消火の方法**や**消火器の消火特性**，または**消火器の消火作用**などの問題もたまに出題されています。

これらの傾向をよく把握して，よく出題される項目をメインにして学習を進めていくことが合格への近道となります。

[part 1　構造・機能の問題]

【問題1】

消火器具を設置した箇所には，見やすい位置に標識を設けなければならないとされているが，消火器具の種類とこれに応じた標識の表示についての組合せとして，次のうち誤っているものはどれか。

	（種　類）	（標識の表示）
(1)	乾燥砂	消火砂
(2)	水槽	消火用水
(3)	水バケツ	消火バケツ
(4)	膨張真珠岩	消火ひる石

解説

この問題は，消防関係法令の類別部分で出題した問題16（P 103）と同種の問題ですが，こちらの構造・機能でも出題されています。

さて，規則第9条の基準より，消火器具を設置した箇所には，次の標識を設ける必要があります。

・消火器…「消火器」　・水槽………「**消火水槽**」
・乾燥砂…「消火砂」　・水バケツ…「消火バケツ」
・膨張ひる石，または膨張真珠岩……「消火ひる石」

従って，(2)の消火用水が誤りです。

【問題2】

消火器具の設置及び維持について，次のうち消防法令上正しいものはどれか。

(1)　消火器具を設置した箇所には，原則としてその見やすい位置に標識を設ける必要があるが，簡易消火用具の場合はその必要はない。

(2)　粉末消火器には，地震による震動等による転倒を防止するための措置を講じなければならない。

解　答

解答は次ページの下欄にあります。

⑶　消火器具は，水その他消火剤が凍結し，変質し，又は噴出するおそれが少ない箇所に設けること。

⑷　消火器具を設置する場所の高さは，手の届く範囲であれば特に制限はない。

この問題も消防関係法令の類別部分で出題した問題14（P 102）と内容が重なりますが，こちらの構造・機能でも出題されています。

さて，規則第9条より，それぞれの問題を確認すると，

⑴　簡易消火用具とは，水バケツ，水槽，乾燥砂などのことをいい，問題1でも出てきましたが，これらにも標識は必要なので，誤りです。

⑵「消火器には，地震による震動等による転倒を防止するための適当な措置を講じること。ただし，**粉末消火器**その他転倒により消火剤が漏出するおそれのない消火器にあってはこの限りでない」となっているので，粉末消火器等は除外されており，誤りです。

⑶　正しい。

⑷　消火器具は，床面から**1.5 m 以下**の高さに設ける必要があります。

【問題3】

次の表は，消火器の加圧方式（放射圧力方式）についてまとめたものである。①～⑤のうち，誤っているものはどれか。

消火器の種類		蓄圧式	加　圧　式	
			ガス加圧式	反応式
強化液消火器		○	○	
泡	化学泡消火器	①		
	機械泡消火器	②	○	
ハロゲン化物消火器		○		
二酸化炭素消火器		③	⑤	
粉末消火器		④	○	

解　答

【問題1】…⑵

⑴　①と②　　⑵　①と⑤　　⑶　②と③　　⑷　③と④

この問題をこの章の最初の方に持ってきたのは，これらの基本的な構造や機能を確実に把握してからそれぞれの消火器の問題に取り組んでもらいたかったからです。従って，次の問題４，５などの基本的な事項もよく理解して各消火器の問題に取り組んでください。

さて，それぞれの加圧方式（放射圧力方式）について説明すると，**蓄圧式**というのは，圧縮空気（または窒素ガス）により，常に本体容器内に圧力がかかっている消火器で，開閉弁を開けばそのまま消火剤が放射される，という構造の消火器です。

ガス加圧式は，本体容器とは別に二酸化炭素（または窒素ガス）を充てんした「加圧用ガス容器」を設け，使用時にその容器のガスを本体容器内に導き，消火剤を加圧して放射する，という構造になっています。

反応式は，本体容器（外筒）内に内筒を設け，一方に酸性，もう一方にアルカリ性の薬剤を充てんし，使用時に消火器をひっくり返して両者を反応させることによって圧力を発生させ放射，という構造になっています。

この反応式があるのは**化学泡消火器**だけです（逆に蓄圧式は化学泡以外のすべての消火器にあります）。よって，①の蓄圧式の部分が誤りです（正しくは①を取り除き，反応式の所に○を付ける）。

なお，ガス加圧式は強化液と機械泡と粉末のみにあるので，⑤も誤りです（二酸化炭素消火器は③の蓄圧式のみ）。

【問題４】

消火器と圧縮ガスの組み合わせについて，次のうち誤っているものはどれか。

⑴　強化液消火器……………………………………窒素ガス
⑵　機械泡消火器……………………………………窒素ガス
⑶　蓄圧式の粉末消火器……………………………二酸化炭素
⑷　ガス加圧式の粉末消火器（大型以外）……二酸化炭素

解　答

【問題２】…⑶

放射用のガスは法令的には「**圧縮ガス**」と呼ばれていて，その覚え方は次の通りです。

① **蓄圧式** ⇒ 一般に**窒素**

② **ガス加圧式**

⇒・**小型**（手さげ式）**のガス加圧式粉末**は**窒素**または**二酸化炭素**

（注：100 cm^3 **以下**の場合は，窒素と二酸化炭素の混合ガスもある）

・**大型のガス加圧式強化液**は**二酸化炭素**，**機械泡**は**二酸化炭素**と**窒素**

（化学泡消火器には放射用のガスは充てんされておらず，また，消火剤自身が放射ガスとなる二酸化炭素消火器とハロン 1301 にも，放射のためだけに充てんされた放射ガスは充てんされていないので関係がない。）

従って，(3)の蓄圧式の粉末消火器は，上記の①より，窒素ガスとなり，二酸化炭素は誤りです。

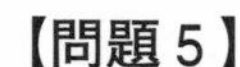

【問題５】

消火器の主な消火作用について，次のうち正しいものはどれか。

(1)　霧状の強化液を放射する消火器の消火作用は，主に冷却作用と窒息作用によるものである。

(2)　機械泡を放射する消火器の消火作用は，主に冷却作用と抑制作用によるものである。

(3)　二酸化炭素を放射する消火器の消火作用は，主に窒息作用と抑制作用によるものである。

(4)　消火粉末を放射する消火器の消火作用は，主に窒息作用と抑制作用によるものである。

解　答

【問題３】…(2)　　　　【問題４】…(3)

解説

P 144の表の③より確認していきます。

⑴の強化液は，窒息作用がないので誤りです。

⑵の機械泡は，抑制作用がないので誤りです。

⑶の二酸化炭素には，抑制作用がないので誤りです。

⑷の消火粉末は，冷却作用以外はあるので正しい。

【問題6】

消火器の性能と対象物に対する適応性について，次のうち誤っているものはどれか。

⑴　強化液消火器は，A火災の消火には適応するが，低温（5℃以下）で機能が落ちるため，寒冷地には適さない。

⑵　化学泡消火器は，低温（5℃以下）では，発泡性能が落ちるため，寒冷地には適さない。

⑶　二酸化炭素消火器は，C火災の消火には適応するが，A火災の消火には適応しない。

⑷　粉末消火器には，A火災，B火災及びC火災のいずれの消火にも適応できるものがある。

解説

⑴　強化液は炭酸カリウムの濃厚な水溶液で，「**凝固点**が－20℃ 以下であること」と定められており，**寒冷地に適する**ので，誤りです。

⑶　二酸化炭素消火器は，B火災（油火災）とC火災（電気火災）には適応しますが，A火災（普通火災）の消火には適応しないので，正しい。

⑷　粉末（ABC）消火器は，A火災，B火災及びC火災のいずれの消火にも適応するので，正しい。なお，粉末（BC）消火器は，A火災には適応しません。

解　答

【問題5】…⑷

【問題7】

炭酸水素カリウムを主成分とする粉末消火器の適応火災について，次のうち正しいものはどれか。

(1)　A火災のみに適応する。

(2)　B火災，C火災に適応する。

(3)　A火災，C火災に適応する。

(4)　A火災，B火災，C火災に適応する。

粉末消火器については，りん酸アンモニウムを主成分とした粉末（ABC）消火器のみA火災，B火災，C火災に適応し，それ以外の粉末消火器は，**B火災，C火災**のみに適応し，A火災には適応しません。

類題

次の正誤を答えなさい。

「炭酸水素ナトリウムを主成分とする粉末消火器は，炭酸水素カリウムと尿素の反応生成物を主成分とする粉末消火器と同じく，A火災とC火災のみに適応する。」

（※解答は次頁の下）

【問題8】

危険物第4類第1石油類の火災の初期消火の方法として，次のうち誤っているものはどれか。

(1)　窒息消火が効果的である。

(2)　第1石油類は，一般的に引火点が低いので冷却消火が最もよい。

(3)　二酸化炭素消火器による消火は効果的である。

(4)　乾燥砂による消火は効果がある。

第1石油類に限らず，第4類危険物のような引火性液体には**窒息消火**が効果的なので，(3)の二酸化炭素消火器や(4)の乾燥砂による消火は効果がありますが，(2)の冷却消火は一般的に不適です。たとえば，第1石油類であるガソリン

解　答

【問題6】…(1)

の火災に冷却効果のある水を注水すると，油がその水に浮いて燃焼面が却って広がるので，大変危険です。

【問題９】

消火器の一般的な消火特性について，次のうち適当でないものはどれか。

(1)　強化液消火器は，アルカリ塩類を含む薬剤または中性の薬剤を放射するものであり，浸透性がよいので，再燃防止効果に優れている。

(2)　化学泡消火器は，低温（５℃以下）では発泡性能が低下するため，寒冷地には適さない。

(3)　機械泡消火器は，窒息作用により消火するものであり，また浸透性がよいので，再燃防止効果に優れている。

(4)　粉末消火器は，冷却作用により消火するものであり，また浸透性がよいので，再燃防止効果に優れている。

粉末消火器には冷却作用はなく，窒息と抑制作用によって消火します。

〔**類題……○×で答える**〕
「強化液消火薬剤は水より冷却効果が大きい」

【問題10】

次の消火器のうち，指示圧力計を装着しなければならないものはどれか。

(1)　二酸化炭素消火器

(2)　化学泡消火器

(3)　強化液消火器（大型以外）

(4)　ガス加圧式粉末消火器

解　答

【問題７】…(2)　〔類題〕…誤（Ｂ，Ｃ火災に適応⇒問題７の解説参照）　【問題８】…(2)

解説

蓄圧式の消火器には指示圧力計を装着する必要がありますが，二酸化炭素消火器とハロン 1301 消火器には不要です。従って，(3)の大型以外の強化液消火器は**蓄圧式**なので装着する必要があり，これが正解です。また，(2)と(4)の化学泡消火器（反応式）とガス加圧式粉末消火器にも指示圧力計は不要です。

【問題 11】

蓄圧式の強化液消火器の構造について，次のうち正しいものはどれか。

(1)　レバー式の開閉バルブが装着されている。

(2)　サイホン管の先端には逆流防止装置が取り付けられている。

(3)　本体容器の内面には，液面表示装置が取り付けられている。

(4)　充てん薬剤は，無色透明または淡黄色の炭酸ナトリウム水溶液でアルカリ性であるので，本体容器の内面を耐食加工する必要はない。

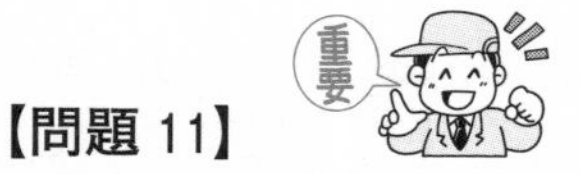

解説

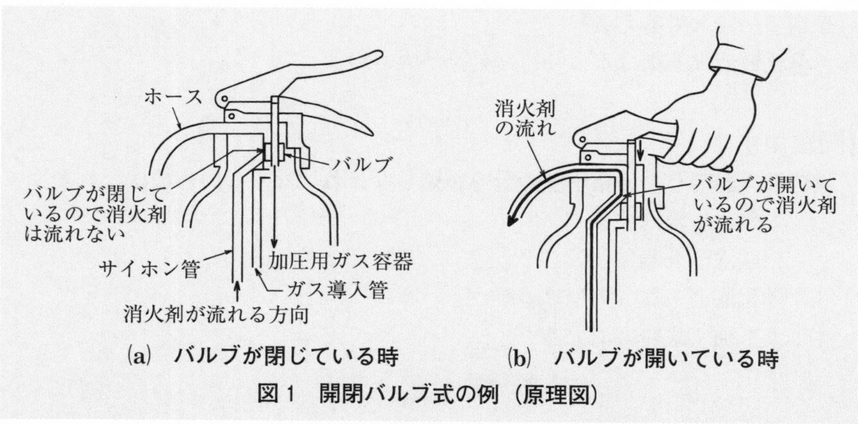

(a)　バルブが閉じている時　　**(b)　バルブが開いている時**

図１　開閉バルブ式の例（原理図）

(1)　**開閉バルブ式**というのは，図１のように，レバー式の開閉バルブが装着されているもので，レバーの操作により放射および放射停止ができる構造となっています。

その開閉バルブ式は**蓄圧式**と**ガス加圧式の粉末消火器**にある放射機構なの

解　答

【問題９】…(4)　〔類題〕…×（水とほぼ同等の冷却効果しかない）　【問題 10】…(3)

で，蓄圧式の強化液消火器にもレバー式の開閉バルブが装着されており，正しい。

なお，開閉バルブ式に対して，**ガス加圧式の粉末消火器**に設けられている図2のような**開放式**がありますが，バルブが装着されていないので，途中で放射を停止する（⇒下線はバルブを装着する目的）ことはできません。

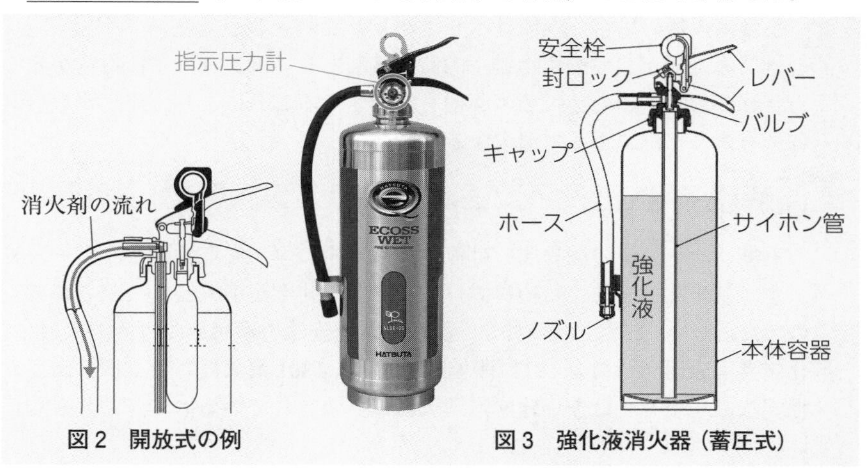

図2　開放式の例　　　　　図3　強化液消火器（蓄圧式）

(2)　図3を見てわかるように，蓄圧式のサイホン管の先端には何も設けられていないので，誤りです（加圧式の場合は，**粉上がり防止用封板**が設けられている）。

(3)　液面表示とは，充てんされた消火薬剤の液面を表示するもので，これも主に化学泡消火器に取り付けられているものなので，誤りです。

(4)　充てん薬剤は炭酸ナトリウムではなく，**炭酸カリウム**の濃厚な水溶液，つまり，アルカリ性なので，本体容器の内面を耐食加工する必要があり，誤りです。

開放式と開閉バルブ式では，どちらが多いの？

それは圧倒的に開放式さ。何といってもメンテナンスが簡単だからネ。

解　答

【問題 11】…(1)

第3編　機械に関する部分（構造・機能）

【問題 12】

化学泡消火器の構造として，次のうち誤っているものはどれか。

(1)　ろ過網と安全弁が装着されている。

(2)　本体容器と内筒には，液面表示がしてある。

(3)　小型消火器の場合，内筒はポリエチレン製のものが多い。

(4)　外筒のA剤として酸性物質，内筒のB剤としてはアルカリ性物質が充てんされており，この2種類の薬剤を混合させることにより，発生する窒素ガスを含んだ泡によって消火する。

解説

(1)　ろ過網（次ページの図参照）は液体の薬剤中のゴミを取り除き，ホースやノズルが詰まるのを防ぐために設けるもので，化学泡消火器に装着されているので，正しい。また，安全弁は，**高圧ガス保安法**の適用を受ける消火器（**二酸化炭素消火器，ハロン 1211 消火器，ハロン 1301 消火器**）および，高圧ガス保安法の適用を受けない**化学泡消火器**に装着されているので，こちらも正しい。

(2)　前問の解説の(3)より，正しい。（なお，現在は製造されていませんが，手動ポンプにより作動する水消火器，酸・アルカリ消火器にも液面表示が必要です。）

> **類題**
> **現在，製造されている消火器のうち，液面表示が装着されている容器に充てんする必要がある消火薬剤の名称を答えなさい。**

(3)　内筒はポリエチレン製（大型ではステンレス鋼板製のものもある）のものが多いので，正しい。

(4)　問題文は逆で，外筒のA剤はアルカリ性，内筒のB剤は酸性です。また，発生する泡は窒素ガスではなく，**二酸化炭素**を含んだ泡によって消火します。

解　答

解答は次ページの下欄にあります。

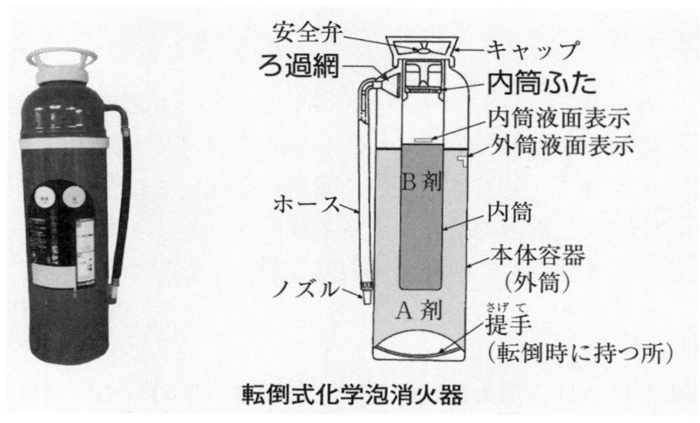

転倒式化学泡消火器

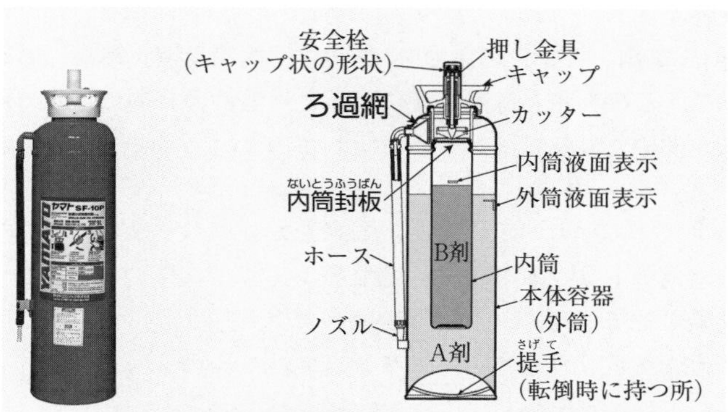

破がい転倒式化学泡消火器（写真のものは船舶用です）

【問題13】

化学泡消火器について，次のうち誤っているものはどれか。

A　外筒には，炭酸水素ナトリウムに起泡安定剤等を添加した薬剤が充てんされている。

B　内筒には，硫酸アルミニウムの水溶液が充てんされている。

C　使用時には本体を転倒させることによって，外筒薬剤と内筒薬剤とを混合させ，その際発生した窒素ガスの圧力により放射する。

D　冷却作用と窒息作用によって消火する。

E　使用温度範囲は，0℃～40℃である。

(1)　AとB　　(2)　AとE　　(3)　BとC　　(4)　CとE

解　答

【問題12】…(4)　　〔類題〕…化学泡消火剤

A　正しい。外筒薬剤はＡ剤ともいい，**淡褐色**の粉末状の薬剤です。

B　正しい。内筒薬剤はＢ剤ともいい，**白色**の粉末状の薬剤です。

C　本体を転倒させて，外筒薬剤と内筒薬剤とを混合させ，その化学反応によって発生した**二酸化炭素**の圧力によって放射するので，誤りです。

E　化学泡消火器の使用温度範囲は，製品，規格とも**5℃〜40℃**です。

【問題 14】

化学泡消火器における消火薬剤の充てんに関する次の（イ），（ロ）に当てはまる語句を答えよ。

「外筒用消火薬剤（Ａ剤）の主成分は（イ），内筒用消火薬剤（Ｂ剤）の主成分は（ロ）で，このＡ剤とＢ剤を逆にすると，酸性のＢ剤により外筒の金属が腐食され穴が開いたりして破損するおそれがある。」

	（イ）	（ロ）
(1)	硫酸アルミニウム	炭酸水素カリウム
(2)	炭酸水素ナトリウム	硫酸アルミニウム
(3)	リン酸アンモニウム	炭酸水素ナトリウム
(4)	炭酸水素ナトリウム	リン酸アンモニウム

P 127，【問題 13】のＡ，Ｂ参照。

【問題 15】

機械泡消火器について，次のうち正しいものはどれか。

A　充てんする消火薬剤は，化学泡消火薬剤と共用できる。

B　消火薬剤は，化学泡消火器と同じく炭酸水素ナトリウムを主成分とする淡いコハク色の水溶液である。

C　二酸化炭素消火器と同じく高圧ガス容器が使われており，二酸化炭素のガス圧により，消火薬剤を放射する。

D　ノズルの基部に，外部の空気を取り入れる空気吸入口が設けられており，空気が薬剤の水溶液と混合することによって発泡させる。

解　答

【問題 13】…(4)

E　霧状ノズルの場合は，電気設備の火災にも適応できる。

(1)　A，B　　(2)　C　　(3)　D　　(4)　E

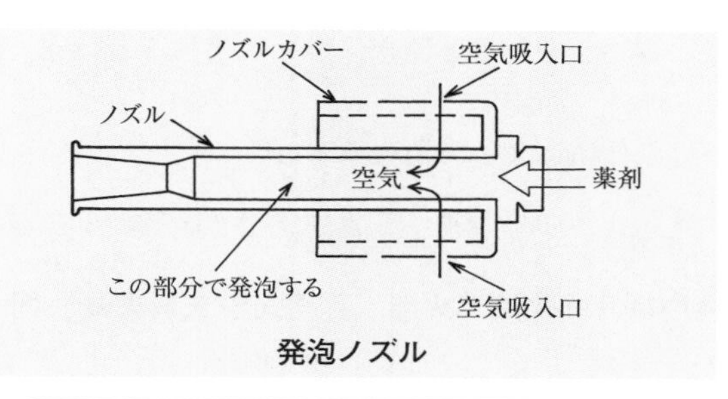

発泡ノズル

これが発泡ノズルだ。
実技の方で，「①このノズルを使用する消火器の名称を答えよ」「②矢印（空気の流れを示す矢印）で示す部分は何の流れを示したものか答えよ」という問題が出題されているので，よく理解しておくことが大切だヨ。

①⇒機械泡消火器，②⇒空気

A　化学泡消火器は，A剤とB剤を混合させることによって発生する二酸化炭素の泡によって消火しますが，機械泡消火器は，界面活性剤などの泡を放射する際に空気を取り入れて発泡させるもので，それぞれ発泡の仕組みが全く異なっているので，共用はできません。

B　消火薬剤は化学泡の消火薬剤とは異なり，「水成膜または（合成）界面活性剤」です（化学泡の消火薬剤については，前問参照）。

C　高圧ガス容器は使われておらず，また，機械泡消火器は化学泡消火器と違って**蓄圧式**であり，消火薬剤が**圧縮空気**または**窒素ガス**とともに充てんされており，使用時にレバーを握ることによって開閉バルブを開き，**窒素ガス**等のガス圧によって薬剤を放出します。

E　機械泡消火器のノズルは霧状ノズルではなく，外部の空気を取り入れる吸入口が設けられた**発泡ノズル**です。

　また，泡消火器は**普通火災**と**油火災**に適応し，**電気火災**には不適応です。

解　答

【問題14】…(2)

【問題 16】

手さげ式の機械泡消火器について，次のうち正しいものはどれか。

⑴　指示圧力計が設けられており，使用圧力範囲は，0.6～0.98 MPa である。

⑵　機械泡の粉末状のものは水に溶けにくいこと。

⑶　バルブは，レバーを握ると開き，離せば閉じるという，開閉バルブ式である。

⑷　冷却及び抑制作用によって消火する。

解説

⑴　使用圧力範囲は，**強化液消火器**，**蓄圧式粉末消火器**と同じく，**0.7～0.98 MPa** です。

⑵　機械泡については，水溶液又は液状，粉末状のもので，**液状**，**粉末状**は**水に溶けやすい**こと，となっているので，誤りです。

⑷　泡消火器（化学泡消火器含む）は抑制ではなく，**窒息**と**冷却**作用によって消火するので，誤りです。

【問題 17】

次の A～D は，二酸化炭素と窒素の共通する性質について述べたものであるが，正しい組み合わせのものはどれか。ただし，常温，常圧のものとする。

A：無色無臭の気体である。

B：空気より軽い。

C：電気絶縁性がよい。

D：化学的に不安定な物質である。

⑴　AとB　⑵　BとC　⑶　AとC　⑷　BとD

解説

A：ともに**無色無臭**（また，無毒でもある）の気体なので，正しい。

B：窒素は空気より**軽い**気体ですが，二酸化炭素は空気より**重い**ので誤り。

C：ともに電気絶縁性がよいので，正しい。

D：ともに化学的に安定な物質なので，誤り。

よって，AとCが正しい組合せになっている⑶が正解になります。

解　答

【問題 15】…⑶

【問題 18】

二酸化炭素消火器の構造と機能について，次のうち誤っているものはどれか。

⑴　本体容器の表面積の 25% 以上を赤色に，また $\frac{1}{2}$ 以上を緑色に塗ることとされている。

⑵　充てんされている消火薬剤量の測定には，圧力計を用いる。

⑶　安全栓とともに安全弁も取り付ける必要がある。

⑷　高温になると容器の内圧が非常に大きくなって，ガス漏れの原因になることがあるので，直射日光，高温多湿の場所への設置は避ける。

解説

⑴　本体容器は高圧ガス保安法の適用を受け，表面積の $\frac{1}{2}$ 以上を**緑色**に塗る必要があり，また，消火器の塗色の原則として表面積の 25% 以上を**赤色**に塗る必要があるので，正しい。

⑵　二酸化炭素は液体の状態*で充てんされており，そのチェックの際は**質量**を測定します（圧力計は装着されていない）。

（＊薬剤は**液体**なので，「**ガス量**を測定する際は**圧力計**を用いる」と出題されれば，「ガス量」と「圧力計」の部分が誤っていることになります。）

なお，二酸化炭素消火器の充てん比（容器の内容積 ℓ ／消火薬剤の重量 kg）は **1.5 以上**必要です。

⑶　二酸化炭素消火器には，化学泡消火器やハロン 1301 消火器と同じく**安全弁**が設けられているので，正しい（⇒P 314，容器弁を参照）。

⑷　正しい。

【問題 19】

二酸化炭素消火器の構造と機能について，次のうち正しいものはどれか。

⑴　Ａ火災に使用することができる。

⑵　液化二酸化炭素 1 kg につき，2, 000 cm^3 以上の内容積が必要である。

⑶　充てんされている消火薬剤量の測定をする際は指示圧力計を確認する。

⑷　二酸化炭素消火器は，－40℃ の冷凍倉庫では使用できない。

解　答

【問題 16】…⑶　　【問題 17】…⑶

⑴　二酸化炭素消火器は，B火災（油火災）とC火災（電気火災）には適応しますが，A火災（普通火災）には適応しません。

⑵　二酸化炭素消火器の充てん比は，1.5以上です（1,500 cm^3 以上必要）。

⑶　二酸化炭素消火器に指示圧力計は装着されておらず，消火薬剤量の確認は，**質量**を測定します。

⑷　P 144，表の下の⑵より，−30℃ までしか使用できないので，正しい。

【問題 20】

二酸化炭素消火器について，次のうち適当でないものはどれか。

⑴　油火災に適応し，また，二酸化炭素は電気の不良導体なので，電気火災にも適応する。

⑵　指示圧力計は装着されていない。

⑶　消火薬剤の腐食や変質，及び凍結などのおそれはない。

⑷　火炎に接すると消火薬剤が熱分解し，一酸化炭素が発生するので，消火後は速やかに換気をはかる。

酸欠を防ぐために「消火後は速やかに換気をはかる」という⑷の後半部分は正しいですが，二酸化炭素は化学的に安定した物質なので，熱分解はしません。

【問題 21】

二酸化炭素消火器について，次のうち誤っているものはどれか。

⑴　本体容器が高圧ガス保安法の検査に合格したものであっても，日本消防検定協会又は登録検定機関の型式適合検定合格の表示が付されていなければ消火器として認められない。

⑵　バルブは開閉式で，レバーを握ることにより放射され，また，離すことにより放射停止ができる構造となっている。

解　答

【問題 18】…⑵　　【問題 19】…⑷

⑶　主な消火作用は，液化炭酸ガスが大気中に放射されて気化する際の冷却作用及び抑制作用である。

⑷　凍傷を防止するためのホーン握りが設けられている。

⑶　主な消火作用は窒息作用で，抑制作用はありません。

⑷　液化炭酸ガスが放射されて気化する際，冷却作用を伴うので，凍傷を防止するためのホーン握りが設けられています。

【問題 22】

二酸化炭素消火器の容器の肩部に刻印されている「W」の意味として，次のうち正しいものはどれか。

⑴　耐圧試験圧力

⑵　容器の質量

⑶　容器の内容積

⑷　充てんガス量

容器に刻印されている記号については，次のようになっています。

・**内容積**：Ｌ（単位：ℓ）

・**耐圧試験圧力**：ＴＰ（単位：MPa）

・**最高充てん圧力**：ＦＰ（単位：MPa）

・**容器の質量**：W（単位：kg）（注：質量Wにバルブは含まれていない）

【問題 23】

粉末消火器（大型を除く。）の構造について，次のうち適当でないものはどれか。

⑴　蓄圧式には，内部圧力を示す指示圧力計が取り付けてあり，使用圧力範囲は，0.7～0.98 MPa である。

⑵　蓄圧式の場合，消火薬剤が窒素ガスとともに充てんされていて，レバー

解　答

【問題 20】…⑷

式の開閉バルブが装着されている。

(3)　ガス加圧式の場合，レバーの操作で放射及び放射停止ができる開閉バルブ式と，放射停止ができないで全量放射する開放式がある。

(4)　ガス加圧式の本体容器内には，ガス導入管，サイホン管がセットされており，サイホン管の先には薬剤の詰まりを防止する装置として，逆流防止装置が装着されている。

解説

粉末消火器には，蓄圧式とガス加圧式があり，その主な構造・機能は次のようになっています。

粉末消火器（蓄圧式）

①　蓄圧式

ノズルが少し大きく，先広がりになっている他は強化液消火器（P 124，問題 11 参照）とほぼ同じ構造です（⇒　鋼板またはステンレス鋼板製の本体容器内に**窒素ガス**とともに消火薬剤が充てんされ，レバーを握るとバルブが開いて消火薬剤がノズルから放射される）。

②　ガス加圧式（手さげ式）

本体容器内には消火剤のみが充てんされており，加圧用ガスは本体とは別のボンベ(容器)内に充てんされています。使用時にレバーを握ると，バルブ(弁)に付いているカッターが下がって加圧用ガス容器の封板を破り，加圧用ガス（主に**二酸化炭素**）がガス導入管を通って本体容器内に導入されます。導入されたガスにより攪拌(かくはん)，加圧された粉末消火剤は，サイホン管の先にある**粉上がり防止用封板**を破って，サイホン管，ホースと通ってノズルから放射される，という構造になっています。

以上より，(2)の蓄圧式は上記の①より窒素ガスで正しいですが，(4)のガス加圧式は後半部分の「逆流防止装置」が誤りで，②からもわかるように，ガス加圧式のサイホン管の先には逆流防止装置ではなく，**粉上がり防止用封板**が装着されています。

解　答

【問題 21】…(3)　　　　【問題 22】…(2)

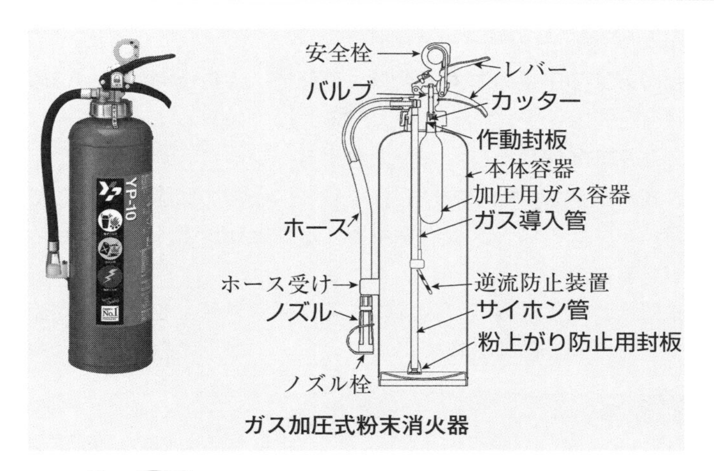

ガス加圧式粉末消火器

【問題24】

蓄圧式粉末消火器について，最も適当なものは次のうちどれか。

(1)　窒息作用と若干の冷却作用によって消火する。

(2)　放射圧力源として，一般に二酸化炭素が用いられている。

(3)　レバー操作によって，放射及び放射停止ができる開閉バルブが設けられているものがある。

(4)　サイホン管内部で粉末が詰まるのを防止するため，粉上がり防止装置が設けられている。

解説

(1)　窒息作用と**抑制作用**によって消火します。

(2)　蓄圧式の放射圧力源は，一般に**窒素ガス**が用いられています（二酸化炭素は，ガス加圧式粉末消火器の加圧用ガス容器などに用いられている）。

(3)　この方式を開閉バルブ式といいます。

(4)　上の図より，粉上がり防止装置はガス加圧式に設けられています（蓄圧式粉末消火器の場合，開閉バルブの存在によって外気と遮断されているので，薬剤が詰まりにくく，**粉上がり防止用封板は設けられていない** ⇒（この部分は過去に出題例があるので，要注意））

解　答

【問題23】…(4)

【問題25】

手さげ式のガス加圧式の粉末消火器について，次のうち誤っているものはどれか。

⑴　窒息及び抑制作用によって消火をする。
⑵　開放式にはノズル栓が設けられていて，薬剤の吸湿を防止している。
⑶　開閉バルブ式の場合，放射を中断することができ，薬剤が残っていれば再使用することができる。
⑷　逆流防止装置は，ガス導入管の先端に装着され，粉末薬剤が流入して固化してしまうのを防ぐ装置である。

開閉バルブ式は放射を中断することができますが，薬剤が残っていても粉末がバルブに付着して気密性を保持することができず，本体容器内の加圧用ガスが漏れてしまうので，再使用することはできません（⑶が誤り）。

【問題26】

手さげ式のガス加圧式の粉末消火器についての記述で，次のうち正しいものはどれか。

⑴　開放式には使用済みの表示を設けなければならない。
⑵　加圧用ガスとしては，主に窒素ガスが用いられている。
⑶　開放式の場合，一度レバーを握ると消火薬剤は全量放出される。
⑷　排圧栓は，開閉バルブ式，開放式の両者ともに設けられている。

解説

⑴　開放式の場合，一度使用すると⑶のように消火薬剤が全量放出されてしまうので，使用済みの状態であるのがわかり，使用済みの表示装置を設ける必要はありません（使用済みの表示装置を設ける必要があるのは，**開閉バルブ式**の方です）。
⑵　主に**二酸化炭素**が用いられています。
⑶　正しい。
⑷　排圧栓は開閉バルブ式のみに設けます（放射を中断すると，容器内に残留

解　答

【問題24】…⑶

している加圧用ガスにより残圧がある可能性があるので，それを整備時に排出するために設ける）。

【問題27】

ガス加圧式の大型粉末消火器で，次のうち一般的な構造でないものはどれか。

(1)　加圧用ガスとして小容量のものには窒素ガスが，大容量のものには二酸化炭素が用いられる。

(2)　ノズルは開閉式でノズルレバーの操作により放射及び放射停止ができる。

(3)　使用する場合に，二酸化炭素加圧のものは押し金具を押してガス容器の封板を破り，ガスを本体容器内に導入して加圧放射する。

(4)　使用する場合に，窒素ガス加圧のものはガス容器のハンドルを回してバルブを開き，ガスを本体容器内に導入して加圧放射する。

解説

ガス加圧式の大型粉末消火器の場合，小容量のものには**二酸化炭素**が，大容量のものには**窒素ガス**が用いられているので，(1)が誤りです。

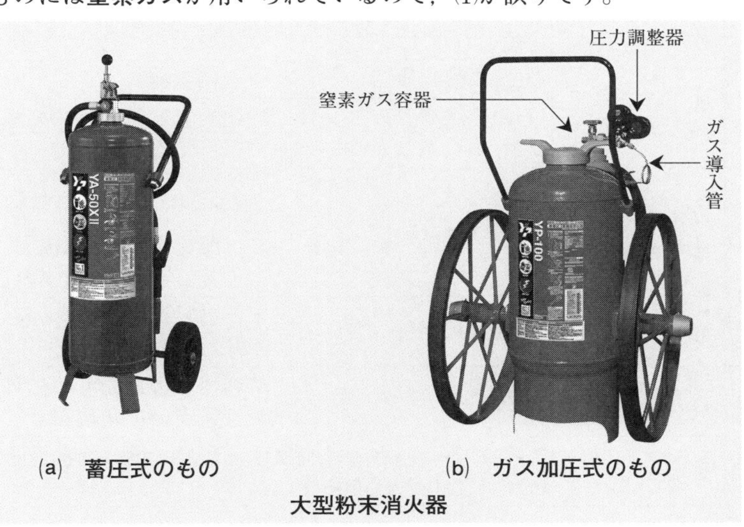

(a)　蓄圧式のもの　　(b)　ガス加圧式のもの

大型粉末消火器

第3編　機械に関する部分（構造・機能）

解　答

【問題25】…(3)　　【問題26】…(3)

【問題 28】

消火器及び消火器の部品として使用されている高圧ガス容器に関する説明として，次のうち誤っているものはどれか。

A　内容積 100 cm^3 以下の加圧用ガス容器は高圧ガス保安法の適用除外を受け，外面はメッキがしてある。

B　二酸化炭素消火器の本体容器は高圧ガス保安法に適合したもの以外は，使用が禁止されている。

C　加圧用ガス容器に充てんされているものは，二酸化炭素若しくは窒素ガス又は二酸化炭素と窒素ガスの混合したものである。

D　窒素ガスを充てんした内容積 100 cm^3 を超える加圧用ガス容器の外面は，緑色に塗装されている。

E　加圧用ガス容器に充てんされている二酸化炭素は，液化炭酸ガスとして容器に貯蔵され，その充てん量を確認する場合は内圧を測定する。

(1)　AとB　　(2)　AとE　　(3)　BとC　　(4)　DとE

解説

加圧用ガス容器のポイントをまとめると，次のようになります。

		100 cm^3 以下の容器	100 cm^3 を超える容器
①	充てんされているガス	主に**二酸化炭素**	主に**窒素**
		その他，窒素ガス又は二酸化炭素と窒素ガスの混合したものもあるがメーカーによって異なる。	
②	高圧ガス保安法の適用	適用されない。	適用される。容器の $\frac{1}{2}$ 以上の色は 二酸化炭素 ⇒ **緑色** 窒素 ⇒ **ねずみ色**
③	弁	作動封板が付いている。	作動封板付きのものと容器弁付きのものがある。
④	再充てん	不可	容器弁付きのものは可能（鑑別で出題例あり）
⑤	容器記号	容器を新しいものに交換する際は，**同じ容器記号のものにしなければならない。**	

C　加圧用ガス容器に充てんされているものは，主に二酸化炭素と窒素ガスですが，その他に二酸化炭素と窒素ガスの混合ガスもあるので，正しい。

解　答

【問題 27】…(1)

D　②より，内容積 100 cm³ を超える加圧用ガス容器の塗装は，充てんガスが二酸化炭素のものは**緑色**，窒素ガスのものは**ねずみ色**に塗装されています。

E　内圧ではなく，**質量**を測定するので，誤り。

【問題 29】

加圧式の消火器に用いる加圧用ガス容器について，次のうち適当なものはどれか。

⑴　容器弁付の加圧用ガス容器は，必ず専門業者に依頼してガスを充てんする。

⑵　作動封板を有する加圧用ガス容器は，容量が同じであれば製造メーカーにかかわらず交換できる。

⑶　作動封板を有する加圧用ガス容器は，すべて高圧ガス保安法の適用を受けない。

⑷　100 cm³ 以下の作動封板を有する加圧用ガス容器が腐食している場合は，危険なので充てんガスを放出せず廃棄処理をする。

解説

⑴　**容器弁付き**の加圧用ガス容器を交換する場合は，必ず**専門業者**に依頼してガスを充てんします。

⑵　前問の解説－表の⑤より，加圧用ガス容器を交換する際は，**容器記号**が同じものと交換する必要があります。

⑶　作動封板を有する加圧用ガス容器でも，前問の解説－表の②より，内容積が **100 cm³ を超える**ものについては，高圧ガス保安法の適用を受けます。

⑷　高圧ガス保安法の適用を受けない 100 cm³ 以下の加圧用ガス容器を廃棄処理する場合は，容器を本体から分離して専門業者に依頼するか，あるいは排圧治具により排圧処理をします。

【問題 30】

次のうち，高圧ガス保安法の適用を受けないものはどれか。

⑴　二酸化炭素消火器

⑵　化学泡消火器

⑶　ハロン 1301 消火器

⑷　内容積が 100 cm³ を超える加圧用ガス容器

解　答

【問題 28】…⑷

高圧ガス保安法の適用を受ける消火器等とその塗色をまとめると次のようになります。

	消火器	塗色（表面積の$\frac{1}{2}$以上を塗装する）
①	**・二酸化炭素消火器**	**緑色**
②	**・ハロン 1301 消火器** （その他：ハロン 1211 消火器）	**ねずみ色**
③	・内容積が<u>100 cm³ を超える</u>**<u>加圧用ガス容器</u>**（圧縮ガスの圧力が 1 MPa **以上**となる場合に高圧ガス保安法の適用を受ける）	・二酸化炭素：**緑色** ・窒素　：**ねずみ色**

⑴　①に該当するので，適用を受けます。

⑵　上記の表に含まれていないので，適用を受けません。

⑶　②に該当するので，適用を受けます。

⑷　③に該当するので，適用を受けます。

【問題 31】

消火器には，高圧ガス保安法の適用を受ける容器を使用しなければならないものがあるが，これに該当しないものは，次のうちどれか。

A　二酸化炭素消火器の本体容器

B　加圧式大型強化液消火器の加圧用ガス容器

C　蓄圧式機械泡消火器の本体容器

D　加圧式粉末消火器に使用する内容量 200 cm³ の加圧用ガス容器

E　消火薬剤の質量が 30 kg の加圧式粉末消火器

⑴　A，D　　⑵　B　　⑶　C　　⑷　C，E

前問の表より，確認していきます。

A　①に該当し，適用を受けます。

B　加圧式大型強化液消火器の加圧用ガス容器は，③に該当するので，適用を

解　答

【問題 29】…⑴　　　　【問題 30】…⑵

受けます。

C　蓄圧式機械泡消火器の使用圧力範囲は，0.7〜0.98 MPa に設定されているので，③の 1 MPa 以上には該当せず，高圧ガス保安法の適用は受けません。

D　③に該当するので，適用を受けます。

E　消火薬剤の質量が 30 kg の加圧式粉末消火器は大型消火器になり，その加圧用ガス容器は 100 cm^3 を超えるので，③に該当し，適用を受けます。

【問題 32】

高圧ガス保安法に関する次の記述について，誤っているものはどれか。

(1)　二酸化炭素消火器の本体容器は高圧ガス保安法に適合したもの以外は，使用が禁止されている。

(2)　二酸化炭素消火器の本体に損傷や腐食があるときは，指定を受けた指定検査機関に容器検査を依頼する。

(3)　本体容器が高圧ガス保安法の検査に合格したものであっても，日本消防検定協会又は指定検査機関の型式適合検定の表示が付されていなければ消火器具として認められない。

(4)　高圧ガス保安法の適用を受ける消火器には，二酸化炭素消火器やハロン1301 消火器のほか蓄圧式の強化液消火器などがある。

蓄圧式の強化液消火器の使用圧力範囲は，0.7〜0.98 MPa に設定されているので，【問題 30】解説の表，③の「1 MPa 以上」に該当せず，高圧ガス保安法の適用は受けません。

【問題 33】

粉末消火薬剤の名称とその主成分の組合せについて，次のうち誤っているものはどれか。

	名称	主成分
(1)	粉末（ABC）	りん酸アンモニウム
(2)	粉末（Na）	炭酸ナトリウム
(3)	粉末（K）	炭酸水素カリウム
(4)	粉末（KU）	炭酸水素カリウムと尿素の反応生成物

解　答

【問題 31】…(3)

⑵は炭酸水素ナトリウムです。

【問題34】

粉末消火薬剤の説明として，次のうち正しいものはどれか。

⑴　りん酸アンモニウムが主成分の消火剤は淡青色に着色され，A火災，B火災，C火災に対応できる。

⑵　炭酸水素ナトリウムが主成分の消火剤は白色に着色され，B火災，C火災に対応できる。

⑶　炭酸水素カリウムが主成分の消火剤は紫色に着色され，A火災，B火災，C火災に対応できる。

⑷　炭酸水素カリウムと尿素の反応生成物が主成分の消火剤は紫色に着色され，B火災，C火災に対応できる。

粉末消火薬剤の色と適応火災は，次のようになります。

消火薬剤の種類（主成分）	消火薬剤の色	適応火災
りん酸アンモニウム	**淡紅色**	A，B，C
炭酸水素ナトリウム	**白色**	B，C
炭酸水素カリウム	**紫色**	B，C
炭酸水素カリウムと尿素の反応生成物	**灰色**	B，C

従って，⑴は消火薬剤の色が**淡紅色**になっていないので×，⑶はA火災に対応しないので×，⑷は消火薬剤の色が**灰色**になっていないので×になります。

【問題35】

消火器とその適応火災について，次のうち不適当な組合せはどれか。

⑴　粉末（ABC）消火器………A火災，B火災，C火災

⑵　強化液消火器（霧状）………A火災，B火災，C火災

⑶　化学泡消火器 …………………………B火災，C火災

解　答

【問題32】…⑷　　【問題33】…⑵

⑷　二酸化炭素消火器 ……………………B火災，C火災

解説

P 144 の表参照。⑴と⑵の消火器は A，B，C 火災全てに適応するので正しい。⑶の化学泡消火器は，A 火災と B 火災に適応し，C 火災（電気火災）には適応しないので，誤りです。

⑷の二酸化炭素消火器は，普通火災のみに適応しないので正しい。

【問題 36】

消火器と消火薬剤の次の組合せにおいて，誤っているものはどれか。

⑴　強化液消火器………………炭酸水素ナトリウムの濃厚なアルカリ性水溶液

⑵　機械泡消火器………………水成膜泡または合成界面活性剤泡の水溶液

⑶　化学泡消火器

　　外筒用薬剤………………炭酸水素ナトリウムを主成分とし，起泡剤等を加えたもの

　　内筒用薬剤………………硫酸アルミニウム

⑷　粉末（ABC）消火器………りん酸アンモニウム

解説

⑴　強化液消火器の消火薬剤は，炭酸水素ナトリウムではなく，炭酸カリウムの濃厚なアルカリ性水溶液です（中性のものもある）。

なお，⑶の化学泡消火器ですが，外筒用薬剤を **A 剤**といい**アルカリ性**であるのに対し，内筒用薬剤は **B 剤**といい**酸性**の薬剤になっています。

解　答

【問題 34】…⑵

＜構造・機能のまとめ（この表はぜひ覚えておこう！）＞

各消火器のまとめ

	①加圧方式		②放射ガス（圧縮ガス）	③消火作用			④適応火災			特徴
	蓄圧式	ガス加圧式		冷却	窒息	抑制	普通（A火災）	油（B火災）	電気（C火災）	
強化液（霧状）	○	○（大型）	圧縮空気 窒素ガス （注：手さげ式のもの）	○		○	○	○	○	A，B，C火災全てに適応
機械泡	○	○（大型）	圧縮空気 窒素ガス （注：手さげ式のもの）	○	○		○	○		ノズルが**発泡ノズル**である
化学泡			二酸化炭素（化合して発生させる）	○	○		○	○		**ろ過網**と**安全弁**を装着している
二酸化炭素	○		二酸化炭素	△（若干）	○			○	○	・容器は**高圧ガス保安法**の適用を受ける。 ・1/2以上を**緑色**
ハロゲン化物	○		ハロン1301など		○	○		○	○	（ハロン2402以外） ・容器は**高圧ガス保安法**の適用を受ける。 ・1/2以上を**ネズミ色**
粉末（蓄圧式）	○		窒素ガス		○	○	○	○	○	粉末（ABC）以外はB火災，C火災のみに適応
粉末（ガス加圧式）		○	二酸化炭素（大型の大容量は窒素ガス）		○	○	○	○	○	・上に同じ ・**ガス導入管**と**逆流防止装置及び粉上がり防止用封板**がある

＜温度範囲について＞

(1)　規格上の温度範囲⇒0～40℃（**化学泡**消火器のみ5～40℃）

(2)　使用温度範囲（＝最大値）⇒**強化液，機械泡，ガス加圧式粉末の手さげ式**：－20℃～40℃，**化学泡**：5℃～40℃，**二酸化炭素**，ハロン1301，**蓄圧式粉末**：－30℃～40℃

解　答

【問題35】…(3)　　　　【問題36】…(1)

1 加圧方式（放射圧力方式）のまとめ

○ **蓄圧式** ⇒ 化学泡以外のすべての消火器にある
（使用圧力範囲は **0.7〜0.98 MPa** ⇒ 強化液，機械泡，蓄圧式粉末のみ）

○ **ガス加圧式** ⇒ 強化液，機械泡，粉末にある（強化液と機械泡は大型のみ）

○ **反応式** ⇒ 化学泡のみ

2 圧縮ガスのまとめ

① **蓄圧式**……一般的に**窒素ガス**

② **ガス加圧式**

○ ガス加圧式粉末の加圧用ガス容器が

・100 cm³ 以下 ⇒ **窒素ガス**または**二酸化炭素**（または窒素ガスと二酸化炭素の混合ガス）

・100 cm³ 超 ⇒ **窒素ガス**（一部は二酸化炭素）

○ **大型のガス加圧式強化液**は**二酸化炭素**，**機械泡**は**二酸化炭素と窒素**

（化学泡消火器，二酸化炭素消火器，ハロン 1301 消火器には放射用のガスは充てんされていないので，関係がない）

3 適応火災について

○ **全火災**に適応の消火剤…**強化液**（**霧状**），**粉末**（ABC）

○ **普通火災**に不適応な消火剤…**二酸化炭素**，**ハロン 1301**

○ **油火災**に不適応な消火剤…**強化液（棒状）・水（棒状，霧状とも）**

⇒ **老いるといやがる　凶暴　な　水**
オイル(油)　強化液(棒状)　水(棒状，霧状とも)

○ 電気火災に不適応な消火剤…泡消火剤・棒状の水と強化液

⇒ **電気系統が悪い　アワー(OUR)　ボート**
電気火災　泡　棒状

4 指示圧力計と安全弁

「蓄圧式には圧力計は必要」だが，二酸化炭素とハロン 1301 には不要。

その代わり，これらの消火器は**高圧ガス保安法**の適用を受け，安全弁を装着する必要がある。

まとめ

○　**圧力計**が無い消火器

⇒　**二酸化炭素消火器，ハロン 1301 消火器**（以上蓄圧式）

＋**化学泡消火器**＋**ガス加圧式消火器**

○　**安全弁**がある消火器

⇒　**二酸化炭素消火器，ハロン 1211 消火器，ハロン 1301 消火器**

＋**化学泡消火器**

（安全弁⇒容器弁という装置の構成部品であり，温度上昇などにより容器内の圧力が異常に上昇して容器が破損しないよう，一定の圧力になると内圧を排出するもの）

5　放射機構について

○　**開放式**…粉末消火器のガス加圧式

○　**開閉バルブ式**…バルブが装着されており，蓄圧式と粉末消火器のガス加圧式にある。

6　蓄圧式とガス加圧式の構造上の主な違い（粉末消火器）

	蓄圧式	ガス加圧式
粉上がり防止用封板	なし	あり
ガス導入管	なし	あり
ノズル栓	なし	あり

7　高圧ガス保安法の適用を受けるもの（⇒圧縮ガスが 1 MPa 以上に適用）

○　**二酸化炭素消火器，ハロン 1211 消火器，ハロン 1301 消火器**

＋**内容積が 100 cm^3 を超える加圧用ガス容器**（⇒規格に出てくる。）

［part 2　点検・整備の問題］

【問題１】

消火器を点検する際の一般的留意事項として，次のうち誤っているものはどれか。

(1)　キャップやプラグなどを開ける際は，容器内の残圧に注意し，かつ，残圧を排除した後に開けること。

(2)　粉末消火器の本体や部品などを清掃する際には，容器内に水が入らないように注意をすること。

(3)　合成樹脂の容器や部品の清掃を行う際は，シンナーやベンジンなどの有機溶剤を使用しないこと。

(4)　二酸化炭素消火器や加圧用ガス容器のガスの充てんは，消防設備士の資格を有する者が行うこと。

二酸化炭素消火器や加圧用ガス容器のガスの充てんは，専門業者に依頼する必要があります。

【問題２】

加圧式消火器の点検結果において，不良箇所があった場合の対応方法として，次のうち不適当なものはどれか。

(1)　ノズル及びノズル栓のねじが緩んでいたので，締め直した。

(2)　本体容器の内部が腐食していたので，廃棄して交換した。

(3)　窒素ガスを充てんした作動封板により密封した加圧用ガス容器の総質量を測ると，表示された質量の－15％ だったので，窒素ガスを充てんした。

(4)　本体容器の外側が著しく変形していたので，廃棄して交換した。

解説

窒素ガスを充てんした作動封板付きの加圧用ガス容器の質量は，表示された質量の**±10％ 以内**でなければならないので，使用できません（なお，作動封板付きの加圧用ガス容器は再充てんできません）。なお，(2)は，「腐食部分を完全に

解　答

解答は次ページの下欄にあります。

除去するため，やすりで処置をした」と出題されれば×になります(廃棄する)。

【問題3】

ガス加圧式粉末消火器（開閉バルブ式）の外観点検について，次のうち最も適切なものはどれか。

(1)　キャップが緩んでいたので，キャップスパナで締め直した。
(2)　安全栓が外れていたが，使用済みの表示装置が脱落していなかったので，安全栓を元の位置に付けておいた。
(3)　ホース取付けねじが緩んでいたので，機能点検を行った。
(4)　ホースに詰まりがあったので，ホース・ノズルアッセンブリ一式を取り替えておいた。

(1)　粉末消火器の場合，キャップが緩んでいると水分が浸入した疑いがあるので，締め直しただけではだめで，**機能点検**を行う必要があります。
(2)　正しい。

なお，逆に，安全栓は外れていないが，使用済みの表示装置が脱落している場合は，**機能点検**を行う必要があります。また，使用済みの表示装置が設けられている消火器の場合は，安全栓は関係なく，使用済みの表示装置が脱落しているか，いないかで機能点検の要不要を考えます。

使用済みの表示装置が脱落していない⇒　機能点検不要
使用済みの表示装置が脱落している　⇒　機能点検必要

(3)　ホース取付けねじが緩んでいる場合は締め直せばよく，機能点検まで行う必要はありません（開放式の場合は外気が侵入した可能性があるので機能点検が必要です)。
(4)　ホース，ノズルの詰まりは，消火薬剤が何らかの原因で放出し，また，漏れた可能性があるので，機能点検を行う必要があります。

【問題4】

蓄圧式粉末消火器の外観点検について，次のうち誤っているものはどれか。

解　答

【問題1】…(4)　　【問題2】…(3)

⑴　指示圧力値が緑色範囲の下限より下がっているものは，機能点検を行う必要がある。

⑵　指示圧力値が緑色範囲の上限より上がっているものは，時間とともに圧力値が低下するので機能点検まで行う必要はない。

⑶　指示圧力値が緑色範囲内にあったので，未使用の消火器と判断した。

⑷　安全栓が装着されているのに指示圧力値が０であるものは，圧力計の故障か消火薬剤の漏れがある可能性があるので，「圧力計の作動の点検」と「消火薬剤の点検」を行う。

指示圧力計の指針が緑色範囲より上であれ下であれ，その範囲より外れていれば，まずは，次のように**機能点検**を行う必要があります。

○　指針が緑色の上限より上がっている場合は，

①　指示圧力計の精度を確認する。
　異常がなければ

②　圧力の調整を行います。

○　指針が緑色の下限より下がっている場合は，**気密試験**を行い漏れがないかの点検を行います。

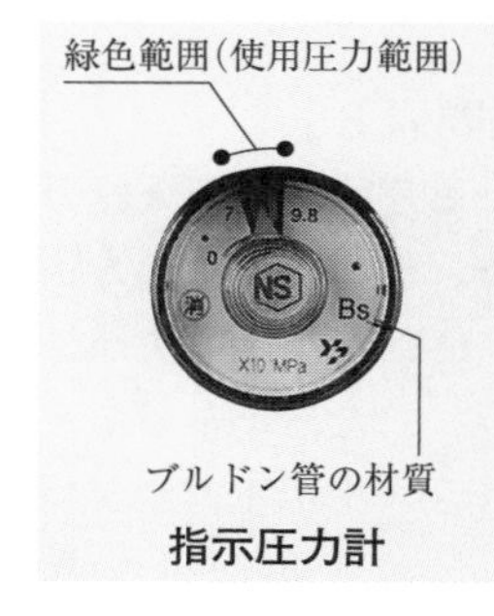

指示圧力計

従って，⑵は機能点検が必要なので，誤りです。
（注：⑷は実技で点検事項を答えさせる出題例がある）

【問題５】

消火器の点検及び整備について，次のうち正しいものはどれか。

⑴　強化液消火器の指示圧力計が緑色範囲の上限を超えている場合は，指示圧力計の作動を点検すること。

⑵　化学泡消火器のキャップでポリカーボネート製のものは，点検時に油汚れがあれば，シンナー又はベンジンで掃除をすること。

⑶　蓄圧式粉末消火器の蓄圧ガスの充てんには，必ず二酸化炭素を充てんすること。

⑷　加圧用ガスの充てん量を調べるには，空気及び窒素の場合は質量を測定し，二酸化炭素の場合は圧力を測定する。

解　答

【問題３】…⑵

⑴　前問の解説の①より，正しい。

⑵「合成樹脂の容器や部品の清掃を行う際は，シンナーやベンジンなどの有機溶剤を使用しないこと。」となっているので，誤りです。

⑶　蓄圧式粉末消火器の蓄圧ガスの充てんには，一般に**窒素**が用いられているので，誤りです。

⑷　窒素でも，容器弁付きのものは圧力を測定し，作動封板式のものは質量を測定します。また，一般的な二酸化炭素消火器（容器弁付き）の場合も，質量を測定します。

【問題6】

蓄圧式粉末消火器の外観点検の結果，指示圧力計に次のような異常が見られた。その際の整備方法として，次のうち誤っているものはどれか。

⑴　指示圧力値が緑色範囲の下限より下がっていたので，消火薬剤量を確認したら正常であったので，気密試験を行い，漏れがないか点検した。

⑵　指示圧力値が緑色範囲の上限より上がっていたので，機能点検を行って精度を確認し，異常がなかったので圧力調整を行った。

⑶　指示圧力計の内部に消火薬剤が漏れていたので，指示圧力計を新しいものと取り替えておいた。

⑷　指示圧力計の指針が緑色範囲外にあったので，指示圧力計を新しいものと交換しておいた。

解説

⑷　指示圧力計の指針が緑色範囲外にある場合は，前問の解説でも説明しましたが，まずは⑴や⑵のように，**機能点検**を行う必要があり，指示圧力計を新しいものと交換しただけでは不適当です。

【問題7】

消火器の外観点検の結果，次のような異常が見られた。このうち，機能点検の必要がないものはどれか。

解　答

【問題4】…⑵　　【問題5】…⑴

⑴　強化液消火器のキャップがゆるんでいた。

⑵　化学泡消火器の泡が，ホース内で固化して詰まっていた。

⑶　二酸化炭素消火器の安全弁を点検したところ，噴出し口の封が損傷していた。

⑷　ガス加圧式粉末消火器（開閉バルブ式）の使用済みの表示装置が脱落していた。

解説

⑴　キャップの異常は原則として機能点検が必要ですが，粉末消火器**以外**でキャップがゆるんでいる場合は，締め直すだけでよいので，機能点検は不要です（※粉末の場合は，**消火薬剤の性状**を点検する）。

⑵　ホースやノズルが詰まっている場合は，その詰まった原因を調べる必要があるので，機能点検（**消火薬剤量**などのチェック）が必要です。

⑶　噴出し口の封が損傷した原因を調べる必要があるので，機能点検が必要です。

⑷　使用済みの表示装置が脱落しているということは，使用された疑いがあるので，機能点検を行って確認する必要があります。

「機能点検が必要な場合」をまとめると，次のようになります。

1．安全栓の封が脱落している（**使用済みの表示装置が脱落していない場合は不要**）
2．使用済みの表示装置が脱落している
3．粉末消火器のキャップが緩んでいる場合
4．キャップが変形，または損傷，あるいは腐食している場合
5．ホースやノズルに詰まりや漏れがある場合
6．開放式粉末消火器のホースやノズルに「ねじのゆるみ」や「著しい変形，損傷，腐食などがある場合」
7．指示圧力計の指示圧力値が緑色範囲外にある場合
8．安全弁の噴出し口の封が損傷または脱落している場合
9．安全弁のねじが緩んでいる場合（化学泡消火器は除く⇒　締め直すだけでよい）

解　答

【問題６】…⑷

【問題8】

消火器の放射能力を点検する際，抜取り試料数の50%以上を点検する必要がある消火器は，次のうちいくつあるか。

A　蓄圧式機械泡消火器
B　粉末消火器（蓄圧式，ガス加圧式含む）
C　化学泡消火器
D　二酸化炭素消火器
E　蓄圧式強化液消火器

(1)　1つ　　(2)　2つ　　(3)　3つ　　(4)　4つ

消火器の放射能力の点検については，**化学泡消火器**が**全数の10%以上**，**粉末消火器**と**蓄圧式消火器**（二酸化炭素とハロゲン化物除く）は**抜取り試料数の50%以上**となっています（**二酸化炭素とハロゲン化物は点検しない**）。

従って，A，B，Eの3つが正解です。

【問題9】

消火器の機器点検のうち内部及び機能の点検を実施する期間について，次のうち誤っているものはどれか。

(1)　蓄圧式の水消火器は，製造年から5年経過したときに抜取りで行う。
(2)　蓄圧式の強化液消火器は，製造年から5年経過したときに抜取りで行う。
(3)　蓄圧式の機械泡消火器は，設置後3年経過したときに抜取りで行う。
(4)　加圧式の化学泡消火器にあっては，設置後1年経過したときに抜取りで行う。

次の表より，(3)は蓄圧式なので，設置後3年ではなく，**製造年**から5年経過したときに実施する必要があるので，誤りです（なお，製造年から**10年**を経過した消火器（二酸化炭素とハロゲン化物は除く）は，**耐圧性能点検**（水圧点検）を実施する必要があります）。（注：**加圧式粉末**と**蓄圧式**は**抜取り**で行います）

なお，(4)の「加圧式の化学泡消火器」ですが，化学泡消火器は反応式であり，

解　答

【問題7】…(1)

反応式は加圧式に含まれているので，「加圧式の化学泡消火器」という表示方法もあるので注意して下さい。

表　点検試料の数について

消火器の種別	点検の時期	放射能力の点検 （注：車載式は行わない）
①加圧式消火器	「製造年」から 3 年	全数の 10% 以上* （粉末は抜取り 50% 以上）
②蓄圧式消火器	「製造年」から 5 年	抜取り数の 50% 以上
③化学泡	「設置後」 1 年	全数の 10% 以上

類題

消火器の機器点検のうち内部及び機能の点検を実施する期間について，次の⑴，⑵について，○×で答えなさい。

⑴　加圧式の強化液消火器で，製造年から 5 年を経過したもの

⑵　加圧式の機械泡消火器で，製造年から 5 年を経過したもの

【問題 10】

消火器の機器点検のうち内部及び機能の点検について，次のうち正しいものはどれか。

⑴　蓄圧式の強化液消火器は，製造年から 3 年を経過したときに必ず全数の内部及び機能の点検を行う。

⑵　蓄圧式の機械泡消火器は，設置後 3 年を経過したときに必ず全数の内部及び機能の点検を行う。

⑶　二酸化炭素消火器は，製造年から 3 年を経過したときに抜取りにより内部及び機能の点検を行う。

⑷　加圧式の粉末消火器は，製造年から 3 年を経過したときに抜取りにより内部及び機能の点検を行う。

解説

前問解説－表の②より，⑴，⑵の蓄圧式消火器は，製造年から **5 年**を経過したときに，全数ではなく，**抜取り数**により内部及び機能の点検を行います。

解　答

【問題 8】…⑶　　【問題 9】…⑶　　［類題］…⑴×（3 年），⑵×（3 年）

⑶　【問題８】の解説より，二酸化炭素消火器については，内部及び機能の点検は行いません（専門の業者が行う）。
⑷　前問解説－表の①より，粉末は抜取りで良いので，正しい。

【問題 11】

消火器の機器点検のうち内部及び機能の点検について，次の空欄に当てはまる数値を記入しなさい。

加圧方式	機能点検	放射試験
加圧式 （粉末消火器除く）	製造から（A）年経過したもの	全数の（C）％以上
加圧式粉末消火器	製造から（A）年経過したもの	抜取り数の（D）％以上
蓄圧式	製造から（B）年経過したもの	抜取り数の（D）％以上

	（A）	（B）	（C）	（D）
⑴	3	5	10	30
⑵	3	5	10	50
⑶	5	3	30	10
⑷	5	3	50	10

解説

（注：実技で出題される場合は，提示された消火器の写真から加圧方式を判断して解答する）

正解は，次のようになります。

加圧方式	機能点検	放射試験
加圧式 （粉末消火器除く）	製造から３年経過したもの	全数の 10% 以上
加圧式粉末消火器	製造から３年経過したもの	抜取り数の 50% 以上
蓄圧式	製造から５年経過したもの	抜取り数の 50% 以上

解　答

【問題 10】…⑷

【問題 12】

防火対象物に設置された消火器を点検する場合に，ロットを作成して抜き取る試料を決めるが，このロットの作成方法で，次のうち誤っているものはどれか。

(1)　消火器のメーカー別に分ける。
(2)　加圧方式（蓄圧式，加圧式）別に分ける。
(3)　小型消火器と大型消火器に分ける。
(4)　製造年から８年を超える加圧式の粉末消火器及び製造年から 10 年を超える蓄圧式の消火器は別ロットとする。

問題８において，粉末消火器と蓄圧式消火器（二酸化炭素とハロゲンを除く）は抜取り試料数でよい，と説明しましたが，その抜き取りの方法については，次の方法に従う必要があります。

＜確認試料（**確認ロット**という言い方をする）の作り方＞
①器種（消火器の種類），②種別（大型か又は小型か），③加圧方式が同じものを１ロットとする。ただし，④製造年から８年を超える加圧式の粉末消火器及び製造年から 10 年を超える蓄圧式の消火器は別ロットとする。

従って，(2)は③，(3)は②，(4)は④より正しいですが，(1)のメーカーは特に分ける必要はないので，誤りです（別のメーカーの消火器どうしを同一ロットとすることができる）。

【問題 13】

防火対象物に設置された消火器を点検する場合に，ロットを作成して抜き取る試料を決めるが，この抜き取り方法の説明について，次の文中の（　）内に当てはまる数値として，正しいものはどれか。

製造年から３年を超え８年以下の加圧式の粉末消火器及び製造年から５年を超え 10 年以下の蓄圧式の消火器は（　）年でロット全数の確認が終了するよう概(おおむ)ね均等に製造年の古いものから抽出する。

(1)　2.5　　(2)　3　　(3)　5　　(4)　6

解　答

【問題 11】…(2)

第３編　機械に関する部分（点検・整備）

当てはまる数値は「5」です。なお，製造年から8年を超える加圧式の粉末消火器及び製造年から10年を超える蓄圧式の消火器は2.5年でロット全数の確認が終了するよう概ね均等に製造年の古いものから抽出します。

【問題 14】

蓄圧式消火器の整備について，次のうち正しいものはどれか。

A　ホース，ノズルが一体的に組み込まれているものは，ノズルを取り替える場合，ノズルを既存のホースに差し込んだ上から金具で固定して取り換える。

B　消火薬剤の量が規定量ないものは，古い消火薬剤と新しい消火薬剤を混ぜないために，必ず新しい消火薬剤に詰め替える。

C　粉末消火器の点検時，消火薬剤の一部が固化していたので，その一部だけ取り除き，同じメーカーの新しい消火薬剤を追加して補充した。

D　レバーの作動確認は，組み立てたまま行うとバルブが開いて誤放射することがあるので，整備をする前に，内圧を排出する。

E　指示圧力計には，使用圧力範囲，圧力検出部の材質，蓄圧ガスの種類が明示されていて，指示圧力計を取り換える際は，指示されているものを使用する。

(1)　A，C　　(2)　B　　(3)　C，E　　(4)　D

解説

A　ホース，ノズルが一体的に組み込まれているものは，ノズルやホースごとに取り換えるのではなく，一体となったアッセンブリごと取り換えます。

B　消火薬剤は，一般的に新しいものに詰め替えますが，古い消火薬剤を容器に入れて点検し，「変色，腐敗，沈殿物，汚れなどがなく，また，**固化していないもの**」については，規定量に不足する分だけ補充することができるので，必ずしも新しい消火薬剤に詰め替えなければならないものではありません。

C　Bの解説より，不足する分だけ補充できるのは下線部の条件を満たす場合のみであり，「固化しているもの」は除外されるので，不適切です（P 160，問題 21，(2)のように放射後の残剤は全て廃棄）。

E　指示圧力計には，使用圧力範囲，圧力検出部の材質は明示されていますが，

解　答

【問題 12】…(1)　　【問題 13】…(3)

蓄圧ガスの種類までは明示されていません。

【問題 15】

消火器及び消火器の部品として使用されている高圧ガス容器に関する説明として，次のうち誤っているものはどれか。

(1)　二酸化炭素消火器の本体容器は高圧ガス保安法に適合したもの以外は，使用が禁止されている。

(2)　内容積 100 cm³ 以下の加圧用ガス容器は高圧ガス保安法の適用除外を受け，外面はメッキが施してある。

(3)　加圧用ガス容器に充てんするガスとしては，二酸化炭素又は窒素ガスが用いられている。

(4)　窒素ガスを充てんした内容積 100 cm³ を超える加圧用ガス容器の外面は，緑色に塗装されている。

消火器等に使用されている高圧ガス容器には，二酸化炭素消火器のように本体容器として使用されている場合と，ガス加圧式粉末消火器のように加圧用ガス容器として使用されている場合があります。

(1)　二酸化炭素消火器の本体容器は高圧ガス保安法の適用を受けるので，正しい。なお，容器表面は，その表面積の2分の1以上を**緑色**に塗装されている必要があります。

(3)　加圧用ガス容器に充てんするガスとしては，一般的に，小容量のものには**二酸化炭素**（または二酸化炭素と窒素ガスの混合ガス），大容量のものには**窒素ガス**が用いられているので，正しい。

(4)　内容積が 100 cm³ を超える加圧用ガス容器は高圧ガス保安法の適用を受け，**二酸化炭素**の場合は外面が**緑色**に，**窒素ガス**の場合は**ねずみ色**に塗装されている必要があります（それぞれ表面積の2分の1以上）。

従って，窒素ガスの場合はねずみ色なので，誤りです。

【問題 16】

消火器には，高圧ガス保安法の適用を受ける容器を使用しなければならない

解　答

【問題 14】…(4)

ものがあるが，これに該当しないものは，次のうちどれか。

⑴ 加圧式大型強化液消火器の加圧用ガス容器
⑵ 蓄圧式機械泡消火器の本体容器
⑶ 二酸化炭素消火器の本体容器
⑷ 加圧式粉末消火器に使用する内容量 300 cm^3 の加圧用ガス容器

解説

⑴ 加圧式大型強化液消火器の加圧用ガス容器は 100 cm^3 を超えているので，正しい。
⑵ 蓄圧式機械泡消火器の本体容器は高圧ガス保安法の適用を受けない。
⑶ 前問の⑴より，正しい。
⑷ 前問の解説の⑷より，正しい。

【問題 17】

蓄圧式粉末消火器の点検整備の方法で，次のうち誤っているものはどれか。

⑴ 容器を逆さまにして，レバーを握って内圧を排除する。
⑵ 容器内から取り除いた消火薬剤は，ポリ袋に移し，輪ゴム等で封をして湿気の侵入を防ぐ。
⑶ 消火薬剤を充てん後，蓄圧用のガスとして窒素ガスを充てんした。
⑷ 蓄圧ガスの加圧中にレバーを操作して，バルブの開閉を数回行い，本体容器内部の圧力の微調整を行った。

⑴ 蓄圧式の場合，容器を逆さまにしてレバーを握って内圧を排除します。
⑵ 正しい。なお，水系の消火薬剤の場合は，ポリバケツ等に移します。
⑶ 蓄圧式の粉末消火器の場合は，**窒素ガス**を充てんするので正しい。なお，ガス加圧式の粉末消火器（手さげ式）の場合は，**二酸化炭素**を使用します。
⑷ 加圧中にバルブの開閉を行ってはいけないので，誤りです（バルブに消火薬剤が付着して気密が不良となるため）。

なお，消火薬剤及び蓄圧ガスの充てんが完了した後は，消火器を水槽中に浸漬（しんし）（＝水に漬（つ）けること）して，**本体容器の気密状況を確認する気密試験**を行い

解 答

【問題 15】…⑷

ます（⇒蓄圧式に必要。下線部出題あり）。

【問題 18】

蓄圧式の粉末消火器の使用圧力範囲として，次のうち正しいものはどれか。

(1)　0.18～0.70 MPa
(2)　0.24～0.70 MPa
(3)　0.6～0.98 MPa
(4)　0.7～0.98 MPa

蓄圧式粉末消火器の使用圧力範囲は，強化液消火器，機械泡消火器と同じく，0.7～0.98 MPa です。

【問題 19】

蓄圧式の消火器に蓄圧ガスを再充てんするときから気密試験までに使用する用具として，次のうち必要でないものはどれか。

(1)　圧力調整器
(2)　手動水圧ポンプ
(3)　高圧エアーホース
(4)　水槽

解説

蓄圧式消火器に蓄圧ガスを再充てんする際の手順の要点を記すと，窒素ガス容器のバルブに**圧力調整器**を取り付け，その出口側のバルブに**高圧エアーホース**を取り付ける。その後，バルブの適正な操作などにより**高圧ガス**，**窒素ガス**を消火器に注入したあとは，（注：「消火器本体内に水を入れ」は誤り），**水槽**内に消火器を入れ，漏れがないかを確認します。

従って，手動水圧ポンプが使用されていないので，(2)が正解です。

なお，消火器によって使用する器具や工具が異なる場合があるので，注意が必要です。たとえば，**メスシリンダー**は水系の消火器の点検・整備には使用し

解　答

【問題 16】…(2)　　【問題 17】…(4)

ますが，粉末消火器には使用しないので注意してください。

【問題 20】

蓄圧式消火器の気密試験について，次のうち適当でないものはどれか。

⑴　消火器本体内に水を満たし，キャップを締め，各部からの漏れを確認する。

⑵　充てん用圧力容器に付属している圧力調整器の二次圧力計の指針の降下状況で判別できる場合もある。

⑶　消火器のバルブ，パッキン等から漏れを発見した場合，これを整備し，再び組立てた後，再度気密試験を行わなければならない。

⑷　再充てんしたものを水槽中に浸漬し，各部からの漏れを確認する。

解説

気密試験は，本体容器内に充てんされている圧縮ガス（蓄圧ガス）が漏れていないかを本体容器を水槽に入れて確認する試験なので，消火器本体内に水を満たしてしまうと，その気密性の確認ができなくなります。

【問題 21】

ガス加圧式粉末消火器（手さげ式）の消火薬剤の詰め替えについて，次のうち不適当なものはどれか。

⑴　分解に際しては，加圧用ガス容器をはずしてから安全栓をはずした。

⑵　放射量が少量の場合は，同一メーカーの同じ消火薬剤を不足分のみ補充すればよい。

⑶　加圧用ガス容器を取り付ける前に安全栓をセットした。

⑷　充てんした消火薬剤が浮遊している状態でサイホン管を挿入した。

解説

⑴，⑶　安全栓は，分解時には**加圧用ガス容器をはずしてから**はずし，組み立て時には，**安全栓をセットしてから**加圧用ガス容器を取りつけます。つまり，分解時，組み立て時とも加圧用ガス容器がはずされて**安全栓だけがセットされている状態になる**，ということです。よって，正しい。

⑵　放射後の残剤（残った消火薬剤）はすべて廃棄し，同じ消火薬剤を規定量充てんする必要があるので誤りです。

解　答

【問題 18】…⑷　　【問題 19】…⑵

【問題 22】

手さげ式の加圧式粉末消火器の点検や薬剤充てん方法について述べた次の説明のうち，誤っているものはどれか。

(1)　本体容器内，サイホン管，バルブ，ホース，ノズル等を除湿された圧縮空気等で清掃する。

(2)　本体に，加圧用ガス容器，粉上がり防止用封板等を取り付けた後に安全栓をセットする。

(3)　本体容器内に漏斗を挿入し，消火薬剤を規定量まで入れる。

(4)　最後に，充てんされた消火薬剤がふわふわと流動している間にサイホン管を素早く差し込み，キャップを確実に締める。

解説

(1)　正しい。なお，これらの圧縮空気で清掃する部品を答えさせる出題が実技であるので，注意してください。

(2)　安全栓は，分解時には加圧用ガス容器をはずしてからはずし，組み立て時には，**安全栓をセットしてから加圧用ガス容器を取りつけます**。つまり，分解時，組み立て時とも，加圧用ガス容器がはずされて**安全栓だけがセットされている状態になる**ということなので，加圧用ガス容器を取り付けた後に安全栓をセットするというのは逆になり，誤りです。

(4)　正しい。なお，サイホン管を差し込むときは，「バルブのホース方向」を「本体容器のホース取り付け位置」にきちんと合わせて差し込む必要があります（右図）。というのは，時間が経ってからでは消火薬剤が締まって簡単に回せなくなるからです。

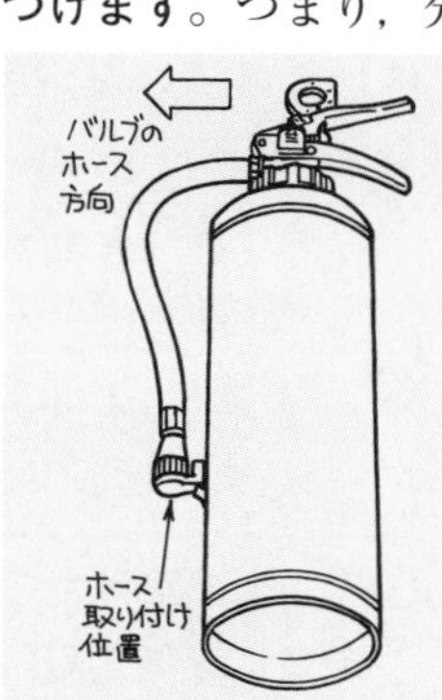

バルブのホース方向とホース取り付け位置

第３編　機械に関する部分（点検・整備）

解　答

【問題 20】…(1)　　【問題 21】…(2)

【問題 23】

化学泡消火器の消火薬剤を充てんする場合の注意事項として，次のうち適当でないものはどれか。

(1)　消火薬剤の取り扱いに際しては，内筒液と外筒液を混合した場合に多量の泡が発生するので注意すること。

(2)　充てん前に外筒，内筒の内外面及びキャップをよく水洗いをし，特にろ過網，ホース，ノズルの流通部は水を通してよく洗うこと。

(3)　外筒内に薬剤を入れながら，棒等により入念に攪拌しながら溶解すること。

(4)　ポリバケツ内の水にＢ剤を完全に溶かした後，内筒に漏斗を挿入して注入すること。

解説

化学泡消火器に消火薬剤を充てんする場合の手順は，次のようになります。

1．Ａ剤（外筒用薬剤）の充てん（詰め替え）

①　外筒（本体）の水準線（液面表示）の **8 割**程度まで水を入れる。

②　この**水**を**ポリバケツ**に移す。

③　それに **A 剤**（**炭酸水素ナトリウム**が主成分）を徐々に入れながらかき混ぜる。

> **外筒内（本体内）に直接Ａ剤を入れないこと**（かき混ぜる棒で本体内面の防錆塗膜を傷つけ，腐食の原因となるので）。
> **必ず別の容器で「水に薬剤を注いで」かき混ぜる**
> （⇒「薬剤に水を注ぐ」は×）。

④　完全に溶けたら，それを本体容器に入れ，水準線（液面表示）に達するまで水を加える。

2．Ｂ剤（内筒用薬剤）の充てん

①　内筒の約**半分**に相当する水を**ポリバケツ**に入れ，**B 剤**（**硫酸アルミニウム**）を徐々にかき混ぜながら入れる。

②　完全に溶けたら，それを内筒に移し，水準線（液面表示）に達するまで水を加える。

③　内筒にふたをする（破がい式は封板を確実に締める）。

解　答

【問題 22】…(2)

④　内筒を本体容器内（外筒内）に挿入する。

⑤　容器をクランプ台に固定し，キャップを締める。

⑥　充てん年月日を点検票に記録する。

以上より，問題を確認すると，

⑴，⑵は正しい。

⑶は，薬剤は外筒内に直接入れるのではなく，１の②からもわかるように，**ポリバケツ**に水を入れ，その中にＡ剤を徐々に入れながらかき混ぜるので，誤りです。

⑷は，２の①より正しい（１の③の**Ａ剤**と２の①の**Ｂ剤**を逆にした出題例あり⇒Ｂ剤の硫酸アルミニウムを外筒に入れると外筒の金属が**腐食**して穴が開いたり，**破損**して危険‥‥下線部に注意）。

〔類題……○×で答える〕

次の文章の正誤を答えなさい。

「外筒用の水を入れたポリバケツに硫酸アルミニウムを主成分とした薬剤を入れてかき混ぜ，また，内筒用の水を入れたポリバケツに炭酸水素ナトリウムを主成分とした薬剤を，ともに徐々にかき混ぜながら入れた。」

類題の解説

問題23の解説より，外筒用薬剤（Ａ剤）の主成分は**炭酸水素ナトリウム**，内筒用薬剤（Ｂ剤）の主成分は**硫酸アルミニウム**なので，薬剤がＡ剤，Ｂ剤逆になっています。

【問題24】

化学泡消火器の消火薬剤の充てん方法として，不適当なものは次のうちどれか。

⑴　内筒のふたをする際，破がい転倒式のものは封板を取り付けた後，転倒させてもＢ剤が漏れないように封板を確実に取り付ける。

⑵　外筒液面表示の約半分程度まで水を入れ，これにＡ剤を徐々に入れながらかき混ぜる。完全に溶けたら，液面表示に達するまで水を加える。

⑶　内筒液面表示の約半分程度まで水を入れ，これをポリバケツに移し，それに内筒用薬剤（Ｂ剤）を徐々に入れながら棒等でかき混ぜる。完全に溶けたら，それを再び内筒に戻し，液面表示に達するまで水を加える。

解　答

【問題23】…⑶　〔類題〕…×

⑷　キャップハンドルは合成樹脂製なので，キャップを取り外す際は木製のてこ棒を用いる。

外筒用薬剤（A剤）の充てんは，外筒液面表示の**8割**程度まで水を入れて，その水をポリバケツに移してA剤を入れます。

一方，内筒薬剤の場合は，内筒液面表示の約**半分**程度まで水を入れ，これをポリバケツに移し，それに内筒用薬剤（B剤）を徐々に入れながら棒等でかき混ぜます。従って，⑵の「外筒液面表示の約半分程度まで水を入れ」の「半分」は上記下線部より「8割程度」の誤りになります。

【問題25】

化学泡消火器の消火薬剤を充てんする場合の注意事項として，次のうち適当でないものはどれか。

⑴　消火器内では消火薬剤を溶解しないこと。

⑵　消火薬剤は，原則として1年に1回交換すること。

⑶　消火薬剤水溶液を作るときは，消火薬剤に水を少しずつ注ぎながらかきまぜて溶かすこと。

⑷　消火薬剤水溶液に変色や異臭があるものは，老化や腐敗のためであるので，ただちに新しいものを詰め替えること。

消火薬剤水溶液を作るときは，外筒なら液面表示の8割程度，内筒なら約半分程度の水をポリバケツに入れ，その上から外筒の場合はA剤（内筒の場合はB剤）を少しずつ入れて攪拌（かくはん）しながら溶かします。

従って，「消火薬剤に水を注ぐ」ではなく「水に消火薬剤を注ぐ」となります。

【問題26】

消火器の使用後の消火薬剤の充てん等について，次のうち不適当なものはどれか。

⑴　化学泡消火器にあっては，消火器内で消火薬剤を溶かさないこと。

解　答

解答は次ページの下欄にあります。

⑵　蓄圧式消火器の消火薬剤を再充てんする前には，除湿された圧縮空気又は窒素ガスで十分に清掃をすること。

⑶　加圧式の粉末消火器にあっては，加圧用ガス容器を取り付けたあと，安全栓を起動レバーに挿入すること。

⑷　粉末消火器にあっては，消火薬剤の残量があれば取り出し，新しい消火薬剤を充てんしておくこと。

解説

問題22の⑵でも説明しましたが，安全栓は，分解時には加圧用ガス容器をはずしてからはずし，組み立て時には，**安全栓をセットしてから加圧用ガス容器を取りつけます**。

従って，加圧用ガス容器を取り付けたあとに安全栓を起動レバーに挿入するのは誤りです。

なお，消火薬剤の点検についても，1ポイント補足しておきます。
消火薬剤の点検は，「**量**」と「**性状**」をチェックしますが，「性状」については，「**変色**，**腐敗**，**沈殿物**，**汚れ**等がなく，粉末消火薬剤にあっては，**固化**がないこと」となっています（⇒出題例あり）。

【問題27】

次の文は，全量放射しなかったある消火器の使用後の整備の一部について説明したものであるが，この説明から考えられる消火器の名称として，正しいものはどれか。

「消火器を逆さまにし，残圧を放出して乾燥した圧縮空気によりホース及びノズル内をクリーニングした。」

⑴　強化液消火器
⑵　化学泡消火器
⑶　粉末消火器
⑷　二酸化炭素消火器

解　答

【問題24】…⑵　　【問題25】…⑶

解説

本体を逆さまにして残圧を放出することができるのは，蓄圧式の消火器（二酸化炭素消火器とハロン1301消火器は除く）であり，また，分解後のホースやノズル内のクリーニングについては，水系の消火器（強化液消火器など）は水洗いをしますが，粉末消火器の場合は乾燥した圧縮空気（または窒素ガス）によりクリーニングするので，(3)の粉末消火器が正解です。

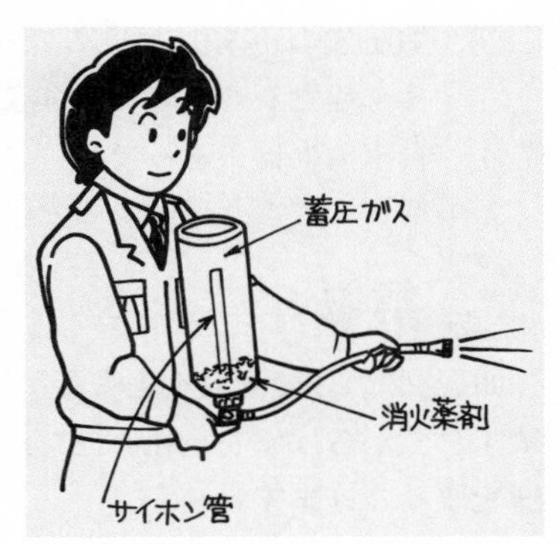

【問題28】

消火器の排圧処理及び消火薬剤の廃棄処理の方法について，次のうち誤っているものはどれか。

(1)　強化液消火器の消火薬剤は，水素イオン濃度指数が高いので，産業廃棄物として処理をすること。

(2)　化学泡消火器は，内筒液と外筒液を混合することにより中和処理したあと，大量の水で洗うこと。

(3)　高圧ガス保安法の適用を受けない加圧用ガス容器は，本体容器から分離して排圧治具により排圧処理をすること。

(4)　蓄圧式の粉末消火器の排圧処理は，消火器を倒立させてバルブを開き，粉末消火薬剤が噴出しないように行うこと。

解説

外筒液と内筒液を混合すると，泡が生じて容積が増え処理が困難になるので，混合しないようにして別々の容器に入れ，メーカーや許可を受けた廃棄物処理業者などに処理を依頼します。

解　答

【問題26】…(3)　　　　【問題27】…(3)

⑶の高圧ガス保安法の適用を受けない加圧用ガス容器については，「高圧ガス保安法の適用を受けない加圧用ガス容器を，本体容器から分離して排圧処理するか，又は，高圧ガス容器専門業者等に依頼して処理した。」という出題が過去にあったんだ（もちろん正解だが）。この廃棄処理の方法については，本問のように，化学泡消火器が解答になる出題が多いように見受けられるので，注意が必要だヨ。

【問題 29】

消火器及び消火薬剤の廃棄方法について，次のうち適当でないものはどれか。

⑴　廃棄消火器を未解体のまま製造業者に引き渡す場合は，レバー等に作動不能の措置を講じた。

⑵　二酸化炭素消火薬剤は，保健衛生上危害を生じるおそれのない場所で少量ずつ処理をすること。

⑶　不要になった消火器は，市町村等の金属類のごみ収集の際に，15 cm 平方の紙に「危険物」と表示して消火器に貼り，出さなければならない。

⑷　粉末消火薬剤にあっては，消火薬剤が飛散しないように袋に入れてから廃棄業者に渡した。

解説

不要になった消火器は，一般のごみ類としては廃棄せず，購入した業者か許可を受けた廃棄物処理業者に処理を依頼します。

なお，各消火剤の廃棄方法について，ポイントをまとめておきます重要。

・強化液消火薬剤：水素イオン濃度指数が高いので**多量の水で希釈しながら放流処理する**か，または，**産業廃棄物として業者に依頼する。**

・化学泡消火薬剤：別々の容器に入れて混合しないよう（混合すると多量の泡が発生する），**希釈しながら放流処理をする**か，あるいは，メーカーか許可を受けた**廃棄物処理業者に処理を依頼する。**

・二酸化炭素消火剤，ハロン 1301 消火剤など：保健衛生上危害を生じるおそれのない場所で**少量ずつ放出し揮発させる。**

解　答

【問題 28】…⑵

消火器に下のような変形や腐食があったので廃棄されたものを「消火訓練用」に使うのはNGなので，注意が必要だよ。

参考　次のような状態の場合は，**廃棄処分**にする。

- **著しく腐食**しているもの
- **錆**(さび)**がはく離**しているもの
- あばた状の腐食を起こしているもの
- 溶接部が著(いちじる)しく損傷しているもの
- 著(いちじる)しい変形のあるもの

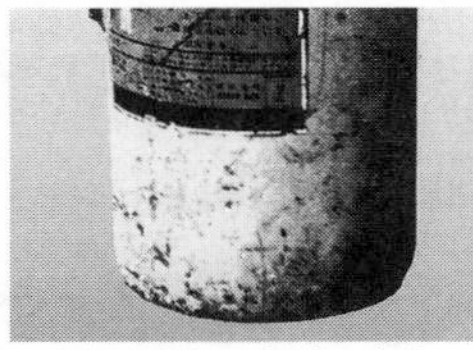

(a)　層状はく離の腐食

(b)　あばた状の腐食

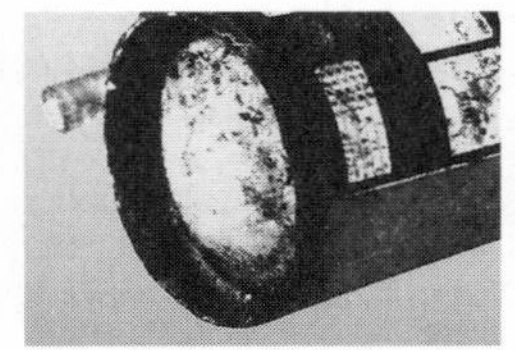

(c)　溶接部とその周辺の腐食

解　答

【問題 29】…(3)

第 3 編
構造・機能及び点検・整備の方法

第 2 章　規格に関する部分

出題の傾向と対策

まず,「放射性能」については，おおむね2回に1回程度（あるいはそれ以上）の割合で出題されているので，**放射しなければならない容量**または**質量**及び**放射時間**などについてよく頭に入れておく必要があります。

「消火器の使用温度範囲」と「自動車用消火器」については，ほぼ3～4回に1回程度の割合で出題されているので，各消火器の**使用温度範囲**や**自動車用消火器として使用できるもの**，などを把握しておく必要があります。

「ホース」については，本試験の第25問でよく出題されていますが（おおむね2回に1回程度の割合）全般的なホースについての基準を把握しておく必要があります。また，第25問ではその他に，**消火器の気密性**や**液面表示**，及び**ろ過網が必要な消火器**などの出題もあります。

「安全栓」については，毎回のように出題されているので，その**構造・機能についての基準**を全般的によく理解しておく必要があります。

「圧力計」についても，毎回のように出題されているので，**許容誤差**やその**構造・機能**及び**圧力計が必要な消火器**についての知識をよく把握しておく必要があります。

「安全弁」については，機能などの出題が“ごく”たまにある程度です。

「消火器の表示事項」や「適応火災の絵表示」については，毎回のように出題されているので，**使用方法や使用温度範囲などについての表示事項**や，**適応火災の絵表示についての事項**（絵表示の寸法についての出題もある）をよく把握しておく必要があります。

「消火薬剤の技術上の基準」についても，毎回のように出題されており，**各消火薬剤の基準**のほか，粉末消火薬剤，それも**りん酸塩類等の粉末消火薬剤の着色に関する出題**が多い傾向にあります。その他，**消火薬剤の包装**などの表示事項に関する出題もあります。

以上がおおよその出題傾向ですが，これらの傾向をよく把握して，よく出題される項目をメインにして学習を進めていくことが，より合格への近道となります。

【問題１】

大型消火器として必要な薬剤充てん量を示した次の組合せのうち，適当でないものはどれか。

(1)　強化液消火器…………60 ℓ 以上

(2)　粉末消火器……………20 kg 以上

(3)　化学泡消火器…………80 ℓ 以上

(4)　二酸化炭素消火器……50 ℓ 以上

解説

下の一覧より二酸化炭素消火器は 50 ℓ ではなく，50 kg 以上が大型消火器として必要な薬剤充てん量の条件です。

・機械泡消火器………………20 ℓ 以上

・強化液消火器………………60 ℓ 以上

・化学泡消火器………………80 ℓ 以上

・粉末泡消火器………………20 kg 以上

・ハロゲン化物消火器………30 kg 以上

・二酸化炭素消火器…………50 kg 以上

解　答

解答は次ページの下欄にあります。

【問題2】

次のうち，第4種消火設備でないものはどれか。

		能力単位	薬剤の容量又は質量
(1)	強化液消火器	A－12，B－20，C	80 ℓ
(2)	二酸化炭素消火器	B－24，C	60 kg
(3)	機械泡消火器	A－8，B－24	40 ℓ
(4)	粉末消火器	A－9，B－18，C	24 kg

(1)　第4種消火設備は大型消火器であり（P 313，資料4参照），その条件としては，A火災に適応するものは**10（単位）以上**，B火災に適応するものは**20（単位）以上**の能力単位で（どちらかの条件を満たせばよい），かつ，規定の薬剤充てん量が必要です。従って，能力単位，薬剤（強化液は60 ℓ 以上）とも条件を満たしています。

(2)　二酸化炭素消火器はA火災には適応しないのでAの表示は不要であり，また，B及びC火災に適応し，能力単位もB－24と「**20以上**」という条件を満たし，かつ，薬剤も大型消火器の条件である**50 kg以上**を満たしているので，大型消火器となります。

(3)　能力単位は，Bの数値24が大型消火器の条件を満たしており，また，薬剤充てん量も機械泡は**20 ℓ 以上**が大型消火器の条件なので，これも条件を満たしており，よって，大型消火器となります。なお，Cの表示がありませんが，これは，機械泡消火器が電気火災に適応しないためです。

(4)　粉末消火器の場合，**20 kg以上**が大型消火器の条件なので，その点では条件を満たしていますが，能力単位が「**Aが10以上**」か「**Bが20以上**」という条件を満たしていないので，大型消火器ではなく，よって，これが正解です。

ちなみに，消火器の能力単位は1以上必要なんだ。だから，能力単位の数値が0.5とあれば誤りとなるので間違わないようにね。

解　答

【問題1】…(4)

なお，いずれの消火器でも，A 火災，B 火災，C 火災のうち，C 火災の能力単位の数値は，総務省令で定められておらず，問題の表のように，単に「C」とだけ表示するので，注意してください（⇒「能力単位の数値が総務省令で定められていない火災は？」という出題例がある（答はＣ火災））。

能力単位の出題ポイントは，次の３つです。
① 能力単位の数値は **1 以上**。
② **電気火災**に対しては能力単位の数値は定められていない。
③ 大型消火器は A 火災適応が **10 以上**，B 火災適応が **20 以上**。

【問題３】（注：出題例は少ない）

消火器が放射を開始するまでの動作数として，次のうち誤っているものはどれか。ただし，保持装置から取りはずす動作，背負う動作，安全栓及びホースをはずす動作は除く。

⑴ 据置式の消火器…………２動作以内
⑵ 手さげ式粉末消火器……１動作
⑶ 車載式の消火器…………３動作以内
⑷ 化学泡消火器……………１動作

解説

⑶ ３動作以内は車載式の消火器のみなので，正しい。
⑷ 手さげ式消火器の動作数は原則として１動作ですが，**化学泡消火器**だけは例外で，**据置式**及び**背負式**の消火器と同じく２動作以内となっています。

解　答

【問題２】…⑷

なお，この動作数については，規格ではあまり出題例はありませんが，実技の方でよく出題されているので，注意が必要です。

【問題 4】

消火器は携帯又は運搬の方法によって 4 種類に分類されているが，次の運搬方式に関する文の（　）内に当てはまる語句の組合せとして，正しいものはどれか。

「消火器は，保持装置や車輪等の質量を除く部分の質量が 28 kg 以下のものにあっては（ A ）に，28 kg を超え 35 kg 以下のものにあっては（ B ）に，35 kg を超えるものにあっては（ C ）にしなければならない。」

	(A)	(B)	(C)
(1)	手さげ式，背負式	据置式，背負式，車載式	据置式，車載式
(2)	手さげ式，据置式，背負式	据置式，背負式	車載式
(3)	手さげ式，据置式，背負式	据置式，背負式，車載式	車載式
(4)	手さげ式，背負式	背負式，車載式	据置式，車載式

解説

消火器には，① **手さげ式**，② **据置式**，③ **背負式**，及び④ **車載式**の 4 種類があり，手さげ式は手にさげた状態で使用するもの，**据置式**は床面上に据え置いた状態でホースを延長して使用するもの，**背負式**は背負いひも等により背負って使用するもの，**車載式**は運搬のための車輪を有する消火器のことをいいます。

その運搬方式ですが，保持装置及び背負いひも又は車輪の質量を除く部分の

解　答

【問題 3】…(4)

質量に応じて次のように定められています。

	消火器の質量	適応可能な運搬方式
①	**28 kg 以下**	手さげ式，据置式，背負式
②	**28 kg を超え 35 kg 以下**	据置式，背負式，車載式
③	**35 kg 超**	車載式

従って，（A）は表の①，（B）は②，（C）は③の運搬方式ということになります。

【問題５】

消火器を正常な操作方法で放射した場合における放射性能として，次のうち規格省令に定められているものはどれか。

⑴　放射時間は 20℃ において 30 秒以上であること。

⑵　放射時間は 20℃ において 15 秒以上であること。

⑶　粉末消火薬剤は，充填された消火薬剤の質量の 80% 以上の量を放射できるものであること。

⑷　化学泡消火薬剤は，充填された消火薬剤の容量の 85% 以上の量を放射できるものであること。

消火器の放射性能については，次のように規定されています。

①　放射時間……20℃ において **10 秒以上**であること。

②　放射距離……消火に有効な放射距離を有すること。

③　放射量………充填された消火剤の容量（または質量）の **90% 以上**（**化学泡消火薬剤は 85% 以上**）の量を放射できること。

従って，正解は⑷となります。

【問題６】

消火器の種類と使用温度範囲の組合せとして，次のうち規格省令に定められているものはどれか。

解　答

【問題４】…⑶

(1)　強化液消火器…………　0℃～20℃
(2)　化学泡消火器…………　0℃～50℃
(3)　粉末消火器……………　0℃～40℃
(4)　二酸化炭素消火器……　5℃～40℃

解説

この消火器の規格省令における使用温度範囲についてもよく出題されていますが，要するに，「消火器は，**0℃～40℃** の温度範囲で使用した場合，正常に操作できること（ただし，**化学泡消火器は**<u>**5℃**</u>**～40℃**）」というだけのことです。

従って，(1)，(4)は0℃～40℃，(2)は5℃～40℃，となります。

なお，市販品の温度範囲については，次のように拡大することもできます。

「温度範囲を10℃ 単位で拡大した場合においても正常に操作でき，かつ，消火および放射の機能を有効に発揮する性能を有する消火器にあっては，その拡大した温度範囲を使用温度範囲とすることができる」（P 144，表の下(2)参照）

【問題7】

自動車用消火器として，次のうち，規格省令上設置できないものはどれか。

(1)　機械泡消火器　　　(2)　二酸化炭素消火器
(3)　蓄圧式の粉末消火器　　(4)　化学泡消火器

解説

自動車に設置することができる消火器は，次の5つに規定されています。

①　**強化液消火器**（**霧状放射**のもの）
②　**機械泡消火器**
③　**ハロゲン化物消火器**
④　**二酸化炭素消火器**
⑤　**粉末消火器**

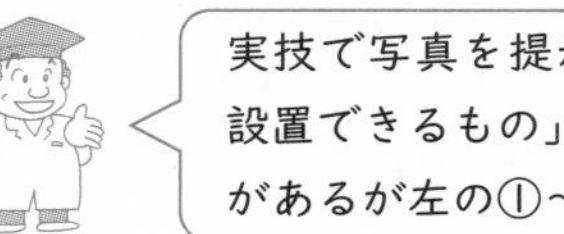

逆に自動車に設置することができない消火器は，「**棒状放射の強化液消火器**」「<u>**化学泡消火器**</u>」および「水消火器」と「酸アルカリ消火器」なので，(4)の化学泡消火器が設置できない，ということになります（⇒　車の振動により混合して反応する，などの不具合が生じるからです）。

解　答

【問題5】…(4)

【問題８】

自動車に設置することができる消火器について，次の文中の（A）～（C）に当てはまる語句の組合せとして，正しいものはどれか。

「自動車に設置する消火器（以下「自動車用消火器」という。）は，（A）消火器（霧状の（A）を放射するものに限る。），（B）消火器（（C）消火器以外の泡消火器をいう。以下同じ。），ハロゲン化物消火器，二酸化炭素消火器又は粉末消火器でなければならない。」

	（A）	（B）	（C）
⑴	強化液	化学泡	機械泡
⑵	水	機械泡	化学泡
⑶	強化液	機械泡	化学泡
⑷	水	化学泡	機械泡

解説

規格省令第８条の条文そのままの出題で，正解は，次のようになります。

「自動車に設置する消火器（以下「自動車用消火器」という。）は，**強化液**消火器（霧状の**強化液**を放射するものに限る。），**機械泡**消火器（**化学泡**消火器以外の泡消火器をいう。以下同じ。），ハロゲン化物消火器，二酸化炭素消火器又は粉末消火器でなければならない。」

【問題９】

次の表に掲げる消火器の本体容器は，それぞれの内径に応じて表の板厚欄に掲げる数値以上の板厚を有する堅ろうなものでなければならない。

表の（A）～（C）に当てはまる数値の組合せとして，規格省令に定められているものはどれか。

区分		内径	板厚
加圧式の消火器又は蓄圧式の消火器の本体容器	JIS G 3131 に適合する材質又はこれと同等以上の耐食性を有する材質を用いたもの	内径 120 mm 以上	（A）mm
		内径 120 mm 未満のもの	（B）mm
	JIS H 3100 若しくは JIS G 4304 に適合する材質又はこれと同等以上の耐食性を有する材質を用いたもの	内径 100 mm 以上	（B）mm
		内径 100 mm 未満のもの	（C）mm

解　答

【問題６】…⑶　　【問題７】…⑷

	(A)	(B)	(C)
(1)	1.6	1.4	1.2
(2)	1.4	1.2	1.0
(3)	1.2	1.0	0.8
(4)	1.0	0.8	0.6

規格省令第 11 条の容器の板厚に関する出題で，正解は，次のようになります。

区分		内径	板厚
加圧式の消火器又は蓄圧式の消火器の本体容器	JIS G 3131 に適合する材質又はこれと同等以上の耐食性を有する材質を用いたもの	内径 120 mm 以上	1.2 mm
		内径 120 mm 未満のもの	1.0 mm
	JIS H 3100 若しくは JIS G 4304 に適合する材質又はこれと同等以上の耐食性を有する材質を用いたもの	内径 100 mm 以上	1.0 mm
		内径 100 mm 未満のもの	0.8 mm

【問題 10】

消火器のキャップについて，規格省令上，次のうち不適当なものはどれか。

(1)　キャップには容易に外れないようにパッキンをはめ込むこと。

(2)　キャップを外す途中において本体容器内の圧力を完全に減圧することができるように有効な減圧孔又は減圧溝を設けること。

(3)　耐圧試験時にキャップに変形を生じても漏れを生じてはならない。

(4)　キャップを外す際，減圧が完了するまでの間は，本体容器内の圧力に耐えることができること。

規格省令第 13 条より，「キャップは，規定の試験（＝耐圧試験）を行った場合において，漏れを生ぜず，かつ，著しい変形を生じないこと。」となっているので，変形を生じた時点で不適切です。

解　答

【問題 8】…(3)

【問題 11】

消火器のホースについて，次のうち規格省令上正しいものはどれか。

(1) 温度 10℃ 以上 60℃ 以下で耐久性を有するものでなければならない。

(2) 粉末消火器で，その消火剤の質量が 1 kg 以下の消火器には，ホースを取り付けなくてもよい。

(3) 据置式の消火器にあっては，有効長が 5 m 以上であること。

(4) 据置式以外の消火器にあっては，ホースの長さが 30 cm 以上でなければならない。

解説

このホースについても，よく出題されています。

さて，規格第 15 条には，次のように規定されています。

① ホースの長さ

消火剤を**有効に放射できる長さ**であること。ただし，据置式の消火器にあっては，有効長が **10 m 以上**であること。

② ホースが不要な消火器（「以下」と「未満」に注意！）

・薬剤量が 1 kg 以下の粉末消火器

・薬剤量が 4 kg 未満のハロゲン化物消火器

＜②の覚え方＞

ホース（馬）は　不　意に　下に

粉末→1 kg 以下

は　　しったのでみまかった。

ハロゲン→4 kg 未満

（意味は，「馬が不意に走ったので死んだ」となり，「身罷(みまか)る」とは，「死亡する」という意味です。）

つまり，ホースが不要な消火器は，粉末消火器にあっては 1 kg 以下，ハロゲン化物消火器にあっては 4 kg 未満となり，この「以下」と「未満」が出題ポイントの“標的”とされていることが結構多いようです。

解　答

【問題 9】…(3)　　　　【問題 10】…(3)

従って，先ほどのゴロ合わせなどを利用して，よくこのポイントを把握しておく必要があります。

⑴ 「(消火器の) 使用温度範囲で耐久性を有するものであって，かつ，円滑に操作できるものであること。」となっていて，ホース自身の温度に関する規定はありません。

⑵ 上記の説明より，粉末消火器の場合，**1 kg 以下**の場合にホースを取り付けなくてもよいので，正しい。

⑶ 据置式の消火器の場合の有効長は，**10 m 以上**必要です。
なお，長さが定められているのは，**据置式**だけです。

⑷ 据置式以外の消火器の場合は，前ページの①より，「消火剤を**有効に放射できる長さ**であること。」とのみ規定されており，明確な長さの規定はないので，誤りです。

【問題 12】

規格省令上，ろ過網が設けられている消火器は次のうちどれか。

⑴ 蓄圧式粉末消火器
⑵ ガス加圧式粉末消火器
⑶ 二酸化炭素消火器
⑷ 化学泡消火器

解説

ろ過網とは，液体の薬剤中のゴミを取り除き，ホースやノズルが詰まるのを防ぐためのもので，ホースやノズルに通ずる薬剤導出管の本体容器の**開口部**に設けます。そのろ過網ですが，設ける必要がある消火器は次の通りです。

・**化学泡消火器**

その他，現在は製造されていませんが，次の消火器にも装着されています。

・強化液消火器（ガラス瓶使用のもの）
・酸アルカリ消火器（ガラス瓶使用のもの）
・手動ポンプ式の水消火器

従って，⑷が正解です。

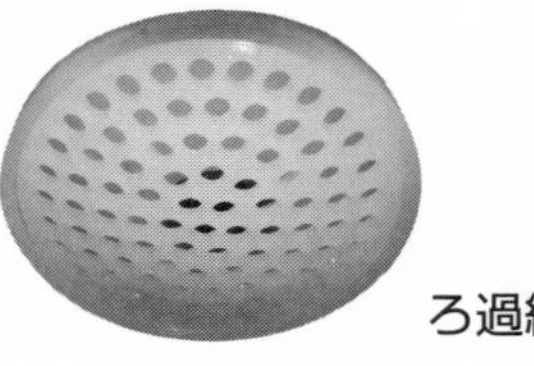

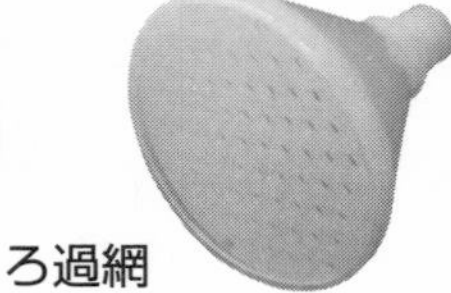

ろ過網

解　答

【問題 11】…⑵

【問題 13】

ろ過網に関する次の記述について，（A），（B）に当てはまる数値の組合せとして，規格省令上，正しいものは次のうちどれか。

「ろ過網の目の最大径は，ノズルの最小径の（ A ）以下であること。また，ろ過網の目の合計面積は，ノズル開口部の最小断面積の（ B ）倍以上であること。」

	（A）	（B）
⑴	$\frac{1}{4}$	20
⑵	$\frac{1}{2}$	20
⑶	$\frac{3}{4}$	30
⑷	$\frac{1}{4}$	30

解説

次の図を参照しながら下の **重要** を見ると，⑶が正解になります。

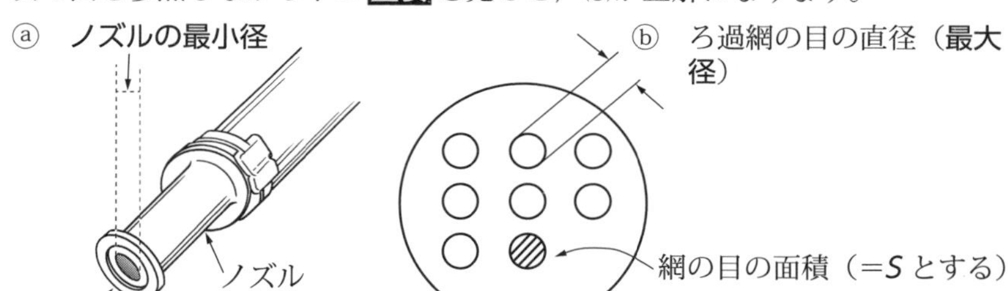

網の目の合計面積は網の目が図では８つあるので，$S \times 8 = 8S$ となる。

重要

① ろ過網の目の最大径（図のⓑ）

⇒ ノズルの最小径（⇒ⓐ）の $\frac{3}{4}$ **以下**であること。

② ろ過網の目の合計面積（図では８S になる）

⇒ ノズル開口部の最小断面積（図のA）の **30 倍以上**であること。

解　答

【問題 12】…⑷

【問題 14】

蓄圧式の消火器の気密性について，次の文中の（　）内に当てはまる数値の組み合わせとして，規格省令上正しいものはどれか。

「蓄圧式の消火器は，消火剤を充てんした状態で，使用温度範囲の（ ア ）の温度に24時間放置してから使用温度範囲の（ イ ）の温度に24時間放置することを（ ウ ）回繰り返した後に温度20度の空気中に24時間放置した場合において，圧縮ガス及び消火剤が漏れを生じないものでなければならない。」

	(ア)	(イ)	(ウ)
(1)	上限	下限	2
(2)	下限	上限	2
(3)	上限	下限	3
(4)	下限	上限	3

解説

この問題は，規格第12条の2の条文をそのまま問題の形にしたものです。なお，「24時間」も過去，穴埋めに使われたことがあるので，注意して下さい。

【問題 15】

本体容器の内面に充てんされた消火薬剤の液面を示す表示をしなければならない消火器として，次のうち規格省令に定められていないものはどれか。

(1)　化学泡消火器
(2)　手動ポンプにより作動する水消火器
(3)　蓄圧式の強化液消火器
(4)　酸アルカリ消火器

解説

液面表示において，(1)，(2)，(4)は薬剤が**液状**であるため，当然正しいですが，蓄圧式の強化液消火器と粉末消火器などには設ける必要はないので，(3)が誤りとなります。

解　答

【問題 13】…(3)

【問題 16】

消火器の安全栓について，次のうち規格省令上誤っているものはどれか。

(1)　不時の作動を防止するために設けるものである。

(2)　消火器の作動操作の途中において自動的にはずれるものであること。

(3)　転倒の１動作で作動する泡消火器には設けなくてよい。

(4)　安全栓は上方向（消火器を水平面上に置いた場合，垂直軸から30度以内の範囲をいう。）に引き抜くよう装着されていること。

解説

この安全栓については，ほぼ毎回出題されているので，規格省令(第21条)に十分目を通しておく必要があります。

さて，問題の(1)，(3)，(4)は，その規格省令どおりで正しいですが，(2)は第21条に「引き抜く動作以外の動作によって容易に抜けないこと。」とあるので，誤りです。((1)は，安全栓の設置目的であり，実技でこの目的を答えさせる出題例あり)

【問題 17】

手さげ式消火器の安全栓について，次のうち規格省令上誤っているのはどれか。ただし，押し金具をたたく１動作及びふたをあけて転倒させる動作で作動するものを除くものとする。

(1)　安全栓は，１動作で容易に引き抜くことができ，かつ，その引き抜きに支障のない封が施されていること。

(2)　装着時において，安全栓のリング部は軸部が貫通する下レバーの穴から引き抜く方向に引いた線上にあること。

(3)　安全栓は，上方向（消火器を水平面上に置いた場合，垂直軸から30度以内の範囲をいう。）に引き抜くよう装着されていること。

(4)　安全栓に衝撃を加えた場合及びレバーを強く握った場合において引き抜きに支障を生じないこと。

解　答

【問題 14】…(3)　　　【問題 15】…(3)

⑴は安全栓の規格（P 186 参照）の1より，⑶は2の⑤より，⑷は同じく2の⑥より正しい。⑵は2の②より，「軸部が貫通する下レバーの穴から」ではなく「軸部が貫通する**上**レバーの穴から」となっているので，誤りです。

【問題 18】

手さげ式消火器の安全栓について，次のうち規格省令上誤っているものはどれか。

⑴　リング部の塗色は，黄色仕上げとすること。

⑵　内径が2 cm 以上のリング部，軸部及び軸受部より構成されていること。

⑶　上方向又は横方向に引き抜くよう装着されていること。

⑷　リング部は，装着時において，軸部が貫通する上レバーの穴から引き抜く方向に引いた線上にあること。

解説

⑴は安全栓の規格（P 186 参照）の2の③より，⑵は同じく①より，⑷は同じく②より正しいですが，⑶は同じく2の⑤より「**上方向**（消火器を水平面上に置いた場合，垂直軸から30度以内の範囲をいう。）に引き抜くよう装着されていること。」となっているので，横方向の部分が誤りです。

【問題 19】

手さげ式消火器の安全栓で，次のうち規格省令上正しいものはどれか。

ただし，押し金具をたたく1動作及びふたをあけて転倒させる動作で作動するものを除くものとする。

⑴　安全栓は，消火器を水平面上に置き，垂直軸から45度以内の範囲で上方向に引き抜くように装着されていなければならない。

⑵　安全栓のリング部の塗色は，黄色または赤色仕上げとすること。

⑶　1動作で容易に引き抜くことができ，かつ，その引き抜きに支障のない封が施されているものであること。

解　答

【問題 16】…⑵　　【問題 17】…⑵

⑷　安全栓は，内径が 1.5 cm 以上のリング部，軸部，軸受部より構成されていること。

解説

⑴は，次頁の<安全栓の規格>の 2 の⑤より「垂直軸から **30 度以内**の範囲」なので，誤りです。

⑵は，同じく③より「リング部の塗色は，**黄色仕上げ**とすること。」となっているので，誤りです。

⑶は，同じく 1 より，正しい。

⑷は，同じく①より「内径が **2 cm 以上**」となっているので，誤りです。

安全栓は頻繁に出題されているので，次のページの規格によく目を通しておくことが大切だヨ。
なお，安全栓のない消火器を答えさせる出題例もあるので注意するように！
（答え ⇒ 転倒式の化学泡消火器）

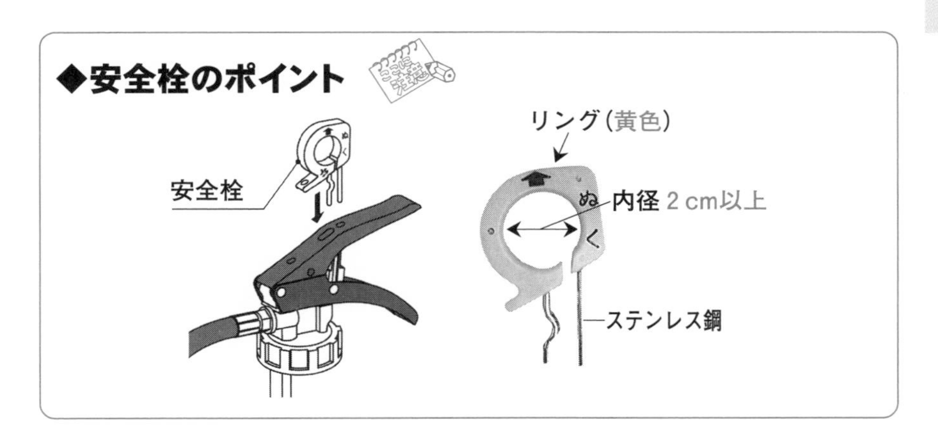

解　答

【問題 18】…⑶

<安全栓の規格>　「安全栓を装着する目的です」 出た!

消火器には，「**不時の作動を防止するため**」安全栓を設けなければならない。ただし，**手動ポンプにより作動する水消火器**又は**転倒の1動作で作動する泡消火器**については，この限りではない。

1．安全栓は，**1動作**で容易に引き抜くことができ，かつ，その引き抜きに支障のない封が施されていなければならない。

2．手さげ式消火器のうち，押し金具をたたく1動作及びふたをあけて転倒させる動作で作動するもの以外の消火器並びに据置式の消火器の安全栓については，前項の規定によるほか，次に定めるところによらなければならない。

① 内径が**2 cm 以上**のリング部，軸部，軸受部より構成されていること。

② 装着時において，リング部は軸部が貫通する**上**レバーの穴から引き抜く方向に引いた線上にあること。

③ リング部の塗色は，**黄色仕上げ**とすること。

④ 材質は，JIS G 4309 の SUS 304 に適合し，又はこれと同等以上の耐食性及び耐候性を有すること。

⑤ **上方向**（消火器を水平面上に置いた場合，垂直軸から**30度以内**の範囲をいう。）に引き抜くよう装着されていること。

⑥ 安全栓に衝撃を加えた場合及びレバーを強く握った場合においても引き抜きに支障を生じないこと。

⑦ 引き抜く動作以外の動作によって容易に抜けないこと。

【問題 20】

消火器の安全弁について，次のうち規格省令上誤っているのはどれか。

(1) 容易に調整することができること。

(2) 封板式は，噴き出し口に封を施すこと。

(3) 「安全弁」と表示すること。

(4) 本体容器内の圧力を有効に減圧することができること。

安全弁は，**化学泡消火器**および高圧ガス保安法の適用を受ける**二酸化炭素消**

解　答

【問題 19】…(3)

火器と**ハロン 1301 消火器**に装着されているもので，その規格には，(2)～(3)のほか，「みだりに分解し，または調整することができないこと。」となっているので，(1)が誤りです。

【問題 21】

規格省令上，手さげ式の消火器のうち，使用済みの表示装置を設けなければならないものは次のうちどれか。

(1)　指示圧力計のある蓄圧式粉末消火器
(2)　バルブを有しない転倒式化学泡消火器
(3)　指示圧力計のある蓄圧式機械泡消火器
(4)　指示圧力計のない加圧式粉末消火器

原則として，手さげ式の消火器には使用済の表示装置が必要ですが，「①指示圧力計が**ある**蓄圧式消火器」と「②バルブが**ない**消火器」（と手動ポンプにより作動する水消火器）には不要です。

(1)は①，(2)は②，(3)は①に該当するので，使用済みの表示装置は不要です。

しかし，(4)は指示圧力計が**ない加圧式**の消火器なので，使用済みの表示装置を設ける必要があります。

【問題 22】

指示圧力計について，次のうち規格省令上誤っているものはどれか。

(1)　圧力検出部の材質，使用圧力範囲及び㊫の記号を表示すること。
(2)　二酸化炭素消火器には，指示圧力計を設ける必要はない。
(3)　指示圧力の許容誤差は，使用圧力範囲の圧力値の上下 15% 以内であること。
(4)　圧力検出部及びその接合部は，耐久性を有すること。

指示圧力計については頻繁に出題されているので，その内容については，よく把握しておく必要があります。さて，(3)の指示圧力の許容誤差についてもよ

解　答

【問題 20】…(1)

く出題されており，その誤差は，使用圧力範囲の圧力値の上下 **10% 以内**であること，となっています。

(1)は指示圧力計に表示しなければならない3つの事項であり，単独で出題例があるので，この3つ以外の「消火器の種別」や「使用温度範囲」などが出題されれば×なので，注意するんじゃよ。

【問題 23】

蓄圧式消火器の指示圧力計について，次のうち規格省令上誤っているのはどれか。

A　指針及び目盛り板は，耐食性を有する金属又は合成樹脂であること。
B　指標は見やすいものであること。
C　使用圧力の範囲を示す部分を黄色で明示すること。
D　外部からの衝撃に対し保護されていること。

(1)　A，C　　(2)　B　　(3)　B，D　　(4)　C

Aの「又は合成樹脂」の部分は誤りです。また，指示圧力計については規格の第 28 条の第 3 号に定められていますが，その第 7 号に，「使用圧力の範囲を示す部分を**緑色**で明示すること。」となっているので，Cの黄色も誤りです。

【問題 24】

蓄圧式消火器（ハロン 2402 を除く）の指示圧力計について，次のうち誤っているのはどれか。

(1)　粉末消火器の圧力検出部（ブルドン管）の材質を表示する部分に，BeCu の表示がしてあった。
(2)　指示圧力の許容誤差は，使用圧力範囲の圧力値の上下 10% 以内であること。
(3)　指示圧力計の適正な数値（緑色範囲）はすべて 0.7～0.98 MPa である。
(4)　強化液消火器のブルドン管には，ステンレス製以外のものを使用しなければならない。

解　答

【問題 21】…(4)　　【問題 22】…(3)

⑴　圧力検出部(ブルドン管)の材質については,次のように定められています。

①　強化液消火器と機械泡消火器などの水系消火器

⇒　**ステンレス**（腐食しない材質のため）

②　粉末消火器

⇒　**ステンレス**(SUS)，黄銅(Bs)，りん青銅(PB)，ベリリウム銅(BeCu)

（①より，「**強化液消火器**，**機械泡消火器**と②のBs，PB，BeCu」の組合せはNGなので注意！）

その材質記号は次のようになっています。

ステンレス	SUS	りん青銅	PB
黄銅	Bs	ベリリウム銅	BeCu

従って，②より，粉末消火器のブルドン管には，BeCu，つまり，ベリリウム銅を使用することができるので，正しい。

⑵，⑶　正しい（注：緑色範囲とは使用圧力範囲を示した部分です)。

⑷　⑴の①にあるように，強化液消火器や機械泡消火器などの水系の消火器の場合，ブルドン管の材質は耐食性のよい**ステンレス**（SUS）に限定されているので，誤りです。

第3編　規格に関する部分

【問題25】

次の消火器とブルドン管の材質の組合せとして,不適切なものはどれか。

	消火器名	ブルドン管の材質
⑴	強化液消火器	SUS
⑵	強化液消火器	BeCu
⑶	粉末消火器	SUS
⑷	粉末消火器	Bs

前問より，強化液消火器などの水系消火器に使用できるのは，ステンレス（SUS）のみなので，⑴は正しく，⑵のBeCuが誤りです。

解　答

【問題23】…⑴　　　【問題24】…⑷

【問題 26】

消火器に設ける指示圧力計の設置について，次のうち規格省令上正しいものはどれか。

(1)　強化液消火器には，すべて設ける必要がある。
(2)　粉末消火器には，すべて設ける必要がある。
(3)　泡消火器には，すべて設ける必要がない。
(4)　二酸化炭素消火器には，すべて設ける必要がない。

指示圧力計が必要な消火器は，二酸化炭素消火器とハロン 1301 消火器を除く**蓄圧式**の消火器です。

(1)　強化液消火器でも，大型のガス加圧式には設ける必要がないので，誤りです。
(2)　粉末消火器でも，ガス加圧式には設ける必要がないので，誤りです。
(3)　泡消火器でも機械泡消火器は蓄圧式なので，設ける必要があります。
(4)　正しい。

【問題 27】

消火器に設ける指示圧力計について，規格省令上，次のうち正しいものはどれか。

(1)　蓄圧式の消火器には，すべて設けなければならない。
(2)　二酸化炭素消火器には，すべて設ける必要がない。
(3)　加圧式の消火器には，すべて設けなければならない。
(4)　強化液消火器には，すべて設ける必要がない。

解説

(1)　蓄圧式でも**二酸化炭素とハロン 1301** は設ける必要はないので，誤りです。
(2)　(1)の解説より，正しい。
(3)　加圧式の消火器は，常時，加圧されているわけではないので，設ける必要はありません（使用する際のみ圧力が加わる）。
(4)　加圧式（大型の強化液消火器にある）の強化液消火器には設ける必要はありませんが，蓄圧式の強化液消火器には，設ける必要があります。

解　答

【問題 25】…(2)

【問題 28】

次の文のA～Cに当てはまる数値，又は語句として，最も適当なものはどれか。

「加圧用ガス容器のうち，内容積が（ A ）cm^3 を超えるものは，高圧ガス保安法の適用を受ける容器で，このうち，二酸化炭素が充てんされたものは表面積の $\frac{1}{2}$ 以上を（ B ）色に，窒素ガスが充てんされたものは表面積の $\frac{1}{2}$ 以上を（ C ）色に塗装されていなければならない。」

	A	B	C
(1)	100	緑	ねずみ
(2)	200	青	赤
(3)	100	赤	緑
(4)	200	緑	ねずみ

解説

加圧用ガス容器のうち，（加圧式大型強化液消火器の加圧用ガス容器のように）内容積が 100 cm^3 を超えるものは高圧ガス保安法の適用を受けます（100 cm^3 以下のものは受けない）。この 100 cm^3 **を超える加圧用ガス容器**には，**二酸化炭素**が充てんされたものには表面積の $\frac{1}{2}$ 以上を**緑色**，**窒素ガス**が充てんされたものには表面積の $\frac{1}{2}$ 以上を**ねずみ色**に塗装する必要があります。

よって，(1)が正解となります。

【問題 29】

加圧用ガス容器で内容積が 100 cm^3 を超えるものについて，次のうち規格省令に定められていないものはどれか。

(1)　本体容器の内部に取り付けられる加圧用ガス容器の外面は，本体に充てんされた消火剤に侵されないものであり，かつ，表示，塗料等がはがれないこと。

(2)　本体容器の外部に取り付けられる加圧用ガス容器は，外部からの衝撃から保護されていること。

(3)　加圧用ガス容器は，破壊されるとき周囲に危険を及ぼすおそれのないこと。

解　答

【問題 26】…(4)　　【問題 27】…(2)

第3編　規格に関する部分

(4)　二酸化炭素を用いる加圧用ガス容器の内容積は，充てんする液化炭酸の1gにつき1.5 cm^3 以上であること。

解説

(3)の規定は，内容積が100 cm^3 以下のものに関する規定です（100 cm^3 以下のものは作動封板を有するので，破壊された時のガスによる危険が生じない為の措置）。なお，100 cm^3 超の容器の場合は，「本体容器の外部に取り付けられる加圧用ガス容器は，外部からの衝撃から保護されていること」という規定があります。

【問題30】

消火器の外面を赤色仕上げとしなければならない面積として，次のうち規格省令上定められているものはどれか。

(1)　15% 以上
(2)　25% 以上
(3)　50% 以上
(4)　75% 以上

解説

消火器の外面の塗色については，その25% 以上を**赤色仕上げ**とする必要があります。さらに高圧ガス保安法の適用を受ける二酸化炭素消火器は前問の解説より，表面積の $\frac{1}{2}$ 以上を**緑色**，ハロン1301消火器は表面積の $\frac{1}{2}$ 以上を**ねずみ色**とする必要があります。

【問題31】

消火器に表示しなければならない事項として，次のうち規格省令上定められていないのはどれか。

A　製造年月
B　使用温度範囲

解　答

【問題28】…(1)

C　放射時間

D　電気火災に対する能力単位の数値

(1)　A，B　　(2)　A，D　　(3)　B，C　　(4)　C，D

解説

消火器（住宅用消火器を除く）には，その見やすい位置に次のような表示をする必要があります（規格第 38 条）。

消火器の表示

① **消火器の区別**（大型，小型などという区別ではなく，粉末消火器，泡消火器などという区別）および**加圧式，蓄圧式の区別**

② **使用方法（手さげ式及び据置式は図示が必要）**

③ **使用温度範囲**

④ **B 火災又は電気火災（C 火災）に使用してはならない消火器にあってはその旨**

⑤ **A 火災，B 火災に対する能力単位の数値**

⑥ **放射時間**

⑦ **放射距離**

⑧ **製造番号，製造年，製造者名**

⑨ **型式番号**

⑩ **試験圧力値**

⑪ **消火薬剤の容量（または質量）**

⑫ **総質量（消火剤を容量で示すものは除く）**

⑬ **ホースの有効長（据置式の消火器に限る）**

⑭ **取扱い上の注意事項**

- **加圧用ガス容器に関する事項（加圧式の消火器に限る）**
- **指示圧力計に関する事項（蓄圧式の消火器に限る）**
  （⇒　圧力計の使用圧力範囲と圧力検出部（ブルドン管）の材質記号など。）
- **標準的な使用期間，使用期限**

（⑧の製造年について）消火薬剤の方は製造年月となっている⇒P 200，問題 43 の⑥

粉末（ABC）消火器
蓄圧式　10型
仕様 SPECIFICATIONS
総質量……5.13kg
薬剤質量……3.0kg
使用圧力……7.0～9.8（×10⁻¹MPa）
耐圧試験圧力値……2.0MPa
放射時間（20℃）……約13S
放射距離（20℃）……4～7m
使用温度範囲……−30～＋40℃
能力単位……A-3・B-7・C
型式番号……消第23～341号
製造年　2013
製造番号

表示の一例

（その他，**住宅用消火器でない旨，適応火災の絵表示**も必要）

解　答

【問題 29】…(3)　　【問題 30】…(2)

Aの製造年月は⑧より，製造年の誤り。Bの使用温度範囲は③より，Cの放射時間は⑥より消火器に表示する必要がありますが，Dの能力単位の数値に関しては⑤より，A火災，B火災に関しては定められていますが，電気火災（C火災）に関しては定められていないので，誤りです。

なお，前ページの写真を示して，「放射時間」「放射距離」「能力単位」「使用温度範囲」の部分が空白になっており，その右の，約13Sなどの表示から「放射時間」などを答えさせる出題例が鑑別であります。

【問題32】

規格省令上，手さげ式の強化液消火器（蓄圧式に限る。）には，その見やすい位置に各種事項を表示しなければならないが，その必要のないものは次のうちどれか。

(1)　放射距離
(2)　使用方法（併せて図示すること。）
(3)　ホースの有効長
(4)　指示圧力計に関する取扱い上の注意事項

前問より，(1)は⑦より正しい。(2)は②より手さげ式なので図示する必要があり，正しい。(4)は蓄圧式なので⑭より正しいですが，(3)のホースの有効長は，⑬より据置式のみに表示する必要があります。よって，これが正解です。

【問題33】

加圧式の粉末消火器の見やすい箇所に表示しなければならない事項で，次のうち規格省令上正しいものはどれか。

(1)　大型，小型の別
(2)　放射までの動作数
(3)　加圧用ガス容器に関する取扱い上の注意事項
(4)　薬剤の製造年月

解　答

【問題31】…(2)

前問と同じく，問題 31 の解説より，(1)，(2)，(4)とも該当項目がないので表示する必要はありませんが，(3)の「加圧用ガス容器に関する取扱い上の注意事項」は⑭に該当するので，これが正解です。

【問題 34】

次の図は，消火器本体にある適応火災の絵表示について表示したものである。規格省令上誤っているものはどれか。

普通火災用

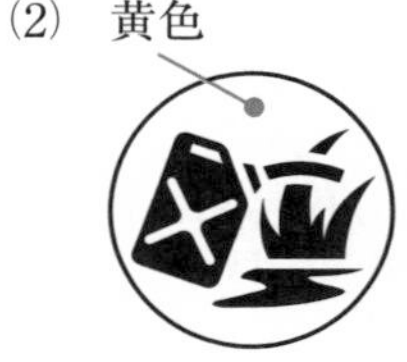

油火災用

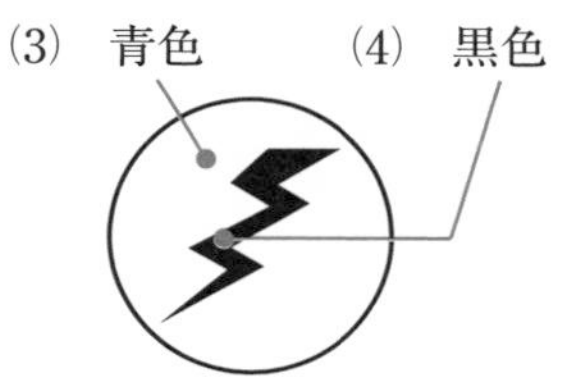

電気火災用

絵表示の地色については全て正しいですが，C 火災の閃光（イナズマ）の色は**黄色**です。

なお，A 火災，B 火災の炎の色については**赤色**，可燃物の色は**黒色**となっています。

【問題 35】

消火器の絵表示の大きさに関する次の文の（　　）内に当てはまる数値を記入しなさい。

「絵表示の大きさは，充てんする消火剤の容量又は質量が，2ℓ 又は 3 kg 以下のものにあっては半径（A）cm 以上，2ℓ 又は 3 kg を超えるものにあっては半径（B）cm 以上の大きさとする。」

	(A)	(B)
(1)	0.5	1.0
(2)	1.0	1.5
(3)	1.5	2.0
(4)	2.0	2.5

解　答

【問題 32】…(3)　　【問題 33】…(3)

消火器の技術上の規格を定める省令第38条第4項第2号参照

【問題36】

消火器の消火薬剤について，次のうち規格省令上誤っているものはどれか。

⑴　著しい毒性または腐食性を有しないこと。

⑵　水溶液（または液状）の消火薬剤は，浮遊物または沈殿物の発生などの異常を生じないこと。

⑶　粉末状の消火薬剤は，塊状化，変質その他の異常を生じないこと。

⑷　使用期限の切れた消火薬剤を使用しないこと。

消火器用消火薬剤の規格第1条の2には，次のように規定されています。

①　著しい毒性または腐食性を有しないこと。かつ，
　　著しい毒性または腐食性のあるガスを発生しないこと。

②　水溶液（または液状）の消火薬剤は，結晶の析出（せきしゅつ），溶液の分離，浮遊物または沈殿物の発生，その他の異常を生じないこと。

③　粉末状の消火薬剤は，塊状化，変質その他の異常を生じないこと。

同じく，第1条の3には次のような規定があります。

・消火薬剤は一度使用され，若しくは使用されずに収集され，若しくは廃棄されたもの又はその全部若しくは一部を原料とするものであってはならない。**ただし，再利用消火薬剤にあってはこの限りではない。**

従って，⑷は粉末消火薬剤など，使用期限の切れた消火薬剤でも再利用することが可能なので，誤りです。

【問題37】

消火器用消火薬剤の技術上の基準として，次のうち規格省令上誤っているものはどれか。

⑴　消火器から放射される強化液は，防炎性を有するものでなければならない。

⑵　消火器から放射される泡は，耐火性を持続することができるものでなければならない。

解　答

【問題34】…⑷　　　【問題35】…⑵

⑶　粉末状の化学泡消火薬剤は，水に溶けやすい乾燥状態のものでなければならない。

⑷　防湿加工を施したりん酸塩類等の粉末消火薬剤は，水面に均一に散布した場合において，30 分以内に沈降しないものでなければならない。

解説

粉末消火薬剤の規格には，「防湿加工を施したりん酸塩類等の粉末消火薬剤は，水面に均一に散布した場合において，**1 時間以内**に沈降しないものでなければならない。」となっています。（⑶の「泡消火剤は水に溶けやすい」にも要注意！）

【問題 38】　重要　出た!

消火器用消火薬剤について，次のうち規格省令上誤っているものはどれか。

A　りん酸アンモニウムを主成分とした粉末消火薬剤には，白色系の着色を施さなければならない。

B　酸アルカリ消火薬剤の酸は，良質の無機酸またはその塩類であり，アルカリは水に溶けやすい良質のアルカリ塩類でなければならない。

C　消火器を正常な状態で作動させた場合において放射される強化液消火薬剤は，防炎性を有し，かつ，凝固点が－10℃ 以下のものでなければならない。

D　消火薬剤には，浸潤剤，不凍剤その他消火薬剤の性能を高め，又は性状を改良するための薬剤を混和し，又は添加することができる。

⑴　AとB　　⑵　AとC　　⑶　BとC　　⑷　CとD

解説

A 「**りん酸アンモニウム**を主成分とした粉末消火薬剤」とは，A 火災，B 火災，C 火災のすべての火災に適応する ABC 消火薬剤のことで，規格では，「粉末消火薬剤でりん酸塩類等（りん酸アンモニウムなど）のものには，**淡紅色系**の着色を施さなければならない」となっているので，誤りです。

（注：「A，B，C 火災に適応する消火薬剤の主成分とその色は？」という出題例がありますが，答は上記にある**りん酸アンモニウム**と**淡紅色**になります。

C　強化液消火薬剤については，次のようになっています。

解　答

【問題 36】…⑷

①　アルカリ金属塩類の水溶液にあってはアルカリ性反応を呈すること。
②　凝固点が**零下20度以下**であること。
となっているので，「－10℃ 以下」の部分が誤りです。

類題
次の⑴，⑵について，○×で答えなさい。
⑴　消火器用消火薬剤には，湿潤剤，不凍剤等を混和したり添加したりしないこと。
⑵　泡消火薬剤には，防腐剤等を混和したり添加したりしないこと。

【問題39】

粉末消火薬剤について，次のうち規格省令上誤っているのはどれか。
⑴　りん酸アンモニウムを主成分とするものは粉末(Na)と表記されている。
⑵　呼び寸法180マイクロメートル以下の，消火上有効な微細な粉末であること。
⑶　水面に均一に散布した場合において，1時間以内に沈降しないこと。
⑷　防湿加工を施したナトリウム若しくはカリウムの重炭酸塩，その他の塩類またはりん酸塩類，硫酸塩類その他防炎性を有する塩類であること。

りん酸アンモニウムを主成分とするものは**粉末**（ABC）と表記されています。

なお，その他の主成分は，**粉末**（Na）が**炭酸水素ナトリウム**，**粉末**（K）が**炭酸水素カリウム**，**粉末**（KU）は，**炭酸水素カリウムと尿素の反応生成物**なんだ。

解　答
【問題37】…⑷　【問題38】…⑵　〔類題〕…⑴×，⑵×（共に混和し添加できる）

【問題 40】

強化液消火器（内部において化学反応により発生するガスを放射圧力源とするものを除く。）に充てんする消火薬剤の成分又は性状について，次のうち規格省令上定められていないものはどれか。

⑴　無色透明で浮遊物がないこと。
⑵　アルカリ金属塩類の水溶液にあっては，アルカリ性反応を呈すること。
⑶　凝固点は－20℃ 以下であること。
⑷　消火器を正常な状態で作動させた場合において放射される強化液は，防炎性を有すること。

解説

強化液消火薬剤は，**無色透明**または**淡黄色**の**アルカリ性を呈する水溶液**ですが，規格として「無色透明」ということを定めていないので誤りです。

【問題 41】

二酸化炭素消火器について説明した，次の文中の（　）内に当てはまる数値として正しいものはどれか。

「二酸化炭素消火器の本体容器の内容積は，充てんする液化二酸化炭素の質量 1 kg につき（　）cm^3 以上の容積（充てん比）としなければならない。」

⑴　800
⑵　1,000
⑶　1,500
⑷　2,000

解説

二酸化炭素消火器の本体容器の内容積については，消火器の技術上の規格を定める省令第 35 条にその規定があり，それによると，本体容器の内容積は，充てんする液化二酸化炭素の質量 1 kg につき **1,500 cm^3 以上**の容積（充てん比）としなければならない，となっています。

解　答

【問題 39】…⑴

【問題 42】

二酸化炭素消火器に充てんする液化二酸化炭素の充てん比（容器の内容積／消火剤の質量）の値として，規格省令上，次のうち正しいものはどれか。

(1)　0.5 以上

(2)　0.8 以上

(3)　1.5 以上

(4)　1.8 以上

前問の解説より，1,500 cm^3＝1.5 ℓ なので，容器の内容積／消火剤の質量＝1.5 ℓ ／1 kg＝1.5（ℓ ／kg）……の数値の比から，1.5 以上必要となります。

【問題 43】

消火器用消火薬剤の容器又は包装に表示しなければならない事項として，次のうち規格省令に定められていないものはどれか。

(1)　放射時間

(2)　消火薬剤の容量又は質量

(3)　製造者名又は商標

(4)　充てん方法

消火薬剤の容器又は包装に表示しなければならない事項は，消火器用消火薬剤の規格第 10 条にその規定があり，その内容は次のようになっています。

①　品名

②　充てんされるべき消火器の区別

③　**消火薬剤の容量又は質量**

④　**充てん方法**

⑤　取扱い上の注意事項

⑥　製造年月　（⇒P 193 の⑧は「製造年」となっている）

解　答

【問題 40】…(1)　　【問題 41】…(3)

⑦　**製造者名又は商標**

⑧　型式番号

従って，⑴の放射時間のように，機能を表すような項目はないので，これが正解です。

問題 31（p 192）の消火器本体への表示事項と混同してはダメだヨ。

【問題 44】

温度 20℃ において，泡消火器が放射する泡の容量について，次のうち規格省令上誤っているものはどれか。

⑴　機械泡消火器…………………消火薬剤容量の 5 倍以上

⑵　手さげ式の化学泡消火器……消火薬剤容量の 5.5 倍以上

⑶　背負い式の化学泡消火器……消火薬剤容量の 7 倍以上

⑷　車載式の化学泡消火器………消火薬剤容量の 5.5 倍以上

解説

泡消火薬剤については，消火薬剤の規格第 4 条に規定があり，それによると，⑵の手さげ式の化学泡消火器は背負い式の化学泡消火器と同じく，消火薬剤容量の **7 倍以上**を放射する必要があります。

（注：鑑別でも消火器の写真を示して「7 倍以上」などと正誤を答えさせる出題例がある）

解　答

【問題 42】…⑶　　【問題 43】…⑴　　【問題 44】…⑵

ボーナス問題

機械に関する基礎知識 編

さあ，いよいよ次編から鑑別に入るけれど，その前に復習も兼ねてこの問題を解いてみてほしい！

最近はこのような動滑車についての問題も出ているようなので要チェックだ！

【問題】

次の図の F として，次のうち正しいものはどれか。

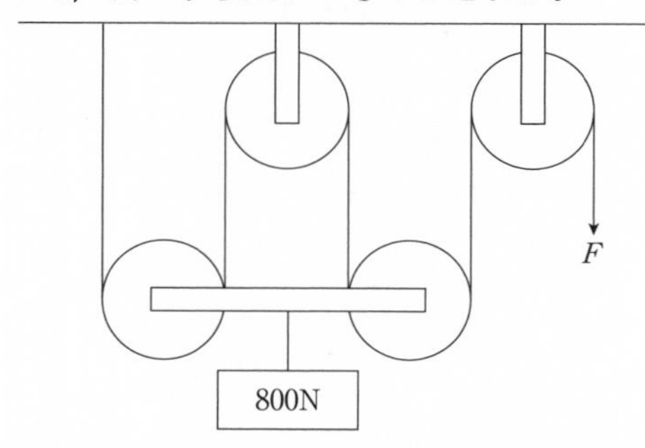

(1) 100N　(2) 200N　(3) 300N　(4) 400N

800Nには2つの動滑車がかかっているので，1つの動滑車には400Nの荷重が上向きに作用していることになります。

その動滑車には2つのロープがかかっているので，1本のロープには200Nの力が上向きに作用していることになります。

最後の一番右端は定滑車なので，その200Nがそのまま力Fとして作用して釣り合っていることになります。

（答）(2)

第４編

鑑別等試験

出題の傾向と対策

消防６類の実技試験においては，同じような問題が繰り返し出題される割合が筆記試験ほどには見受けられませんが，それでも，次に示すような傾向は見受けられます。

まず，第１問では，消火器（粉末と機械が多い）の写真を単独または複数で示して，その**名称**や**適応火災**，**放射の動作数**のほか，**能力単位**などを問う問題が多く見られます。

次に第２問では，第１問と同様な消火器の問題が出題されることもありますが，傾向としては，消火器の**部品**（ろ過網や圧力計など）の写真を示してその**名称**や**使用目的**などを問う問題がよく見られます。

第３問では，第１問と同じように，消火器の写真を示す問題が多いですが，内容的には**消火剤**に関する問題が多く見られます（検定対象のものや容量表示するものなど）。

第４問では，消火器や工具などの写真を示して**点検や整備に関する出題**（使用ガスの名称や充てん要領，及び使用工具の名称など）がよく見られます。

そして，最後の第５問ですが，第４問と同じく点検や整備に関する問題も見受けられますが，事務所などの**平面図**を示して，「必要な消火器の能力単位数を答えよ。」や「消火器の必要最小本数を求めよ。」などの出題もよく見られます。

以上が実技試験に関する出題傾向の概要ですが，最初にも説明しましたように，実技試験は筆記試験に比べて出題ポイントがしぼりにくい傾向であるのは確かなのですが，ただ言えるのは，**「筆記試験の問題に写真が添えてあるだけ」**的な問題が結構あるので，筆記試験の知識を確実にしておけば，それだけでも解答できる問題が少なからずある，ということです。

従って，消火器や消火器に使用されている部品などの実物や写真に多く接することも当然重要ですが，**筆記試験の知識を今一度再点検する**のも実技試験を攻略する際の有効な手段となりえるので，そのあたりに注意しながら学習計画を立てていってください。

このＰＡＲＴ１の基本問題には，問題や設問がズラリと並んでいるが，これらは全て過去に**本試験で出題された問題ばかり**なので，そのつもりで取り組んでほしい。

[part 1　基本問題]

例題　下の写真に示す消火器について，次の各設問に答えなさい。

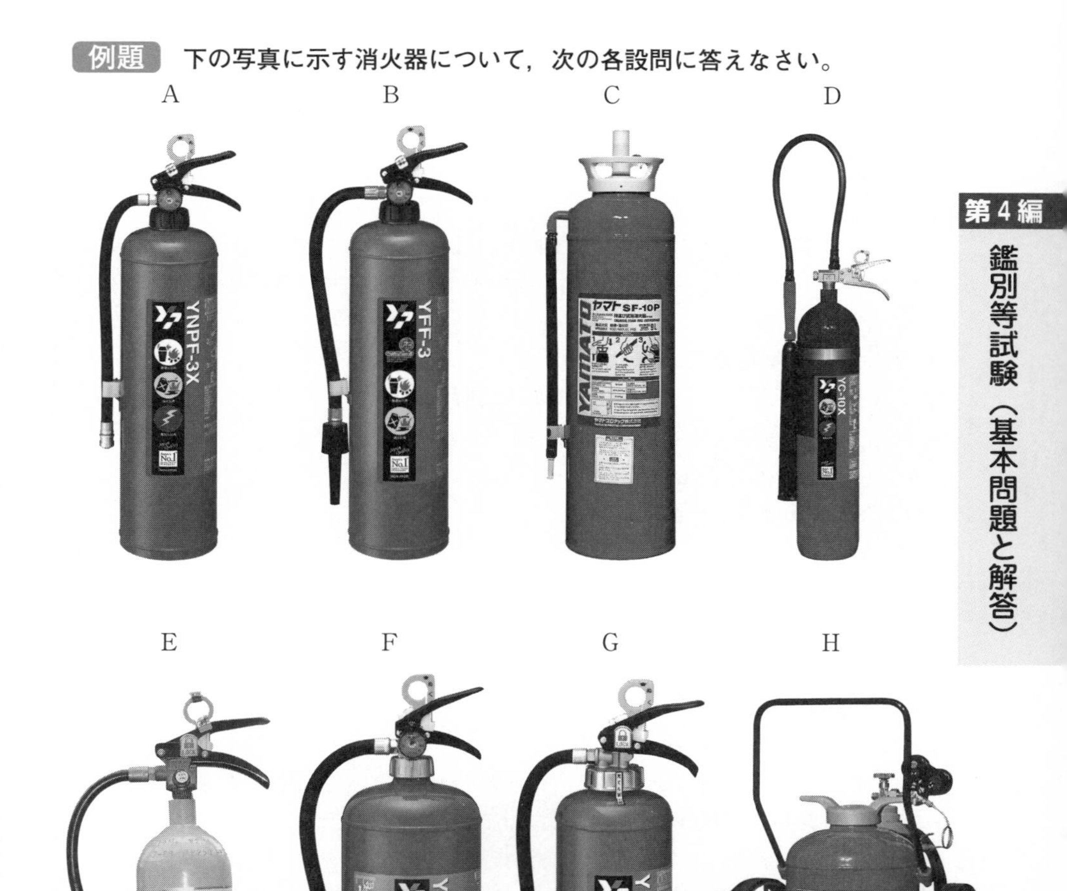

（注：本試験では，写真がカラーの場合もあります）

設問1　これら（A～H）の消火器の名称をそれぞれ答えなさい。

A	B	C	D	E	F	G	H

解答

A：**蓄圧式強化液消火器**
（⇒**指示圧力計**より蓄圧式であり，また，先端に金属部が露出しているノズルの形状などから判断する。なお，「**寒冷地でも使用できる**」も重要ポイントです。）

B：**蓄圧式機械泡消火器**
（⇒**指示圧力計**と**発泡ノズル**から判断する）

C：**破がい転倒式化学泡消火器**
（⇒**キャップの形状**から判断する）

D：**二酸化炭素消火器**
（⇒白黒では見にくいかもしれませんが，**本体容器の2分の1以上が緑色に塗られていること**と**ホーンの形状**から判断する）

E：**ハロン1301消火器**
（⇒**本体容器の2分の1以上がねずみ色に塗られていること**と**ホーンの形状**から判断する）

F：**蓄圧式粉末消火器**
（⇒**指示圧力計**があることと，同じ蓄圧式の強化液や機械泡とは異なり**ノズルの形状がホーン状になっている**ことなどから判断する）

G：（手さげ式）**ガス加圧式粉末消火器**
（⇒強化液消火器と似ていますが，**指示圧力計がないこと**と少し広がっている**ノズルの形状**から判断する）

H：（車載式）**大型ガス加圧式粉末消火器**
（注：Cの下線は「操作方式」，G,Hの二重下線は「運搬方式」になります。）

なお，Gの（手さげ式）は任意に入れてありますが，消火器の名称を書く場合，P193の規格省令第38条より，①の**消火器の区別**，**加圧式**か**蓄圧式**かは必ず書いておく必要があります（本試験では消火器の名称を語群から選ぶものが多いですが，そうでない場合もあるので，注意してください）。

また，色んなメーカーの写真（特にステンレス製）が出題され始めているようですが，「ホーンの形状」「指示圧力計の有無」などから名称を判断できるかと思います（ステンレス製消火器の外観を巻頭のカラーページでチェックしておくとよいでしょう。）

設問 2　**これら（A～H）の消火器の加圧方式（放射圧力方式）を次の語群から選び，それぞれ記号で答えなさい。**

A	B	C	D	E	F	G	H

＜語群＞
ア．蓄圧式　　イ．ガス加圧式　　ウ．反応式

加圧方式（放射圧力方式）については，P 145 にまとめてありますが，まず，**指示圧力計**に注目してください。D の二酸化炭素と E のハロン 1301 消火器は「指示圧力計のない蓄圧式」ですが，それ以外の蓄圧式には指示圧力計が装着されています。従って，D と E 以外で指示圧力計が装着されていれば「**蓄圧式**」ということになります。

よって，D の**二酸化炭素消火器**と E の**ハロン 1301 消火器**＋A，B，F の**消火器**が「蓄圧式」になります。

また，C の化学泡消火器は「**反応式**」，G と H の指示圧力計が装着されていない粉末消火器は「**ガス加圧式**」となります。

解答

A	B	C	D	E	F	G	H
ア	ア	ウ	ア	ア	ア	イ	イ

設問 3　**次の問に答えなさい。**

(問 1)　これら（A～H）の消火器に使用する消火薬剤の種類をそれぞれ答えなさい。

A	B	C	D
E	F	G	H

(問2)　これら（A～H）の消火器のうち，充てんされた消火薬剤量を容量のみで表示しているものを1つ記号で答えなさい。

(問3)　これら（A～H）の消火器のうち，検定の対象となっていない消火薬剤を使用している消火器（検定合格証（ラベル）が不要な消火器）を1つ記号で答え，また，その消火薬剤の名称も答えなさい。ただし，水溶性液体用の泡消火薬剤は除く。　　　　（記号）　（消火薬剤名）

(問4)　これら（A～H）の消火器のうち，主に酸素を希釈して消火する消火器を1つ記号で答えなさい。

(問5)　A～Gのうち，同じ消火薬剤を使用している消火器を2つ選び記号で答え，かつ，その消火薬剤の主成分について答えなさい。

（記号）　，　（主成分）

(問6)　これら（A～H）の消火器のうち，レバー操作により放射及び放射停止ができるものを選び記号で答えなさい（注：Gは開放式ではない）。

解答

(問1)　消火薬剤の名称（注：消火薬剤の主成分（P 143，問題 36）も重要）

A	B	C	D
強化液	機械泡	化学泡	液化二酸化炭素
E	F	G	H
ハロン 1301	粉末（ABC）	粉末（ABC）	粉末（ABC）

(問2)　C

容量表示の消火器は，Cの**化学泡消火器**のみ（AとBは一般的に容量と質量の併記，その他のものは質量（重量）表示となっています。）

(問3)　（記号）D　（消火薬剤名）二酸化炭素

（問４）　D

問題文は，窒息作用のことをいっており，これを主な消火作用とするのはDの二酸化炭素消火器です。

（問５）　（記号）F，G　（主成分）りん酸アンモニウム

（問６）　A，B，D，E，F，G※

※Gの開放式は，レバー操作により途中で放射を停止することができませんが，問題文に開放式ではない，と断ってあるので，Gも含まれます。

設問４　**これらの消火器（A～H）の放射開始までの規格上の動作数についてア．２動作以内のもの，イ．３動作以内のものをそれぞれ答えなさい。**

ただし，保持装置から取りはずす動作，背負う動作，安全栓及びホースをはずす動作は除くものとする。

（ア）　　（イ）

解説

放射開始までの動作数については，規格の方でたまに出題されていますが，実技の方でもたまに出題されています。

さて，消火器は次の動作数以内で容易に，かつ確実に放射を開始できなければなりません（ただし，動作数に「消火器を保持装置から取りはずす動作」「背負う動作」「安全栓をはずす動作」「ホースをはずす動作」は含まない）。

①　手さげ式消火器（化学泡消火器は除く）……………………**１動作**

②　化学泡消火器，据置式の消火器および背負式の消火器……**２動作以内**

③　車載式の消火器……………………………………………**３動作以内**

従って，問題の消火器の場合，CとH以外の**手さげ式**は**１動作**で，Cの化学泡消火器は②の**２動作以内**，Hの**車載式の大型粉末消火器**は③の**３動作以内**となります。

解答　（ア）C　（イ）H

設問５　**A～Fの消火器の主な消火作用について，次の表の該当箇所に○を入れなさい。**

	A	B	C	D	E	F
冷却作用						
窒息作用						
抑制作用						

解答　(○印：消火作用のあるもの ⇒ P 144 の③を参照)

	A	B	C	D	E	F
冷却作用	○	○	○			
窒息作用		○	○	○	○	○
抑制作用	○				○	○

二酸化炭素には若干の冷却作用もあるが，問題に「主な」とあるので，窒息のみになる。

(注：GとHの消火作用はFに同じ)

類題１　**A～Fの消火器のうち，抑制作用（負触媒作用）が無いものを選び記号で答えなさい。**

類題２　**A～Fの消火器のうち，窒息作用と抑制作用（負触媒作用）で消火するものを選び記号で答えなさい。**

類題の解説

[類題 1]

(答)　B，C，D（上の表より）

覚え方は，
抑制のない　アワー（ＯＵＲ）兄さん
抑制　泡消火器　二酸化炭素

[類題 2]

(答)　E，F

覚え方は，
窒息を抑えるため　粉末をはら(ろ)った。
抑制　ハロン 1301

設問６　Ｈ以外の消火器の使用温度範囲（有効使用温度）を下記ア～エより選び記号で答えなさい。

	A	B	C	D	E	F	G
使用温度範囲(最大値)							

ア．－30℃～40℃　　エ．5℃～40℃
イ．－20℃～40℃　　オ．0℃～50℃
ウ．0℃～40℃

解説

解答は，次のようになります（オの「0℃～50℃」は引っ掛けです）。

	A	B	C	D	E	F	G
使用温度範囲(最大値)	イ	イ	エ	ア	ア	ア	イ

（注：規格省令上の使用温度範囲は，化学泡消火器のみ **5℃～40℃** で，他は全て **0℃～40℃** で，「規格省令上の温度」とあればこちらの値を答える）。

設問７　A～G の手さげ式消火器のうち，事務室，飲食店などの火災に適応する消火器を記号で答えなさい。

解説

適応火災についても P 144 と P 145 に次のようにまとめてあります。

① 全火災に適応する消火剤…強化液（霧状），粉末（ABC）
② 普通火災に不適応な消火剤…二酸化炭素，ハロゲン
③ 油火災に不適応な消火剤…強化液（棒状）・水（棒状，霧状とも）
　⇒ **老いるといやがる　凶暴　な　水**
　　オイル（油）　強化液（棒状）　水（棒状，霧状とも）
④ 電気火災に不適応な消火剤…泡消火剤・棒状の水と強化液（原則**水系**が該当）

事務室や飲食店等の火災は②の普通火災になるので，二酸化炭素とハロゲンを除く，A，B，C，F，G が正解となります。

解答　A，B，C，F，G

設問 8　**A〜Gの手さげ式消火器のうち，圧力計を装着している消火器を記号で答えなさい。**

解説

これは，もう写真を見ればすぐにわかると思いますが，一応説明すると，二酸化炭素消火器とハロン1301消火器以外の**蓄圧式**，すなわち，Aの**強化液消火器**，Bの**機械泡消火器**，Fの**蓄圧式粉末消火器**に装着されています。

解答　A，B，F

設問 9　**A〜Gの手さげ式消火器のうち，サイホン管を装着していない消火器を記号で答えなさい。**

解説

サイホン管は本体容器内で蓄圧または加圧された消火薬剤をホースへ導くためのもので，一般に消火器には装着されているものですが，化学泡消火器にはその機能上，装着されていません。

解答　C

設問 10　**A〜Hの消火器のうち，ガス導入管を装着している消火器を記号で答えなさい。**

解説

ガス導入管は**ガス加圧式**の消火器に装着されており，加圧用ガス容器から噴出された圧縮ガスを本体容器内に導くためのものです。

解答　G，H

設問 11　**A〜Gの消火器のうち，高圧ガス保安法の適用を受ける消火器を記号で答えなさい。**

解説

解答　D，E

なお，高圧ガス保安法の適用を受ける消火器には**安全弁**も必要になります。

設問 12　**A～H の消火器のうち，減圧孔が装着されていない消火器の名称を 2 つ答えなさい。**

（名称）＿＿＿＿＿＿＿，＿＿＿＿＿＿＿

減圧孔は，高圧ガス保安法の適用を受ける二酸化炭素消火器とハロン 1301 消火器には装着されていません。

解答　（名称）　二酸化炭素消火器，ハロン 1301 消火器

設問 13　**A～H の消火器のうち，容器弁のある消火器の名称を 2 つ答えなさい。また，容器弁のある消火器において，安全弁の方式を 2 つ答えなさい。**

（名称）＿＿＿＿＿＿＿，＿＿＿＿＿＿＿

（方式）＿＿＿＿＿＿＿，＿＿＿＿＿＿＿

容器弁は前問にもある**高圧ガス保安法の適用を受ける蓄圧式消火器**と**加圧用ガス容器**（作動封板を設けたものを除く）の容器に取り付けられる構成部品です。

また，安全弁は，容器弁の構成部品であり，次の 3 種類に分けられます。

① **封板式**：一定の圧力以上で作動するもの
② **溶栓式**：一定の温度以上で作動するもの
③ **封板溶栓式**：一定の圧力及び温度以上で作動するもの

このうち，二酸化炭素消火器には**封板式**のものしか使用することができません。

①②の覚え方は，
フーバン　寄席（よせ）。③は①＋②……名称の出題例がある
封板式　溶栓式

解答　（名称）　二酸化炭素消火器，ハロン 1301 消火器
（方式）　封板式　，溶栓式

設問 14　**A～H の消火器のうち，消防設備士による点検時に残圧を排出してはならない消火器の記号を 2 つ答えよ。**

二酸化炭素消火器とハロン1301消火器は，高圧ガス保安法に基づく許可を受けた専門業者に依頼します。

解答 D，E

設問15 次の写真は，消火器のノズルの拡大写真である。各消火器の名称を答えなさい。

(1)　(2)　(3)　(4)

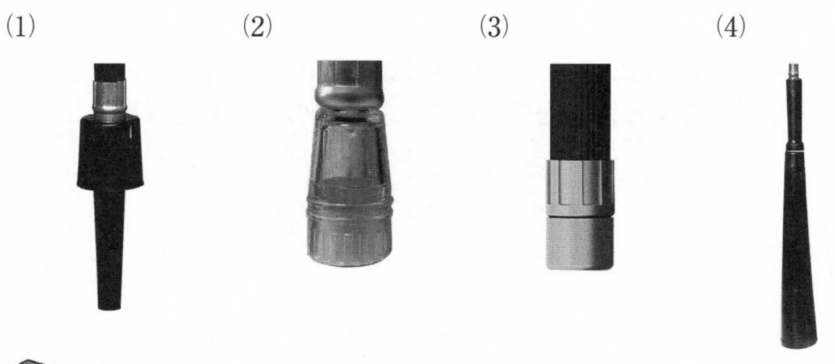

解説

(1) 発泡ノズルの形ですぐにBの消火器とわかったと思います。

(2) 強化液消火器と見分けが難しいですが，少しだけラッパ状になっているあたりから判断します。（巻頭カラーｐ2の粉末ガス加圧式とｐ3の粉末蓄圧式を参照）

(3) 粉末消火器のように，ラッパ状になっておらず，フラットになっているあたりからAの消火器と判断します。

(4) ホーンがあるので，Dの二酸化炭素消火器になります。

解答 （P 205の写真参照）

記号	消火器名
(1)	機械泡消火器
(2)	粉末消火器
(3)	強化液消火器
(4)	二酸化炭素消火器

[part 2　実戦問題]

【問題 1】

下に示す消火器について，次の各設問に答えなさい。

A

B

設問 1　Aの消火器について，① 操作機構上の方式，② 使用温度範囲を答えなさい。

設問 2　A，B の消火器について，機器点検における放射能力確認時の確認試料の作り方について，下記語群から正しいものを選び記号で答えなさい。

＜語群＞

ア．全数の 10% 以上
イ．全数の 50% 以上
ウ．抜き取り数の 10% 以上
エ．抜き取り数の 50% 以上

解答欄

A	B

解答

（設問1）　①　破蓋（がい）転倒式　　②　＋5～40℃

（設問2）　A：ア　　B：エ

放射能力確認時の確認試料の作り方については，次のようになっています。

化学泡消火器：全数の10％以上

粉末消火器，蓄圧式消火器（二酸化炭素，ハロゲン化物除く）：抜き取り数の50％以上

【問題2】

次のA，Bは，「ある消火器」を示したものである。次の各設問に答えなさい。

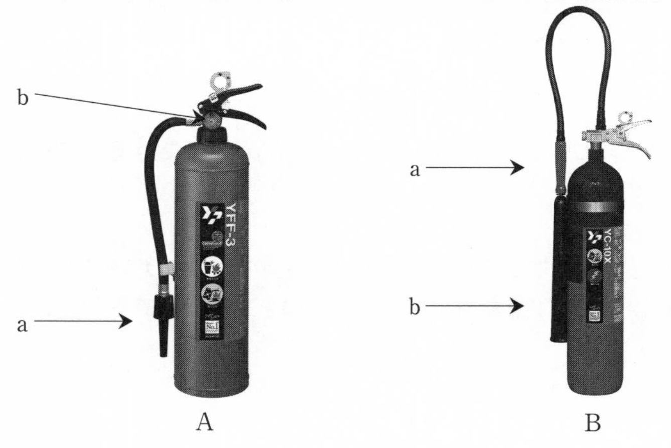

設問1　**それぞれの消火器の名称を答えなさい。**

設問2　**これらの消火器の，規格に定められている使用温度範囲を，下記語群から選び記号で答えなさい。**

<語群>

ア．−10℃以上＋40℃以下
イ．−5℃以上＋40℃以下
ウ．0℃以上＋40℃以下
エ．＋5℃以上＋40℃以下

解答欄

A	B

設問 3　矢印で示した部品のそれぞれの名称，及び a の部品についてはその部品が装着されている理由を答えなさい。

解答欄

	名　称	a の部品が装着されている理由
A	a： b：	
B	a： b：	

設問 4　それぞれの消火薬剤充てん量の確認方法を答えなさい。

設問 5　これらの消火器の適応火災について，解答欄の適切な種別を○で囲みなさい。

解答欄

消火器	火災種別		
A	A火災（普通火災）	B火災（油火災）	C火災（電気火災）
B	A火災（普通火災）	B火災（油火災）	C火災（電気火災）

解答

(設問１)　A：蓄圧式機械泡消火器　　B：二酸化炭素消火器

(設問２)　A：ウ　　B：ウ

ただし，正常に操作することができ，かつ消火及び放射の機能を有効に発揮する性能を有する場合は，その範囲を10℃単位で拡大することができます。従って，実際には下限温度が次のようなものが製造されています。

(上限温度はいずれも＋40℃ です。)

・強化液：－20℃～
・機械泡：－20℃～
・二酸化炭素，ハロン 1301：－30℃～
・粉末：－10℃ 又は－20℃ 又は－30℃ の各種がある。
(化学泡消火器は規格の温度のまま)

(設問３)

	名　称	aの部品が装着されている理由
A	a：発泡ノズル b：指示圧力計	ノズルに設けられた孔から空気を吸入し，消火薬剤を発泡させて放射する。
B	a：ホーン握り (握り手) b：ホーン	二酸化炭素消火器は，液化二酸化炭素を気化させて放射するが，その際，冷却作用を伴うので凍傷を防止するために装着する。

(設問４)　両者とも**質量**（重量）を計測する（容量表示の化学泡消火器以外はすべて質量を計測して確認する⇒銘板にWの記号で質量が表示されている)。

(設問５)　P 144 の表の④より，泡消火器は電気火災，二酸化炭素消火器は普通火災が適応しません。

消火器	火災種別		
A	(A火災(普通火災))	(B火災（油火災）)	C火災（電気火災）
B	A火災(普通火災)	(B火災（油火災）)	(C火災（電気火災）)

【問題３】

下に示す消火器について，次の各設問に答えなさい。

設問１　この消火器に充てんされている消火薬剤の状態として，最も適切なものを次のうちから選び記号で答えなさい。

「A：固体　　B：液体　　C：気体」

設問２　この消火器の外面は，その 25% 以上を何色にすべきかを答えなさい。

設問３　この消火器の充てん比（容器の内容積／薬剤の質量）を答えなさい。

設問４　次の記述は，この消火器の設置基準に関する説明文である。（　　）内に当てはまる語句を答えなさい。

「この消火器は，施行令別表第１（16 の 2）項及び（16 の 3）項に掲げる防火対象物並びに総務省令で定める（　　），（　　）その他の場所に設置してはならない。」

設問５　次の文の（A）（B）に当てはまる語句を答えなさい。

「この消火薬剤の消火効果は，主に（A）効果であるが，放出時の気化の際の若干の（B）効果もある」

解答

(**設問1**)　B

二酸化炭素消火器内の二酸化炭素は，気体の二酸化炭素を高圧で圧縮して**液化**させて充てんされています。

(**設問2**)　赤色（なお，$\frac{1}{2}$以上は緑色）

この二酸化炭素消火器に限らず，**すべての消火器**はその外面の**25% 以上**を**赤色**の塗色にする必要があります。

(**設問3**)　1.5以上（質量1kgにつき1,500 cm³以上の容積が必要）

(**設問4**)　地階，無窓階　（⇒　施行令第10条の2項1号の但(ただしがき)書参照）

二酸化炭素消火器を地階や無窓階などに設置すると，窒息作用による酸欠事故を起こす危険性があります(16の2，16の3は地下街，準地下街です)。

(**設問5**)　（A）：窒息　（B）：冷却

【問題4】

下の消火器について，次のア～カの記述から誤っているものをすべて選び記号で答えなさい。

ア．水に炭酸ナトリウムを加えた無色透明または透明のアルカリ性水溶液である。

イ．霧状で使用する場合は，「A火災」，「B火災」，「C火災」に使用することができる。

ウ．使用温度範囲は0℃～40℃である。

エ．薬剤はアルカリ性なので，本体は銅の合金製である。

オ．指示圧力計は，加圧用ガス容器の圧力を示す。

カ．バルブによって放射を途中で停止することができる。

この消火器は，**蓄圧式強化液消火器**です。

ア．水に**炭酸カリウム**で，無色透明または**淡黄色**です。

ウ．使用温度範囲は，－20℃～40℃ です。

エ．薬剤はアルカリ性なので，腐食を防ぐため，本体は**鋼板**または**ステンレス鋼板**を使用しています。

オ．まず，加圧用ガス容器は加圧式に設けられているもので，また，指示圧力計は，蓄圧式の容器内圧力を示すものです。

なお，カについては，蓄圧式はバルブの開閉によって放射および放射の停止が行える**開閉バルブ式**になっています。

解答　ア，ウ，エ，オ

【問題5】

次の写真に示された消火器について，次のア～カの記述から間違っているものをすべて選び，記号で答えなさい。

ア：この消火器の消火薬剤の主成分は炭酸水素ナトリウムである。

イ：霧状放射のノズルである。

ウ：油火災には適応しない。

エ：指示圧力計は本体容器内の加圧用ガス容器の圧力を示している。

オ：使用温度範囲は－20℃～40℃ である。

カ：レバーを握れば放射され，レバーを離せば停止する開閉バルブ式である。

ア：強化液消火器の薬剤は炭酸カリウムなので，**誤り**。

イ：ノズルが棒状なら電気火災に対応しませんが，容器に電気火災対応のマークがあることから霧状ノズルであることがわかります。よって，正しい。

ウ：まず，棒状ノズルの場合は油火災に対応しませんが，イより霧状ノズルなので，対応することと，油火災対応のマークもあるので，**誤りです**。

エ：蓄圧式消火器であり，ガス加圧式消火器ではないので加圧用ガス容器は装着されておらず，**誤りです**。

オ：強化液消火器の使用温度範囲は－20℃～40℃ なので，正しい。

カ：蓄圧式の強化液消火器は全て開閉バルブ式なので，正しい。

解答　ア，ウ，エ

【問題6】

次の消火器A，B，Cについて，次の各設問に記号で答えなさい。

A

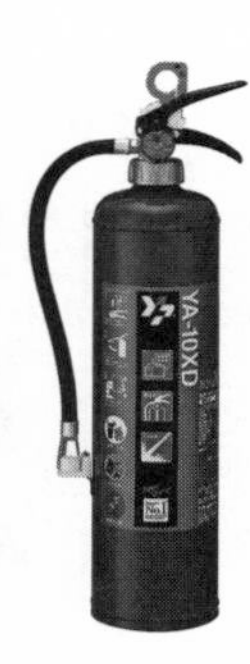

B

C

設問1　**抑制作用（負触媒作用）の無い消火器をすべて答えなさい。**

設問2　**抑制作用（負触媒作用），窒息作用の有る消火器をすべて答えなさい。**

設問3　**これらの消火器のうち，淡紅色の着色を施してある消火薬剤を使用している消火器を選び記号で答え，かつ，その主成分について答えなさい。**

設問4　**Bの消火器を点検，整備する際，キャップを開ける前にすべきことを答えなさい。**

解説

写真の消火器は，Aが二酸化炭素消火器，Bが蓄圧式粉末消火器，Cが強化液消火器になります。

解答

（設問1）　A

P 144の表より，抑制作用（負触媒作用）を確認すると，二酸化炭素消火器は無し，蓄圧式粉末消火器は有り，強化液消火器（霧状）は有り，となります。

（設問2）　B

設問1 より，抑制作用（負触媒作用）があるのは，蓄圧式粉末消火器と強化液消火器（霧状）となります。

また，窒息作用については，蓄圧式粉末消火器は有り，強化液消火器（霧状）は無しとなるので，結局，両方とも有るのは，蓄圧式粉末消火器のみとなります。

（設問3）　（記号）　B　　（主成分）　りん酸アンモニウム

淡紅色ということで，りん酸アンモニウムを主成分とする粉末消火器になります。

（設問4）　内圧を排除する。

Bの消火器は蓄圧式なので，排圧栓をドライバーで開くか，容器を逆さまにしてレバーを握り，バルブを開いて，あらかじめ内圧を排除しておきます。

【問題7】

次の消火器と容器のうち，高圧ガス保安法が適用されないものを選び記号で答えなさい。

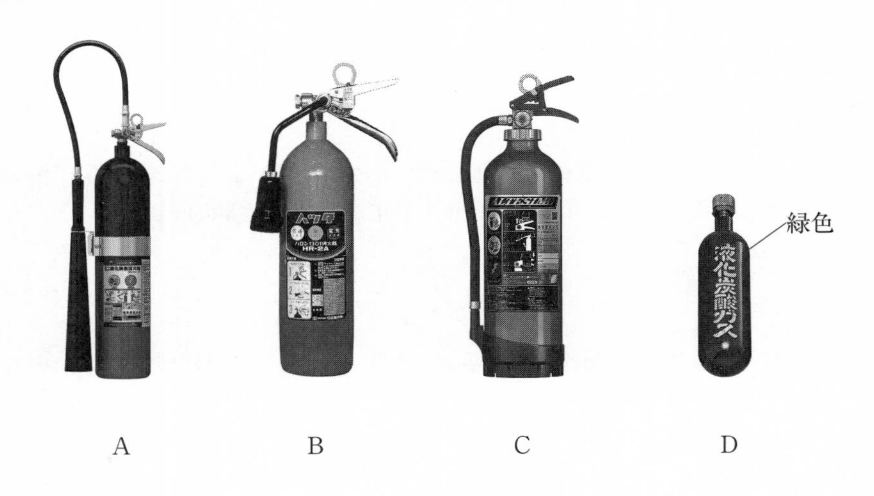

解説

Aは二酸化炭素消火器，Bはハロン1301消火器，Cは粉末（ABC）消火器，Dは加圧用ガス容器です。高圧ガス保安法の適用を受ける消火器は，AとBのほか，ハロン1211消火器のみなので，Cは受けません。また，Dの加圧用ガス容器は，緑色に塗色されていることから，容量が100 cm^3 を超える容器なので高圧ガス保安法の適用を受けます。

なお，二酸化炭素消火器は表面の $\frac{1}{2}$ 以上を**緑色**，ハロン1301消火器は，表面の $\frac{1}{2}$ 以上を**ねずみ色**に塗装されている必要があります。

解答　C

【問題 8】

下の写真の消火器について，次の各設問に答えなさい。

（ア）

（イ）

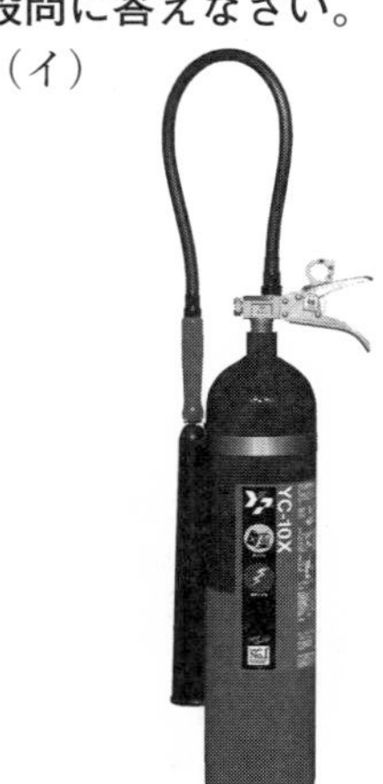

設問 1　**(ア)と(イ)の消火器が適応する火災種別を次の解答欄に○で記入しなさい。**

解答欄

	A火災	B火災	C火災
(ア)			
(イ)			

設問 2　**A火災，B火災，C火災のうち，能力単位の数値が総務省令で定められていないのはどれかを答えなさい。**

解説

写真の消火器は（ア）がクリーンルーム用の純水消火器（一般に霧状放射ノズル），（イ）が二酸化炭素消火器です（(ア）は指示圧力計，適応火災のマークがA火災とC火災より水消火器と判断する)。

解答

(設問 1)…（P 144 の表を参照）

	A火災	B火災	C火災
(ア)	○		○
(イ)		○	○

(設問 2)　：C火災（電気火災)⇒P 173，1〜2 行目の下線部参照

【問題９】

下の写真に示す消火器は，外部に異常が認められない車載式の二酸化炭素消火器であり，消火薬剤の充てん質量は23キログラムである。

次の各設問に答えなさい。

設問１　この消火器の名称を答えなさい。

設問２　危険物施設に設置する場合，第何種の消火設備に該当するかを答えなさい。

設問３　この消火器が適応する火災について，次のうち，該当する記号を答えなさい。

「ア：普通火災　　イ：油火災　　ウ：電気火災」

解答

(設問１)　車載式二酸化炭素消火器

(設問２)　第５種

二酸化炭素消火器は50 kg以上が大型消火器（第４種）になるので，23 kgでは小型消火器（第５種）になります。

(設問３)　イ，ウ

【問題 10】

次の消火器について，それぞれの消火薬剤と消火作用を次の語群から選び，記号で答えなさい。

A

B

<語群>

ア．硫酸アルミニウム	カ．炭酸水素ナトリウム
イ．りん酸アンモニウム	キ．冷却作用
ウ．合成界面活性剤泡	ク．窒息作用
エ．ブロモトリフルオロメタン	ケ．抑制作用
オ．炭酸カリウム	

解答欄

	消火薬剤	消火作用
A		

	消火薬剤	消火作用
B		

解説

Aは機械泡消火器で，Bは外観と絵表示よりガス加圧式粉末（ABC）消火器になります。なお，アは化学泡消火器のB剤，エはハロン 1301 消火器，オは強化液消火器，カは化学泡消火器のA剤になります。

解答

	消火薬剤	消火作用
A	ウ	キ，ク

	消火薬剤	消火作用
B	イ	ク，ケ

下の写真の消火器について，次の各設問に答えなさい。

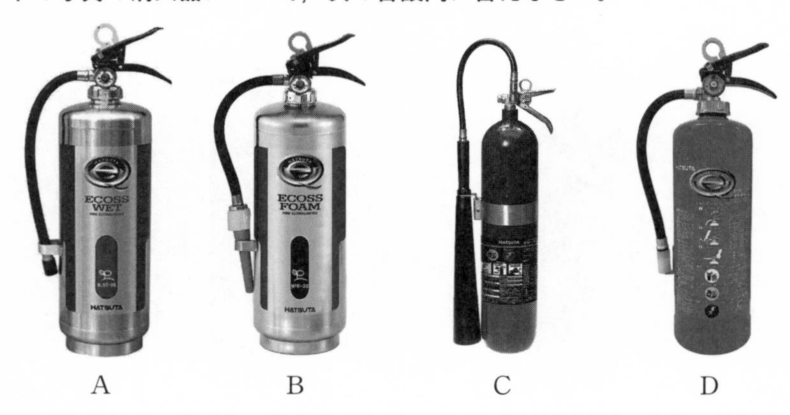

設問 1 これらの消火器のうち，「油火災」と「電気火災」のみに適応するとされている消火器を選び，記号で答えなさい。

設問 2 これらの消火器のうち，主な消火作用が「冷却作用」のものを選び，記号で答えなさい。

設問 3 この4つの消火器に共通する加圧方式を答えなさい。

解答

（設問 1） C

Aは強化液消火器，Bは機械泡消火器，Cは二酸化炭素消火器，Dは蓄圧式粉末消火器になります。

適応火災については，P 144の表の④から，「油」と「電気」のみに○があるのは，二酸化炭素とハロゲン化物だけになります。従って，Cの二酸化炭素が正解になります。

（設問 2） AとB

同じく，P 144の表の③より，「冷却」に○があるのは，強化液消火器と泡消火器になります。（問題に「**主な消火作用**」とあるのでCは除外）。

（設問 3） 蓄圧式

【問題 12】

下の写真は,「大型消火器」を示したものである。次の各設問に答えなさい。

A

B

設問 1　これらの消火器の ① 名称と ② 運搬方式を答えなさい。

①	A： B：
②	

設問 2　これらの消火器は，その保持装置から取りはずす動作，安全栓をはずす動作及びホースをはずす動作を除き，規格上何動作以内で容易に，かつ確実に放射をしなければならないか答えなさい。

設問 3　大型消火器の A 火災および B 火災に適応する必要最小能力単位数を答えなさい。

A火災：　　　　　　B火災：

設問 4　これらの大型消火器の薬剤充てん量は，何 kg 以上または何 ℓ 以上と規定されているかを答えなさい。

A：　　　　　　B：

解説

解答

（設問1）

①	A：（車載式）化学泡消火器, B：（車載式）大型ガス加圧式粉末消火器
②	車載式

（適応火災のマークから，Aは普通と油，Bは全てより判断する⇒P 144の④）

（設問2） 3動作以内

手さげ式の消火器は**1動作**（化学泡消火器は2動作以内）で，**車載式**の消火器は**3動作以内**です。

（設問3） A火災：10以上　B火災：20以上

能力単位は，小型消火器が**1以上**で，大型消火器はA火災に適応するものは**10（単位）以上**，B火災に適応するものは**20（単位）以上**必要です。

（設問4） A：80 ℓ 以上　B：20 kg以上

大型消火器には化学泡**80 ℓ 以上**，粉末**20 kg以上**の薬剤充てん量が必要です。なお，Bを使用する際は，①加圧用ガス容器のバルブを開く，②ノズルレバーを握る（⇒ガスが本体容器内に導入され消火剤を放射する）となります。

【問題 13】 

下の写真の大型粉末消火器について，次の各設問に答えなさい。

設問 1　この消火器を危険物製造所に設置する場合，第何種の消火設備として設置されるかを答えなさい。

設問 2　この消火器の消火薬剤の色を答えなさい。

設問 3　この消火器を放射させる場合，消火薬剤量は最低何 kg 放射させなければならないかを答えなさい。ただし，この消火器の消火薬剤量は，30 kg とする。

解答

（設問 1）　第 4 種

大型消火器は第 4 種の消火設備になります。

（設問 2）　淡紅色

適応火災のマークより，A，B，Cすべての火災に適応しているので，粉末（ABC）消火器になります。

（設問 3）　27 kg

規格省令第 10 条より，「充塡された消火剤の容量（または質量）の **90% 以上**（化学泡消火薬剤は 85% 以上）の量を放射できること。」となっているので，

30×0.9＝27 kg の放射量が最低必要になります。

なお，**放射時間**は，「20℃ において **10 秒以上**であること。」となっています。

【問題 14】

下の写真と図に示す消火器について，次の各設問に答えなさい。

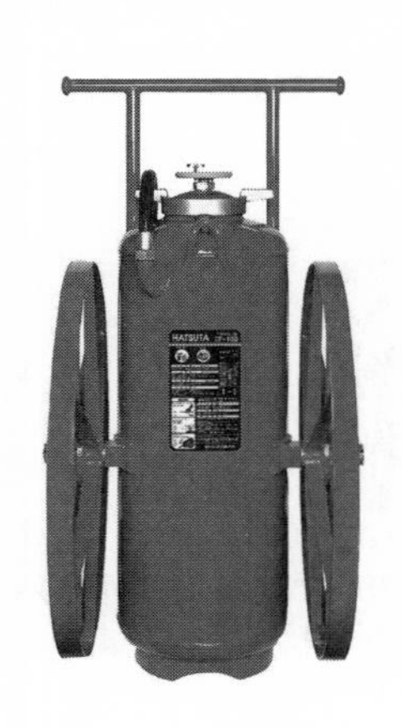

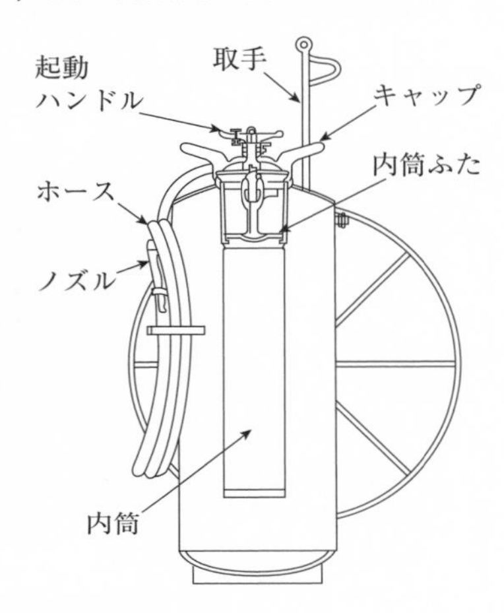

設問 1　この消火器の名称及び操作方式を答えなさい。

名称：　　　　　　　　操作方式：

設問 2　この消火器を使用する際に行う操作を 2 つ答えなさい。
ただし，ホースをはずす動作は除くものとする。

解答

（設問 1）　名称：化学泡消火器　　　操作方式：開がい転倒式

（設問 2）　・起動ハンドルを回して内筒ふたを開く。
・本体を転倒させる。

車載式の化学泡消火器であっても，放射の際は，本体を転倒させます。

この開がい転倒式の大型化学泡消火器の点検項目について，「点検項目に保持装置が含まれる」と出題されれば×なので注意が必要だよ（保持装置は一般に手さげ式に設けられているもので，車載式にはない）。

【問題 15】

下に示す消火器について，次の各設問に答えなさい。

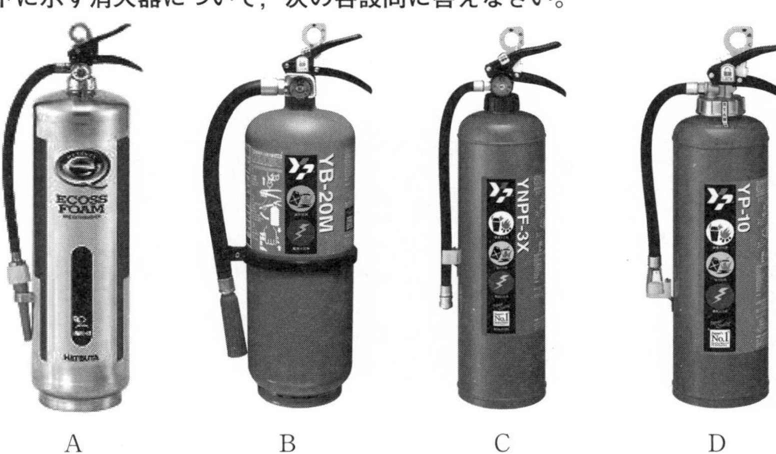

設問１　次の表は，写真 A～D の消火器の種類，消火薬剤の種類及び消火器に消火薬剤が充てんされた状態についての関係を示したものである。表中①～⑧の欄に当てはまる語句を答えなさい。

表

写真	消火器の種類	消火薬剤の種類（主成分）	消火器に消火薬剤が充てんされた状態
A	①	ふっ素系界面活性剤	②
B	③	④	粉末（ねずみ色）
C	⑤	⑥	水溶液
D	⑦	⑧	粉末（淡紅色）

設問２　Aの消火器の適応火災を下の図の絵表示から選び記号で答えなさい。

①

②

③

設問3 A～Dの消火器のうち，消火薬剤を霧状に放射することができる消火器を選び，記号で答えなさい。

解説

解答

（設問1）

①	蓄圧式機械泡消火器	②	水溶液
③	蓄圧式粉末消火器	④	炭酸水素カリウムと尿素の反応生成物
⑤	蓄圧式強化液消火器	⑥	炭酸カリウム
⑦	ガス加圧式粉末消火器	⑧	りん酸アンモニウム

（注：⑧は**りん酸塩類等**というグループ名で表示される場合もある⇒ P312の表，上欄の⑥参照）

A　機械泡消火薬剤は，水成膜泡や合成界面活性剤泡等の希釈**水溶液**です。

B　蓄圧式粉末消火器でも消火薬剤の色が**ねずみ色**のものは，**炭酸水素カリウムと尿素の反応生成物**を主成分とする**粉末**消火薬剤で，一般の普通火災（A火災）には適応しないBC粉末です（絵表示からもＢＣ粉末だとわかる）。

C　強化液消火器の場合は，**炭酸カリウム**の濃厚な水溶液で，無色（または淡黄色）のアルカリ性**水溶液**です。

D　最後にガス加圧式ですが，こちらの方はＢと異なり，粉末の色が**淡紅色**なので，**りん酸アンモニウム**を主成分とする**粉末**（ABC）消火薬剤です。

（設問2）　①と②

①はＡ火災，②はＢ火災，③はＣ火災です。Ａの機械泡消火器の適応火災は，P144の表の④より，普通火災（Ａ火災）と油火災（Ｂ火災）なので，①と②になります。

（設問3）　C

機械泡消火器や粉末消火器に霧状放射のノズルは装着されていません。

【問題 16】

次の大型消火器の①名称，②必要最低消火薬剤量（ℓまたはkg以上），③B火災に対する能力単位を答えよ。

イ

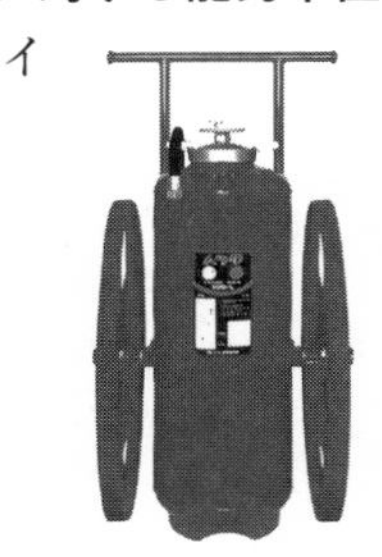

（A火災B火災適応）

ロ

（A火災B火災適応）

ハ

（A火災B火災C火災適応）

	イ	ロ	ハ
① 名称			
② 消火薬剤量	ℓ以上	ℓ以上	kg以上
③ B火災の能力単位	以上	以上	以上

解説

解答

（⇒②P 171 大型消火器の条件参照，③P 172，(1)の解説参照）

	イ	ロ	ハ
① 名称	化学泡消火器	機械泡消火器	粉末消火器
② 消火薬剤量	80ℓ以上	20ℓ以上	20kg以上
③ B火災の能力単位	20以上	20以上	20以上

イとロは，A火災B火災適応と外観及び「ℓ以上」から泡消火器，ハは，A火災B火災C火災適応とkgから粉末消火器，と判断する。（⇒P 144 参照）

【問題17】

次の表は，下の写真に示す消火器のうち，A，Bの消火器が正常な場合の機能点検票である。

実施すべき点検項目に該当する事項で，正常であることを示す○印が抜けている箇所が何カ所かある。その箇所に○印を表示せよ。

ただし，消火器は製造年から10年を経過しているものとする。

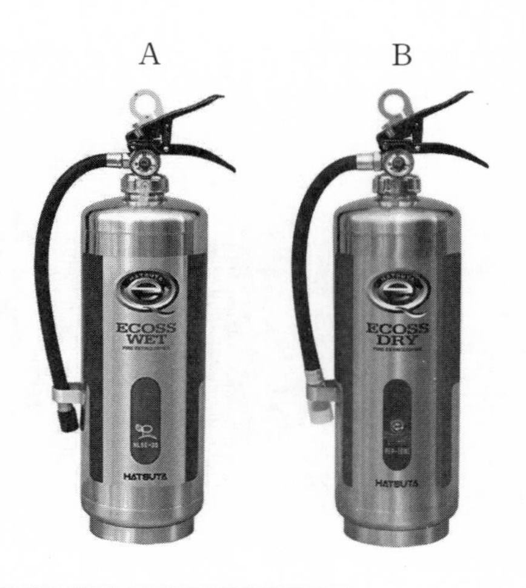

点検項目			A		B				
消火器の内部等・機能	本体容器・内筒等	本体容器	○		○				
		内筒等							
		液面表示							
	消火薬剤	性状							
		消火薬剤量	○		○				
	加圧用ガス容器								
	カッター・押し金具								
	ホース		○		○				
	開閉式ノズル・切換式ノズル								
	指示圧力計								
	使用済みの表示装置								
	圧力調整器								
	安全弁・減圧孔（排圧栓を含む）								
	粉上がり防止用封板								
	パッキン								
	サイホン管・ガス導入管								
	ろ過網								
	放射能力		○		○				
消火器の耐圧性能									

解説

Aは強化液消火器なので，「性状」「指示圧力計」「安全弁，減圧孔」「パッキン」「サイホン管，ガス導入管」「消火器の耐圧性能」の欄に○を付します。

また，Bは蓄圧式粉末消火器ですが，チェック項目はAと全く同じです（注：これらの新しい消火器が鑑別で出題され始めているので外観をチェックしておいてください）。なお，下表の点検項目にある薄いアミの入っている太字の項目は**各消火器に共通のチェック項目**です。また，参考までに**ガス加圧式粉末**，**化学泡**および**二酸化炭素消火器**の例も太線より右の方にドット（●）で表示してありますので，確認しておいてください。

（注：ガス加圧式粉末の「使用済みの表示装置」ですが，表の●は開閉バルブ式の場合で，消火薬剤の充てん量が3 kg以下のものに多い開放式の場合は不要です。）

解答

（表中のスミアミのかかった◍が解答です）

点検項目			A		B		(ガス加圧式粉末)	(化学泡)	(二酸化炭素)
消火器の内部等・機能	本体・容器内筒等	**本体容器**	○		○		●	●	●
		内筒等						●	
		液面表示						●	
	消火薬剤	**性状**	◍		◍		●	●	●
		消火薬剤量	○		○		●	●	●
	加圧用ガス容器						●		
	カッター・押し金具						●	●（破蓋転倒式）	
	ホース		○		○		●	●	●
	開閉式ノズル・切換式ノズル								
	指示圧力計		◍		◍				
	使用済みの表示装置						●＊		●
	圧力調整器								
	安全弁・減圧孔（排圧栓を含む）		◍		◍		●	●	●
	粉上がり防止用封板						●		
	パッキン		◍		◍		●	●	●
	サイホン管・ガス導入管		◍		◍		●		●
	ろ過網							●	
	放射能力		○		○		●	●	●
消火器の耐圧性能			◍		◍		●	●	●

（＊開閉バルブ式のみ）

【問題 18】

下の右に示す表は，左に示した蓄圧式消火器の矢印部分の記載を大きく示したものである。A～Dに当てはまる適切な記載事項を答え，また，この消火器は粉末消火器か強化液消火器のいずれかも答えなさい。

仕様	
総質量	5.13 Kg
薬剤質量	3.0 kg
耐圧試験圧力値	2.00 MPa
【A】	約 13 s（＋20℃）
【B】	4～7m（＋20℃）
【C】	－30～＋40℃
【D】	A－3・B－7・C
型式番号	消第○○－○○○号

解説

P 193，問題 31 の解説（表示の一例の写真）を参照

また，使用温度範囲が－30～＋40℃ より，粉末消火器になります。

（強化液消火器は，－20℃～40℃）

解答

A．放射時間 B．放射距離 C．使用温度範囲 D．能力単位（注：C火災の数値はない）
蓄圧式粉末消火器

【問題 19】

次の写真は，蓄圧式消火器の指示圧力計である。次の各設問に答えなさい。

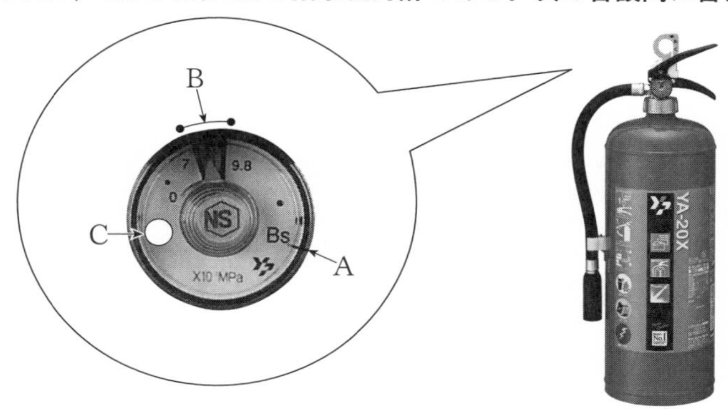

設問 1　Bの部分は，ある範囲を示したものである。何の範囲かを答え，また，その色も答えなさい。

（Bの部分）　　　　　　　　　　（色）

設問 2　矢印Aで示す「Bs」は，ある部分の材質を示したものである。どの部分かを答えなさい。また，その材質を，下記の語群から選び記号で答えなさい。

<語群>

ア．黄銅
イ．ステンレス
ウ．リン青銅
エ．ベリリウム銅

部品名称	
材質	

設問 3　Cの○の中に入る文字を答えなさい。

設問 4　設問2の材質「Bs」を使用できない消火器を2つ答えなさい。

設問 5　蓄圧式で，指示圧力計を設ける必要のない消火器を2つ答えなさい。

解答

（設問１）

（Bの部分）　使用圧力範囲　　（色）　緑色

使用圧力範囲は，ハロン 2402 消火器以外すべて **0.7〜0.98 MPa** です。

なお，0.7 MPa 未満の部分を指針が指している写真を示して，「正常か否か」を問う出題例があるので，注意してください。

（答⇒正常ではない）

（設問２）

部品名称	ブルドン管（圧力検出部）
材質	ア

材質記号は次のようになっています。この材質記号についてはよく出題されているので，要注意です。

ステンレス	SUS	りん青銅	PB
黄銅	**Bs**	ベリリウム銅	BeCu

（設問３）　消

（設問４）　強化液消火器，機械泡消火器

粉末消火器は上記の材質すべて使用できますが，強化液と機械泡などの水系消火器は**耐食性**のある**ステンレス**しか使用できません。

（設問５）　二酸化炭素消火器，ハロン 1301 消火器

【問題 20】

次の消火器A，Bに使用することができる指示圧力計のブルドン管の材質を記号を用いて答えなさい。

A

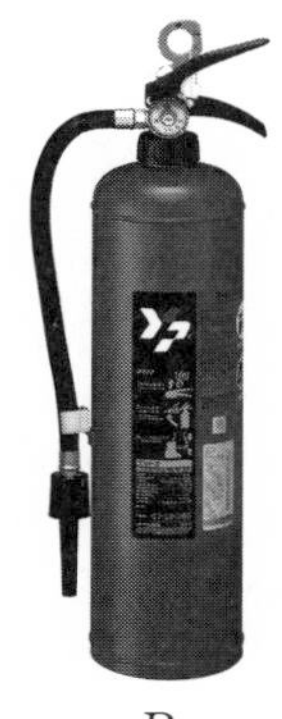

B

解答　SUS

Aは強化液消火器，Bは機械泡消火器なので，前問，設問の4より，ステンレス（SUS）しか使用することができません。

【問題 21】

次の部品の① 名称，② 消火器に装着する目的，③ 装着しなくてよい消火器の名称，を答えなさい。

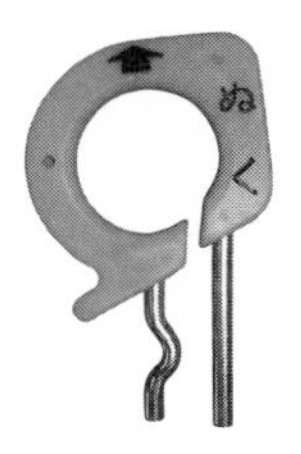

①　名称	
②　消火器に装着する目的	
③　装着しなくてよい消火器の名称	

解答

①	名称	安全栓
②	消火器に装着する目的	不時の作動を防止するため
③	装着しなくてよい消火器の名称	転倒式の化学泡消火器

【問題 22】

下の写真は，化学泡消火器の「ある部品」を表示したものである。矢印 A 及び B で示される部品の名称及び装着されている目的について答えなさい。

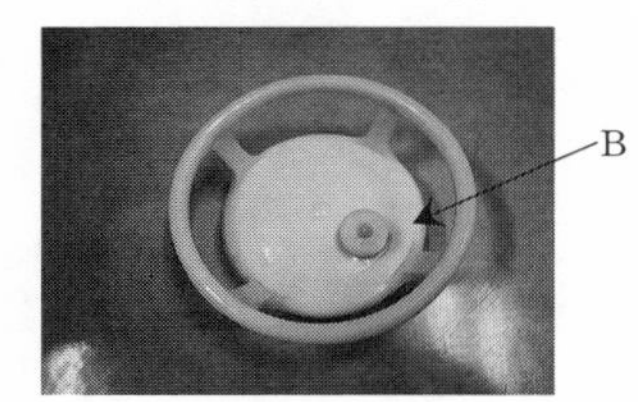

	名　　称	装着されている目的
A	ろ過網	
B	安全弁	

解説

解答

	名　　称	装着されている目的
A	ろ過網	ノズル等がゴミなどで詰まらないよう，消火薬剤をろ過する。
B	安全弁	温度上昇等により上昇した容器内の圧力を排出して減圧する。

なお，この問題は，過去に図（a）のように化学泡消火器を垂直に切断した際の断面写真で出題されたことがあり，また，図（b）の**ろ過網**，**安全弁**のみを斜めに切断したイラストで部品名を答えさせる問題として出題されたこともあるので注意して下さい。

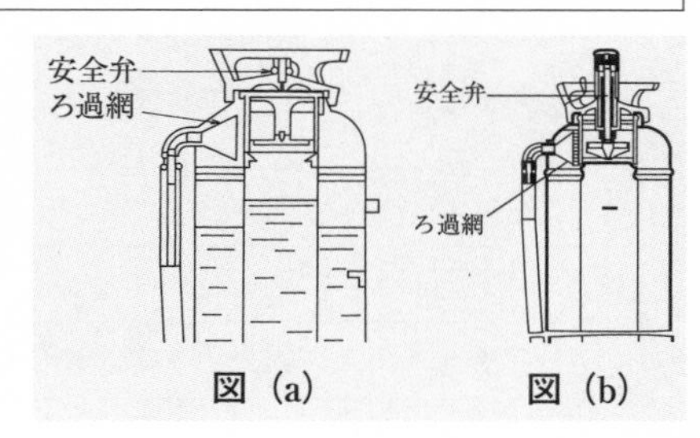

図（a）　図（b）

【問題 23】

下の図は，「ある消火器」のノズルの構造を示したものである。次の各設問に答えなさい。

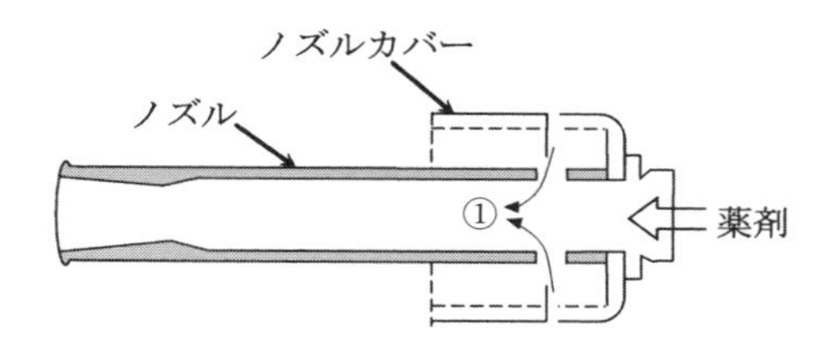

設問 1　図のような構造のノズルを使用する消火器の名称を答えなさい。

設問 2　図中の矢印で示す①の部分は，何の流れを示したものか答えなさい。

解答

（設問 1）　機械泡消火器

もう一目でお分かりになったと思いますが，機械泡消火器に用いる発泡ノズルです。

（設問 2）　空気

消火薬剤がノズルを通過するときに，ノズルの根元にある小さな孔から空気を吸入して発泡させるという仕組みになっています。

【問題 24】

下の写真は，ガス加圧式の消火器を分解したものである。次の各設問に答えなさい。

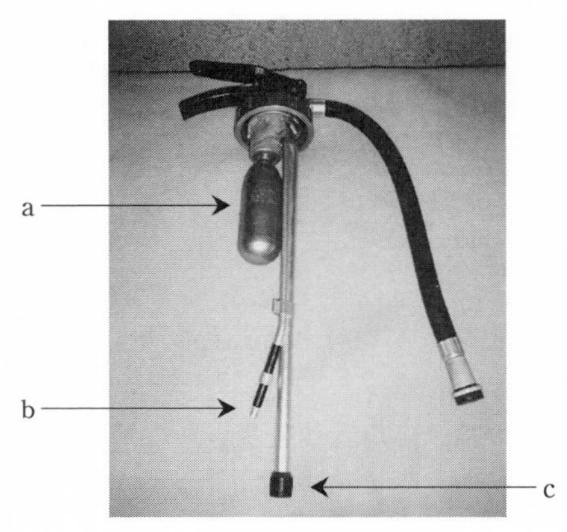

（注：本試験では，a を取り外した状態の写真で出題されることがある（⇒その部品名を答える問題））

設問 1　a～c の部品の，①名称，②消火器に装着する目的をそれぞれ答えなさい。なお，c については開放バルブにおける役割も答えなさい。

	①　名称	②　消火器に装着する目的
a		
b		
c		・ ・

設問 2　a の内容積は，何 cm^3 以下とされているか答えなさい。

設問 3　a の部品に充てんされているガスの種類を 2 つ答えなさい。

設問 4　a を交換する場合，その適応性を判断する際に考慮すべきことを 2 つ答えなさい。

設問 5　加圧用ガスはどこから出てくるか，記号で答えなさい。

解説

解答　（設問 1）

	①　名称	②　消火器に装着する目的
a	加圧用ガス容器	消火薬剤を加圧して放射させる。
b	逆流防止装置	粉末消火薬剤が**ガス導入管**に侵入して固化するのを防止する。
c	粉上がり防止用封板	・粉末消火薬剤が**サイホン管**に侵入して固化するのを防止する。 ・開放バルブ式では，ノズルからの湿気の侵入を防止する働きがある。

類題

次の①，②に当てはまる語句を答えなさい（答は設問 5 の下）。
「b は［　①　］の先端，C は［　②　］の先端に装着されている。」

（設問 2）　**100 cm³ 以下**

写真のものは高圧ガス保安法の適用を受けないタイプのもので，100 cm³ を超えるものは高圧ガス保安法の適用を受けます。

（設問 3）　**二酸化炭素と窒素ガス**

一部に二酸化炭素と窒素の混合ガスを使用するものもある（注：100 cm³ を超えるものも，**二酸化炭素か窒素ガス**）。

（設問 4）

・**ガスの種類を確認する**（⇒窒素と二酸化炭素の 2 種類あるので）
・**容器記号が同一であること**（消火器銘板に明示されている）。

なお，a の容器の表示で，W は容器のみの質量，TW はバルブ等を含む総質量です。

（設問 5）　b（ガス導入管の先）

〔類題の答〕 ①　ガス導入管　　②　サイホン管

【問題 25】

図の加圧用ガス容器について説明している次の文中の①～④に当てはまる語句として，正しいものはどれか。

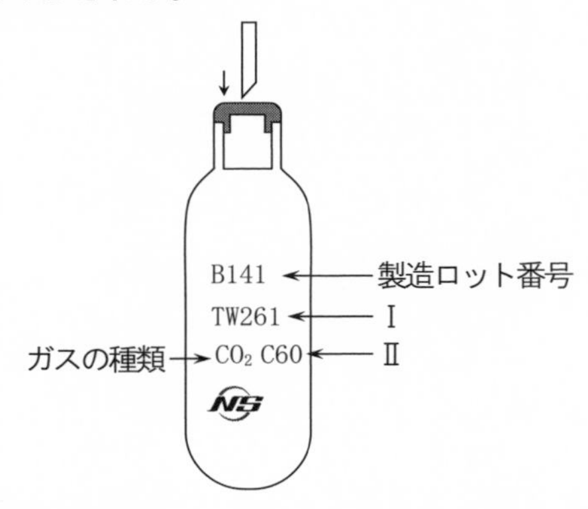

「加圧用ガス容器の表示については，Ⅰは（　①　）を表し，Ⅱは（　②　）を表している。また，Ⅱのうち，Cの表示は（　③　）の種類を表し，60は（　④　）を表している。」

＜語群＞

ア．製品番号　　カ．ガスの質量
イ．容器記号　　キ．総質量
ウ．ねじ　　　　ク．ガスの体積
エ．品質
オ．製造番号

解答欄

①	②	③	④

解説

解答

①	②	③	④
キ	イ	ウ	カ

【問題 26】

次の図は，ガス加圧式粉末消火器のキャップ付近の構造を示したものである。次の各設問に答えなさい。

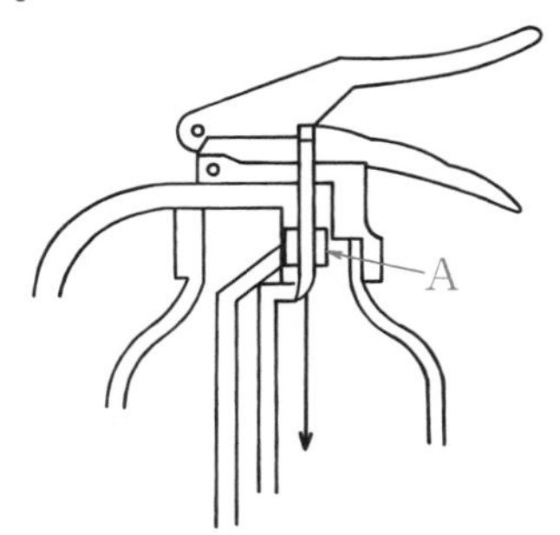

設問 1　矢印 A の部品の名称およびその機能（役割）を答えなさい。

設問 2　この部品を設けなくてよい消火器の薬剤量を答えなさい。

解答欄

設問 1	・名称： ・役割：
設問 2	kg 以下

解説

(設問 1)　名称は開閉バルブで，消火薬剤の放射を停止（中断）させる働きをします。

(設問 2)　ガス加圧式粉末消火器の開放式は 3 kg 以下の小型消火器に用いられる方式で，バルブは設けられておらず，いったん放射すると途中で停止することができない，全量放射するタイプの消火器です。

解答

設問 1	・名称：開閉バルブ ・機能：消火薬剤の放射を停止（中断）させる。
設問 2	3 kg 以下

【問題 27】

次の加圧用ガス容器のうち，「①ガスの再充てんが可能なもの」，「②高圧ガス保安法が適用されないもの」をそれぞれすべて選びなさい。

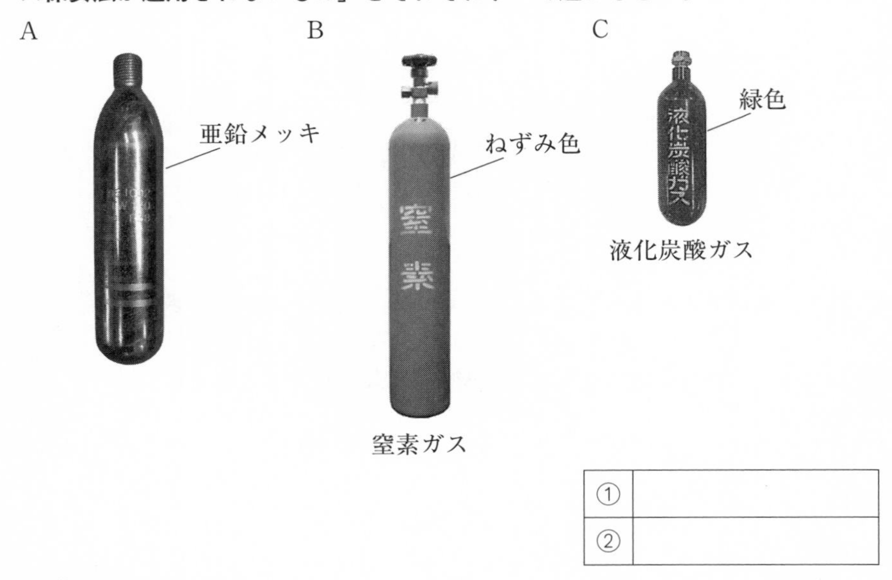

窒素ガス　　液化炭酸ガス

①	
②	

解説

加圧用ガス容器の 容器の種類には，次のようなものがあります。

① **作動封板**を有するもの：作動封板を溶着してガスを密閉するもの。

② **容器弁付き**のもの：内容積 100 cm^3 を超えるものに用いられ，使用する際にその弁を開けてガスを放射するタイプのもので**再充てん**が可能

この場合，100 cm^3 以下の容器は①のみ，100 cm^3 超の容器は①と②の 2 種類があります。なお，②は**高圧ガス保安法**の適用を受け，**二酸化炭素**が充てんされたものは表面積の 1／2 以上を**緑色**，窒素ガスが充てんされたものは**ねずみ色**に塗装されています。

以上より，A の **100 cm^3 以下**の加圧用ガス容器は，**作動封板**付きでガスの再充てんが**不可**。高圧ガス保安法の適用を受ける 100 cm^3 を超える B, C のうち，B の**容器弁付き**は再充てんが可能で，また，C の**作動封板**付きのものは，破封後は再使用できません。

解答　①　B　　②　A

【問題 28】

手さげ式の消火器には，下の図のような部品が取り付けられているものがある。次の各設問に答えよ。

設問 1　この部品の名称を答えなさい。

設問 2　この部品を取り付ける目的を答えなさい。また，取り付けていなかった場合に考えられることを答えなさい。

設問 3　手さげ式の消火器のうち，この部品を取り付けなくてもよいとされているものはどのような構造のものかを答えなさい。

解答

(設問 1)　使用済の表示装置

(設問 2)　・消火器が使用済であるか否かを判別するため。
　　　　　・消火器が使用可能かどうかを外観から判断できなくなる。

指示圧力計が装着されていない開閉バルブ式の消火器の場合，一度使用されていても外部から使用済みであるかどうかが判別できず，再使用するおそれがあります。

その結果，放射不能による火災拡大ということになるので，そのような事態を防止するために，外部から見て，すぐに判別できるようにするために設けます。

(設問 3)

① 指示圧力計が装着されている消火器
(⇒ 圧力計の指示を見れば分るので)

② バルブのない消火器（開放式のガス加圧式粉末消火器）
(⇒ 使用すればすべて放射し，使用済であるのが分かるので)

＜使用済の表示装置が不要な消火器＞

① 指示圧力計が装着されている蓄圧式の消火器
（⇒ 圧力計の指示を見れば分かるため）

② バルブのない消火器（開放式のガス加圧式粉末消火器）
（⇒ 使用すればすべて放射し，使用済みであるのが分かるため）

【問題 29】

次の A～H の器具または工具について，次の各設問に答えなさい。

設問 1　これらの名称と使用目的（H は除く）をそれぞれ答えなさい。
なお，B で粉末消火器を清掃する際のガスの名称とその使用目的も答えなさい。

設問 2　これらのうち，蓄圧式消火器（高圧ガスを除く）の耐圧性能を点検する際に必要なものの記号をすべて答えなさい。

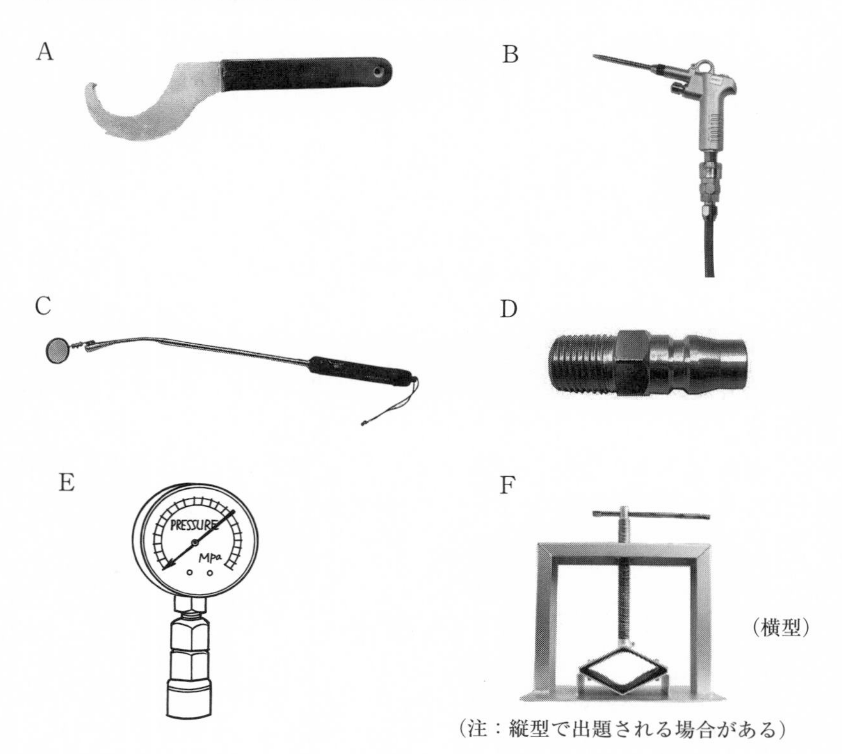

（横型）

（注：縦型で出題される場合がある）

G

H

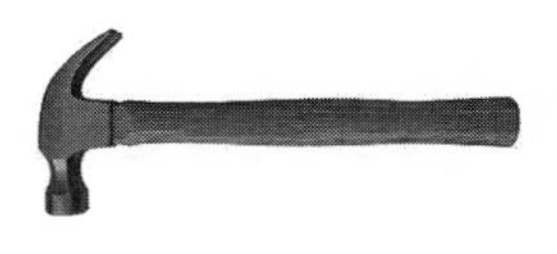

解答欄

	名　　称	使用目的
A		
B		・ガスの名称： ・使用目的：
C		
D		
E		
F		
G		
H		

解説

解答　（設問1）

	名　　称	使用目的
A	キャップスパナ	キャップを開閉する際に使用する。
B	エアーガン	粉末消火器の**サイホン管，本体容器内，キャップ，ホース，ノズル**などの清掃や通気試験（レバーを握り，サイホン管からエアーガンで圧縮空気を吹き付けてホースやノズルに至る通気状態の確認をする試験）などに用いる。 ・ガスの名称：窒素ガス ・使用目的：完全に除湿されたガスで清掃を行うため
C	反射鏡	本体容器内の状況（腐食や塗色の状態）の点検。
D	継手金具 （接手金具）	蓄圧式消火器に窒素ガスなどを充てんする際，三方バルブを接続するのに使用するほか，標準圧力計の接続などにも使用される。
E	標準圧力計	蓄圧式消火器の内圧測定，指示圧力計の精度の点検に用いる。
F	クランプ台	キャップの開閉などの作業時に本体容器を固定する。
G	耐圧用水圧試験機	消火器本体の耐圧性能の点検
H	ハンマー	

〔**類題**
Bのエアーガンで清掃すべき箇所を4箇所答えよ。〕

（設問2）

A，B，C，G

いずれも巻末資料8（P317）を参照

A⇒（3）の下線部を参照

B⇒（5）の下線部を参照

C⇒（5）の下線部を参照

G⇒（10）の下線部を参照

〔Bの類題の答：Bの使用目的の欄内にある下線を引いた部品のうち4つを答える。(⇒例：サイホン管，キャップ，ホース，ノズル)〕

【問題 30】

写真に示す消火器について，次の各設問に答えなさい。

設問 1　分解，点検する際に必要となる器具，工具の名称を 4 つ答えなさい。

出た！

設問 2　次の文中の（A），（B）に適切な数値を入れなさい。

「写真の消火器を危険物を輸送する移動タンク貯蔵所（タンクローリー）に設置するには，1 本当たり，薬剤の質量が（A）kg 以上のものを（B）本以上設置しなければならない。」

設問 3　この消火器において①淡紅色の消火薬剤の主成分，および②ホースが不要な条件について答えなさい。

設問 4　この消火器の消火作用として，次のうち適切なものを記号で答えなさい。

「A：冷却作用　　B：窒息作用　　C：抑制作用」

（設問 1）　図の消火器は，ガス加圧式の粉末消火器であり，その分解までの手順は次のようになっています。

① 総質量を計量して消火薬剤量を確認する。
② 消火器をクランプ台に固定する。
③ ドライバーで排圧栓を開き，内圧を排除する（排圧栓のないものは，④でキャップをゆるめるときに減圧孔から残圧を排除し，その吹き出しが止まってから再びキャップをゆるめる）。
④ キャップスパナでキャップをゆるめる。
⑤ バルブ部分を本体から抜き取り，プライヤーを用いて加圧用ガス容器（ボンベ）を外す。

となります。

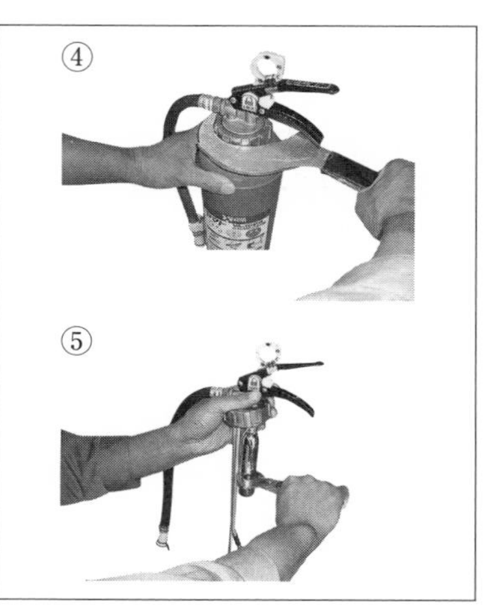

本試験では，排圧栓を含むキャップ付近の写真だけで出題されることもあるけど，答は同じだよ。

解答

（設問１）　クランプ台，ドライバー，キャップスパナ，プライヤー

（設問２）　A：3.5　　B：2

危険物を輸送するタンクローリーは，消防法では移動タンク貯蔵所となり，薬剤の質量が**3.5 kg以上の粉末消火器**（第５種消火設備）を**２本以上**設置する必要があります（注：粉末消火器は加圧式，蓄圧式を問わない）。

（設問３）　①：りん酸アンモニウム（⇒P 142，問題34の解説参照）。
　　　　　②：消火薬剤量が１kg以下（P 179の②参照）

適応火災のマークより粉末（ABC）消火剤になります。

（設問４）　B，C

P 144の③より，Bの窒息作用とCの抑制作用になります。

なお，機械泡消火器，二酸化炭素消火器，粉末消火器の写真を示して，「主に負触媒作用で消火する消火器はどれか」という出題例もありますが，答えは，**粉末消火器**になります（蓄圧式，ガス加圧式とも）。

類題

問題30の消火器を分解，整備する際の手順を次に示した。（A）～（F）に当てはまる語句を記入しなさい。

①　総質量を（ A ）して消火薬剤量を確認する。
②　本体容器を（ B ）に固定する。
③　ドライバーで（ C ）を開き，内圧を排除する（（ C ）のないものは，④でキャップをゆるめるときに（ D ）から残圧を排除し，その吹き出しが止ってから再びキャップをゆるめる。
④　（ E ）を用いてキャップをゆるめる。
⑤　（ F ）を本体から抜き取る。
⑥　容器内に残っている消火薬剤を取り除き，ポリ袋に移し，輪ゴムなどで封をして湿気の侵入を防ぐ。

解答欄

A	B	C	D	E	F

類題の解説

ガス加圧式の粉末消火器を分解，整備する手順は，次のようになります。

① 総質量を（A：**計量**）して消火薬剤量を確認する（注：「計量」は同じ意味の「秤量（ひょうりょう）」でもよい）。

② 本体容器を（B：**クランプ台**）に固定する。

③ ドライバーで（C：**排圧栓**）を開き，内圧を排除する（排圧栓のないものは，④でキャップをゆるめるときに（D：**減圧孔**）から残圧を排除し，その吹き出しが止ってから再びキャップをゆるめる。

④ （E：**キャップスパナ**）を用いてキャップをゆるめる。

⑤ （F：**バルブ本体**）を本体から抜き取る。

⑥ 容器内に残っている消火薬剤を取り除き，ポリ袋に移し，輪ゴムなどで封をして湿気の侵入を防ぐ。

解答

A	B	C	D	E	F
計量	クランプ台	排圧栓	減圧孔	キャップスパナ	バルブ本体

なお，蓄圧式粉末消火器もほぼ同じ手順ですが，ただ，②と③の手順が逆になります。

【問題 31】

次に示す消火器について，次の各設問に答えなさい。

設問 1　この消火器の加圧方式を答えなさい。

設問 2　この消火器を点検，整備する際の手順を次に示した。

イ～カを正しい順序に並べ替え，その記号を①～⑤に記入しなさい。

ア．総質量を秤量（ひょうりょう）して消火薬剤量を確認する。

イ．キャップを緩めて，バルブやサイホン管等を本体から抜き取る。

ウ．排圧栓を開き内圧を排除する。排圧栓のないものは，容器を逆さまにしてレバーを握り，バルブを開いて内圧を排除する。

エ．指示圧力計の指針が緑色範囲内にあるかを確認する。

オ．容器内に残っている消火薬剤を取り除き，ポリ袋に移し，輪ゴムなどで封をして湿気の侵入を防ぐ。

カ．各部品を除湿した圧縮空気などを用いて，清掃する。

キ．消火器容器の内外を確認する。

解答欄

①	②	③	④	⑤

解説

解答

（設問 1）　蓄圧式

写真より，指示圧力計があることから蓄圧式粉末消火器です。

（設問 2）

①	②	③	④	⑤
エ	ウ	イ	オ	カ

正しくは，次のような順序になります。

ア．総質量を秤量（ひょうりょう）して消火薬剤量を確認する。（秤量：はかりで重さをはかること）

エ．指示圧力計の指針が緑色範囲内にあるかを確認する。

ウ．排圧栓を開き内圧を排除する。排圧栓のないものは，容器を逆さまにしてレバーを握り，バルブを開いて内圧を排除する。

イ．キャップを緩めて，バルブやサイホン管等を本体から抜き取る。

オ．容器内に残っている消火薬剤を取り除き，ポリ袋に移し，輪ゴムなどで封をして湿気の侵入を防ぐ。

カ．各部品を除湿した圧縮空気などを用いて，清掃する。

キ．消火器容器の内外を確認する。

従って，ア ⇒ エ ⇒ ウ ⇒ イ ⇒ オ ⇒ カ ⇒ キ となります。

【問題 32】

次の図は，粉末消火器（開閉バルブ式）の機器点検（通気試験）を実施しているところである。次の各設問に答えなさい。

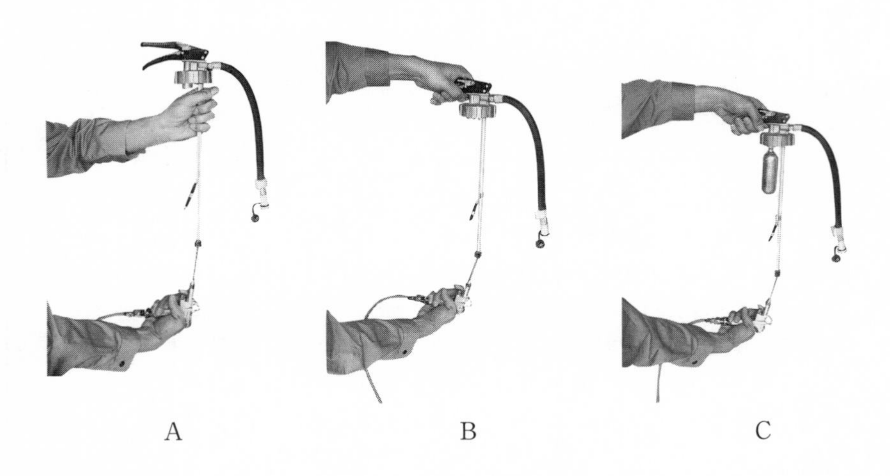

設問1 A，B，Cの図のうち，適切なものを選び答え，かつ，その適切である理由も答えなさい。

設問2 A，B，Cの図のうち，不適切なものを選び答え，かつ，その不適切である理由も答えなさい。

粉末消火器（開閉バルブ式）の通気試験は，サイホン管やホース，ノズルなどに詰まりがないかを確認するために行うもので，加圧用ガス容器は取り外して行うので，Cは誤りです。また，レバーを握らないとバルブが開かず，エアーがホースまで通じないので，Aも誤りです。

解答

設問 1	・適切なもの：B
	・理由：レバーを握ってバルブを開放した状態でサイホン管に圧縮空気を送り込んでいる。
設問 2	・不適切なもの：A ・理由：レバーを握らずにサイホン管に圧縮空気を送り込んでいる。 ・不適切なもの：C ・理由：加圧用ガス容器を取り付けた状態で圧縮空気を送り込んでいる。

（注：**強化液**などの水系の消火器を点検，整備する際は，このサイホン管をはじめ，ホース，ノズル，キャップ等は**水洗い**をします）

【問題 33】

右に示す消火器は，使用後の粉末消火器を示したものである。次の各設問に答えなさい。

設問 1　**この消火器を分解する際，最初に確認しなければならないことを答えなさい。**

設問 2　**設問 1 の事項を確認した後，各部の清掃を行い，消火器に消火薬剤を充てんする際に注意すべきことを 2 つ答えなさい。**

解説

写真の消火器は，指示圧力計が装置されているので，蓄圧式粉末消火器になります。蓄圧式，加圧式ともに，まずは，消火器本体内に残圧がないかを確認する必要があります。

解答

（設問 1）　消火器本体内に残圧がないかを確認する。

（設問 2）　・消火薬剤はメーカー指定のものを用いる。
・規定の質量の消火薬剤が充てんされたかを確認する。

下の写真は，加圧式粉末消火器の点検を始めるところを示したものである。次の各設問に答えなさい。

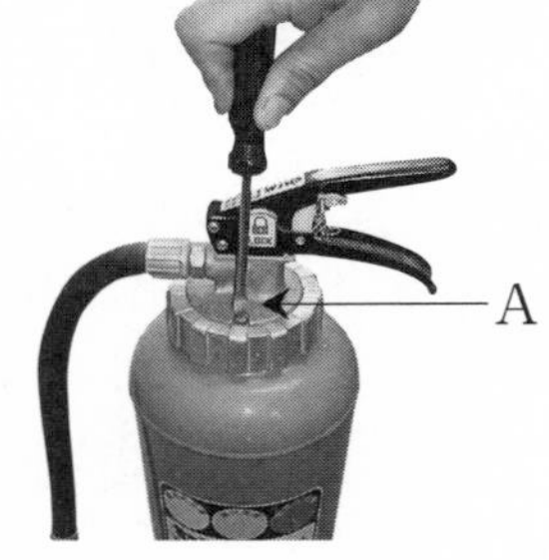

設問 1　**ドライバーを当てがっている矢印 A の部分の名称を答えなさい。**

設問 2　**写真のような作業を行う目的を答えなさい。**

解答

(**設問 1**)　排圧栓

(**設問 2**)　残圧を排出するために行う。

写真の消火器は，開閉バルブ式の粉末消火器ですが，いきなりキャップをまわして外すと，内部に加圧用ガスが残留していた場合，キャップが飛散したりして危険なので，図のようにあらかじめ排圧栓を開いて残圧を排出しておきます。

なお，排圧栓は規格になく，任意で設置されています（減圧孔は規格にあるので原則として設置します）。また，排圧栓と同様なものに，右の写真にある減圧孔があります。減圧孔の機能については出題例があり，その答は，「**キャップを外す際に容器内の残圧を排出する**」です。（要暗記！）

排圧栓

減圧孔

【問題 35】

次の図は，蓄圧式粉末消火器に窒素ガスを充てんしている作業を表した図である。次の各設問に答えなさい。

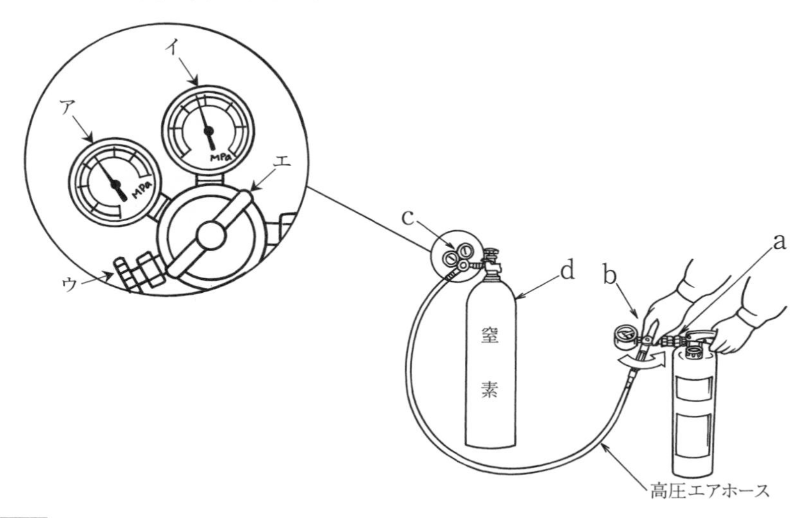

設問 1　a～dの名称と使用目的を答えなさい。

	名　　称	使用目的
a		
b		
c		
d		

設問 2　ア～エの名称を答えなさい。

ア		イ		ウ		エ	

解答

(設問1)

	名　称	使用目的
a	継手金具 （接手金具）	消火器本体とbの三方バルブを接続するための金具(標準圧力計を消火器に接続するときにも用いる)
b	三方バルブ	レバーを操作して窒素ガスの注入および停止を行う。
c	圧力調整器	高圧の窒素ガスを消火器の充てん圧力まで減圧する。
d	加圧用窒素ガス容器	蓄圧式消火器の放射ガスとして用いる。(その他，容器の清掃やサイホン管の通気点検にも用いる)

なお，蓄圧式消火器で，この器具を用いて窒素ガスを充てんする必要のない消火器は，**二酸化炭素**と**ハロン1301**です（⇒出題例あり）。

窒素ガスの用途（⇒「蓄圧式消火器の放射用ガス」と「粉末消火器の清掃」）も出題ポイントだよ！

(設問2)

ア	二次側圧力計	イ	一次側圧力計	ウ	出口側バルブ	エ	圧力調整ハンドル

【問題 36】

蓄圧式粉末消火器の点検，整備について，次の各設問に答えなさい。

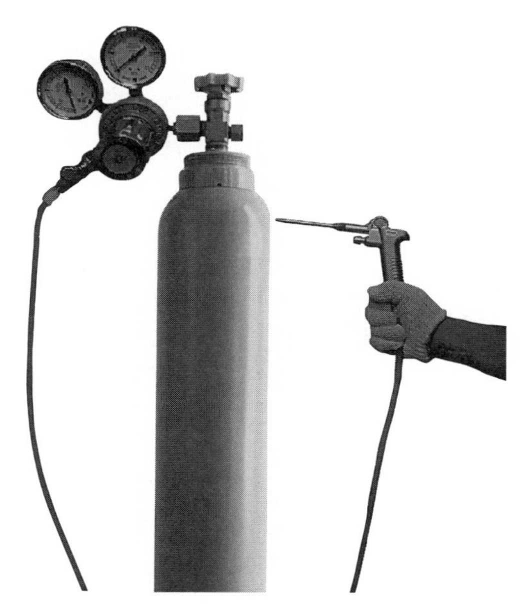

設問 1　写真に示す器具を使用する場合，①使用するガス（気体）の名称と②この器具の使用目的を簡潔に答えなさい。

設問 2　蓄圧式消火器で，左側の器具（ボンベ）を用いて蓄圧ガスを充てんする必要のない消火器を 2 つ答えなさい。

<table>
<tr><td rowspan="2">設問 1</td><td>① 使用するガスの名称</td><td></td></tr>
<tr><td>② 器具の使用目的</td><td></td></tr>
<tr><td>設問 2</td><td colspan="2"></td></tr>
</table>

（**設問 1**） 写真は，窒素ガスボンベに圧力調整器と高圧エアーホースを介してエアーガンを接続したもので，清掃には圧縮空気を用いることもありますが，湿気を完全に取り除きたい場合には窒素ガスを用います。

（**設問 2**） 二酸化炭素消火器，ハロン1301消火器とも液化ガスが充てんされているので，窒素ガスを充てんする必要はありません。

解答

<table>
<tr><td rowspan="2">設問1</td><td>① 使用するガスの名称</td><td>窒素ガス</td></tr>
<tr><td>② 器具の使用目的</td><td>分解した粉末消火剤の清掃やサイホン管等の通気点検などに用いる</td></tr>
<tr><td>設問2</td><td colspan="2">二酸化炭素消火器，ハロン1301消火器</td></tr>
</table>

類題 問題36の写真のガスボンベに充てんされたガスの使用目的を2つ答えなさい。

類題の解説

解答

① 消火器の容器や部品の清掃及びサイホン管の通気点検

② 蓄圧式消火器の圧縮ガス

【問題 37】

粉末消火器の放射性能について，下記の条件に基づき，次の各設問に答えなさい。

<条件>

1　消火器は正常な操作方法により放射し，使用済みである。
2　加圧用ガスは残っていない。
3　消火器本体容器内には，粉末消火薬剤が残っている。
4　(放射後の）消火器を計量したところ 3.5 kg であった。
5　消火器本体容器には，次のとおり表示されている。
　総質量　　6.5 kg
　薬剤質量　3.5 kg
6　加圧用ガスの質量は 60 g である。

設問 1　**この消火器から放射されなかった消火薬剤の放出残量を求め，その数値を次の数値群から選び記号で答えなさい。**

<数値群>

ア．0.5 kg　イ．0.56 kg　ウ．0.62 kg
エ．0.68 kg　オ．0.72 kg

設問 2　**設問 1 の結果から，この粉末消火器の放射性能について，規格に適合しているか，あるいは適合していないかを判断し，その理由も答えなさい。**

解説

(設問 1)

この消火薬剤の残量を求める問題は，たまに出題される傾向にありますが，何分(なにぶん)，計算方法が少し込み入っているので，苦手な人は「出題されない」と“ヤマ”をかけて素通りするのも一つの受験テクニックかもしれません（もちろん，計算方法を理解しておくに越したことはありませんが……）。

さて，その計算方法ですが，まず，消火器は「本体容器」と「付属品（ホースやレバーおよび加圧用ガス容器など）」及び「消火薬剤」から構成されています。

その本体容器の質量をA，付属品の質量をB，消火薬剤の質量をCとすると，消火器の総質量（6.5 kg）は次のように表されます。

$6.5=A+B+C$

これより放射前の式を作ると，条件の5よりCは3.5 kgそのままあるので

$6.5=A+B+3.5$

よって，

$A+B$（＝本体容器の質量＋付属品の質量）＝3.0 ……………………………(1)式

ということになります。

次に，放射後ですが，放射後の消火器の総質量は条件4より3.5 kgであり，Aの質量は，（当たり前ですが）放射前も放射後も同じです。しかし，付属品の質量は，放射をすると加圧用ガスの60 gも放出されるので，上の付属品の質量Bからその60 g（＝0.06 kg）を引いておく必要があります。つまり，

放射後の付属品の質量は，「B－0.06 kg」となります。

そして，最後に消火薬剤ですが，放射後に残った残量の質量をXとすると，放射後の式は次のようになります。

放射後の消火器の総質量

＝本体容器の質量＋（付属品の質量－0.06）＋薬剤残量

⇒ $3.5=A+(B-0.06)+X$

(1)式より，$A+B=3.0$だから，

$3.5=(A+B)-0.06+X=3.0-0.06+X$

$X=3.5-3.0+0.06=0.56$〔kg〕

つまり，薬剤残量は560 gということになります。

（設問2）

規格第10条では，消火薬剤はその質量（または容量）の**90％以上**（化学泡消火器は85％以上）を放出しなければならないことになっています。

ということは，逆に，**薬剤の残量は10％未満でなければならない**，ということになります。

元の消火薬剤量が3.5 kgなので，10％未満ということは，3.5×0.1＝0.35 kg未満，つまり，薬剤残量は350 g未満でなければならない，ということになり，不適，となるわけです。

このように，消火薬剤の残量を求めるというのは結構大変ですが，出題はおおむね本問のようにパターン化されているので，計算の過程を次のように覚えておけば，そう難しくはないはずです。

① 放射前の式を作り，「本体容器の質量＋付属品の質量」，つまり，$A+B$ の質量を求めておく。

② 次に，放射後の式を作成し，付属品の質量Bから放射ガスの質量（本問では60 g）を引いておき，薬剤の残量を X と置く。

③ ②の式に①で求めた $A+B$ の質量を代入すれば，求める薬剤残量 X が求められる。

となります。あとは，その残量が規格上の数値内にあるかどうかを判断すればよいだけです。

解答

（設問 1）　イ

（設問 2）　不適

（理由）　規格では，その質量の**90% 以上**（化学泡消火器は85% 以上）を放出する必要があり，**薬剤残量**は**10% 未満でなければならない**。しかし，薬剤残量 560 g は，元の消火薬剤量 3.5 kg の 10%（＝350 g）を超えているので，不適となる。

【問題 38】

次の図は，消火器の点検を行っているところを示したものである。次の各設問に答えなさい。

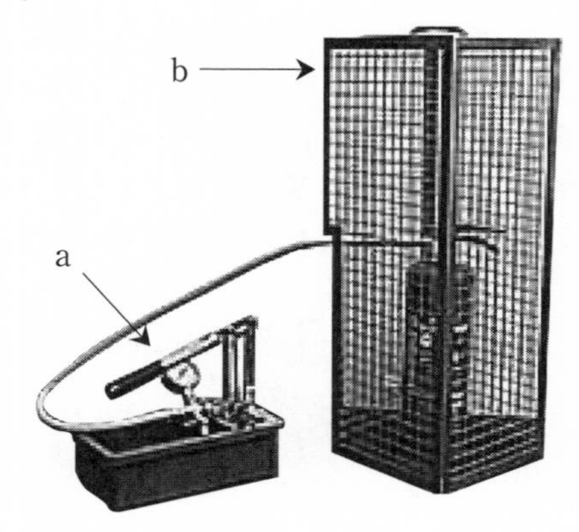

設問 1　何を行っているところかを答えなさい。

設問 2　矢印 a，b で示した器具名を答えなさい。

設問 3　次は，この点検の手順を説明したものである。

（A）～（E）に入る語句又は数値を下記の語群から選び記号で答えなさい。

① 分解した消火器の本体容器内に水を満たして(A)でキャップを締める。

② 消火器に（B）を接続し，その消火器に（C）をかぶせて（D）を接続する

③ レバー固定金具によりレバーを握った状態（バルブを開放）にし，消火器に表示されている所定の水圧を（E）分間かけて本体容器などに変形，損傷，漏れ等がないかを確認する。

設問 4　この点検で使用する工具，器具を下記の語群から選び記号で答えなさい。

＜語群＞

ア：金槌（かなづち）	イ：たがね	ウ：クランプ台
エ：手動水圧ポンプ,	オ：保護枠	カ：反射鏡
キ：キャップスパナ	ク：エアガン	ケ：耐圧試験用接続金具
コ：5	サ：10	

解答欄

1	
2	a.　　　　　　　　　b.
3	(A)　　　(B)　　　(C)　　　(D)　　　(E)
4	

解説

解答

1	消火器本体容器の耐圧性能の確認
2*	a．手動水圧ポンプ（または耐圧試験機）　　b．保護枠
3	(A) キ　　(B) ケ　　(C) オ　　(D) エ　　(E) コ
4	エ，オ，キ

（＊全体としては「耐圧用水圧試験機」という）

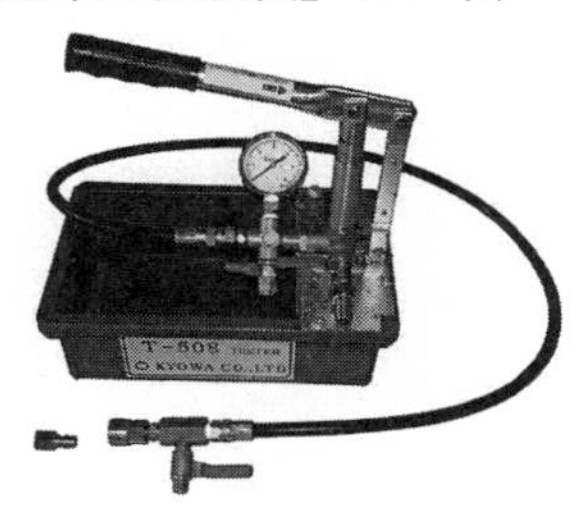

手動水圧ポンプ（耐圧試験機）

【問題 39】

下の図は，３階建ての複合用途防火対象物の立面図で，その階ごとの用途及び床面積を示したものである。下記条件により，消火器（大型消火器以外の消火器）を設置するための必要最小能力単位数と必要最少本数を答えなさい。ただし，消火器の設置個数については，歩行距離を考慮しないものとする。

<条件>

1　主要構造部は耐火構造で，内装は不燃材料で仕上げてある。
2　他の消防用設備等の設置による緩和については，考慮しないものとする。
3　能力単位の算定基礎数値は，下表の数値を用いるものとする。
4　設置する消火器１本の能力単位の数値は，２とする。

図　３階建立面図

3F	美術館（400 m²）	
2F	集会場（400 m²）	
1F	映画館（400 m²）	GL

（施行規則第６条抜粋）

防火対象物の区分	面　積
映画館，劇場等	50 m²
公会堂，集会場	100 m²
学校，図書館，美術館等	200 m²

<解答欄>

	1階	2階	3階
必要最少能力単位数			
必要最少本数			

解説

消火器の設置本数を求めるには，**防火対象物の能力単位**を求め，それを**消火器の能力単位**で割れば求める設置本数が算出できます。そのためには，まず，防火対象物の算定基準面積を求める必要があります。

算定基準面積については，条件1より，「**主要構造部は耐火構造で，内装は不燃材料**」なので，算定基準面積を**2倍**にする必要があります。

従って，最終的には，表に示された算定基準面積は，**映画館**は100 m^2，**集会場**は200 m^2，**美術館**は400 m^2 となります。

これをもとに，床面積（400 m^2）をそれぞれの算定基準面積で割れば，各階の能力単位数が求められます。計算すると，

1階（映画館）　400 m^2 ÷ 100 m^2 = 4（単位）
2階（集会場）　400 m^2 ÷ 200 m^2 = 2（単位）
3階（美術館）　400 m^2 ÷ 400 m^2 = 1（単位）

よって，

1階（映画館）の設置本数 = 4 ÷ 2 = 2本
2階（集会場）の設置本数 = 2 ÷ 2 = 1本
3階（美術館）の設置本数 = 1 ÷ 2 = 0.5本　⇒　1本（小数点の場合は繰り上げる）

ということになります。

解答

	1階	2階	3階
必要最小能力単位数	4	2	1
必要最少本数	2	1	1

【問題 40】

図は主要構造部が耐火構造で内装が難燃材料の政令別表第１（12）項イの防火対象物である。

Ａ－１，Ｂ－１，Ｃの能力単位の消火器を設置する場合の各室の設置本数を答えなさい（注：歩行距離による設置基準は考慮しない）。なお，無窓階ではないものとする。

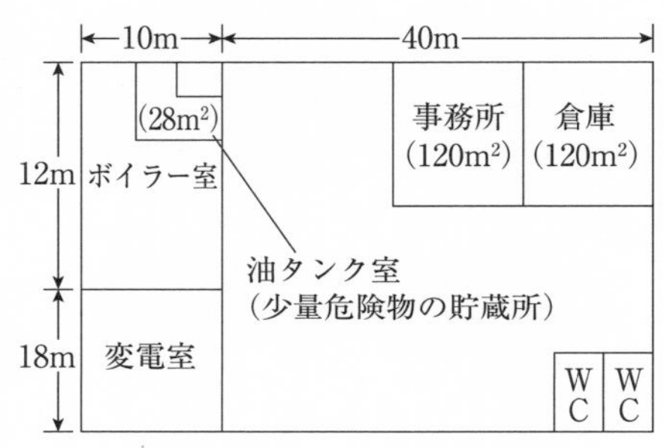

まず，政令別表第１（12）項イは工場であり，工場の算定基準面積は **100m²** ですが，上記下線部の条件より２倍の **200m²** になります。

従って，$(50\times30)\div200=$**7.5** の能力単位が必要。消火器の能力単位は，工場 ⇒ 普通火災より，Ａ－１の１となり，$7.5\div1=7.5$ より，繰り上げて **8（本）** が全体の面積に対して必要になります。

次にＰ98 より個別の本数を計算します。

変電室はＰ98（Ｂ）より，$10\times18=180\text{m}^2$ を 100m^2 で割ればよいので，$180\div100=1.8$ より，繰り上げて **2（本）** となります。

ボイラー室は同じく（Ｃ）より 25m^2 で割ればよいので，$(10\times12)-28=92\text{m}^2$

$92\div25=3.68$（単位）。ボイラー室も普通火災適応消火器でよいので，上記工場と同じく1（⇒A－1より）で割ると3.68となり，繰り上げて4（**本**）。

少量危険物は「指定数量の$\frac{1}{5}$以上指定数量未満の危険物」なので，同じく（A）の式で計算すれば1未満になるので，**1（本）**が全体の設置本数以外に必要ということになります。

なお，複数の飲食店の出題例もありますが，その場合も工場と同じ算定基準面積（100m^2）なので，解答も同じになります。

解答

工場全体　：8（本）
変電室　　：2（本）
ボイラー室：4（本）
少量危険物：1（本）

本問のように，算定基準面積の表を示さないで出題される場合もあるので，注意が必要だよ。

【問題 41】

次の消火器について，次の各設問に答えなさい。

設問１　これらの消火器の運搬方式について答えなさい。

設問２　次ページに示す防火対象物内の各室に適応する消火器を下記に示す消火器から選び記号で答えなさい。

A

強化液消火器（60 ℓ）

B

機械泡消火器（20 ℓ）

C

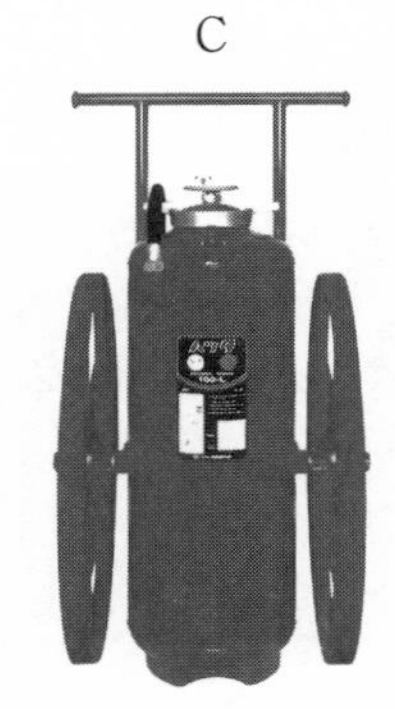

化学泡消火器（80 ℓ）

D

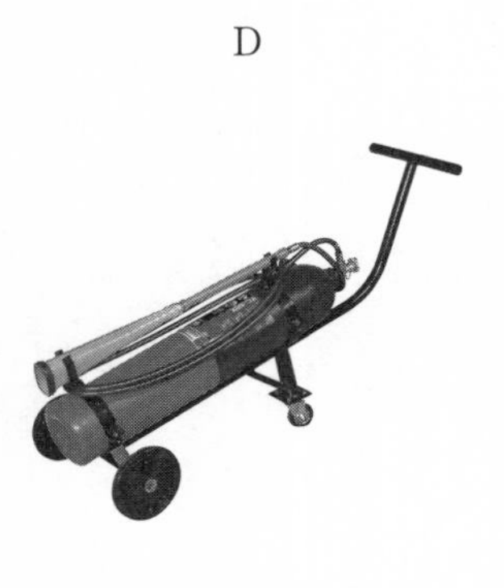

二酸化炭素消火器(23 kg)

E

粉末消火器（30 kg）

F

粉末消火器（40 kg）

電気室	ボイラー室		飲食店
事務室			通信機器室

解答欄

①	事務室	：
②	ボイラー室	：
③	通信機器室	：
④	飲食店	：
⑤	電気室	：

解説

（設問１）　運搬方式には，手さげ式，据置式，背負式，車載式がありますが，車輪を見てもわかるように，**車載式**が正解です。

（設問２）　P312の表より，事務室，ボイラー室，通信機器室は「**建築物その他の工作物**」になるので，**普通火災**に適応する消火器を選び，電気室は**電気火災**に適応する消火器を選定します（注：Aの強化液消火器には絵表示が3つあり，霧状にすると電気火災にも適応します）。よって，次のようになります。

事務室，ボイラー室，飲食店，通信機器室：A，B，C，E，F（二酸化炭素はＮＧ）

電気室：A，D，E，F（水系はＮＧだが，強化液は霧状だと適応する）

解答

（設問１）　車載式

（設問２）

①	事務室	：A, B, C, E, F
②	ボイラー室	：A, B, C, E, F
③	通信機器室	：A, B, C, E, F
④	飲食店	：A, B, C, E, F
⑤	電気室	：A, D, E, F

次図のような3階建ての建物に条件を考慮し，消火器を設置する場合，各階の消火器の必要最低本数を答えなさい。

＜条件＞

1　主要構造部は耐火構造であり，内装は不燃材料で仕上げている。

2　他の消防設備等の設置による緩和は考慮しない。

3　歩行距離による設置条件は考慮しない。

4　能力単位の算定数値は各階の床面積を次表に示す面積で除した値とする。

5　消火器の能力はA－2とする。

図　3階建立面図

3階	事務所（400 m^2）	
2階	飲食店（400 m^2）	
1階	遊技場（400 m^2）	GL

（施行規則第6条抜粋）

防火対象物の区分	面　積
事務所	200 m^2
料理店，飲食店等	100 m^2
遊技場，ダンスホール	50 m^2

解答欄

3階	本
2階	本
1階	本

解説

条件1より，算定基準面積は2倍になるので，規則第6条の算定基準面積の表より，3階の事務所は **400 m^2**，2階の飲食店は **200 m^2**，1階の遊技場は **100 m^2** となります。

従って，各階の必要能力単位は，「床面積÷算定基準面積」より，3階の事務所が400 m^2÷400 m^2＝**1**(単位)，2階の飲食店が400 m^2÷200 m^2＝**2**(単位)，1階の遊技場が400 m^2÷100 m^2＝4（単位）となります。

また，条件5より，消火器の能力単位は1本につき2なので，

「**設置本数＝建物の能力単位÷消火器の能力単位**」より，3階の事務所には，
1÷2＝0.5…繰り上げて1（本），2階の飲食店には2÷2＝1（本），
1階の遊技場は，4÷2＝2（本）…の消火器がそれぞれ最低必要になります。

解答

3階	1本
2階	1本
1階	2本

【問題 43】

図は，複合用途防火対象物の3階部分の平面図である。
この部分に下記の条件に基づき消火器（大型消火器は除く）を設置する場合，必要な能力単位数と消火器の設置本数を次ページの語群から選んでその記号を答えなさい。

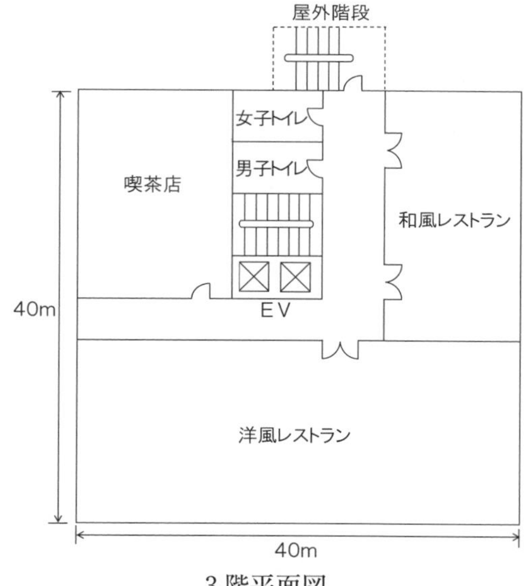

3階平面図

<条件>

1．主要構造部は耐火構造で，内装は不燃材料で仕上げてある。
2．他の消防用設備等の設置による緩和については，考慮しない。
3．設置する消火器1本の能力単位の数値は2とする。
4．消火器の設置に際して，歩行距離は考慮しない。
5．能力単位の算定基礎数値は，次ページの表の数値を用いるものとする。
6．和風レストランと洋風レストランの床面積合計は3階の延べ面積の90%以上とする。（注：実際の図とは大きさが異なりますが，このような設定とします）

（施行規則第6条抜粋）

防火対象物の区分	面　積
キャバレー，カフェ等（2項イ）	50 m²
料理店，飲食店等（3項）	100 m²

<語群>

ア．20	イ．18	ウ．16	エ．14
オ．12	カ．10	キ．8	ク．6
ケ．4	コ．2	サ．1	

<解答欄>

・能力単位数：
・消火器の設置本数：

解説

用途が3項の料理店，飲食店だけでなく，2項イのキャバレー，カフェ等の喫茶店も含まれていますが，条件6のように主たる用途の料理店，飲食店が防火対象物の延べ面積の90％以上なら用途は料理店，飲食店となります。

よって，算定基準面積は，上記の表より100 m²となりますが，条件1の「**主要構造部は耐火構造で，内装は不燃材料**」より，2倍の**200 m²**となります。

従って，この3階部分が必要とする能力単位は，その床面積（40×40）をこの200 m²で割れば求められることになります。

よって，（40×40）÷200＝**8**（単位）となります（⇒キ）。

また，条件3より，設置する消火器1本の能力単位の数値は2なので，消火器設置本数は，

8÷2＝4（本）ということになります（⇒ケ）。

解答

・能力単位数　　　：キ
・消火器の設置本数：ケ

第5編

模擬テスト

合格の決め手

この模擬テストは，本試験に出題されている問題を参考にして作成されていますので，実戦力を養うには最適な内容となっています。従って，出来るだけ本試験と同じ状況を作って解答をしてください。

具体的には，

① 時間を1時間45分きちんとカウントする。

② これは当然ですが，参考書などを一切見ない。

③ 見本の解答カードを拡大コピーして（約170%位），その解答番号に印を入れる。

などです。

これらの状況を用意して，実際に本試験を受験するつもりになって，次ページ以降の問題にチャレンジしてください。

解答カード（見本）

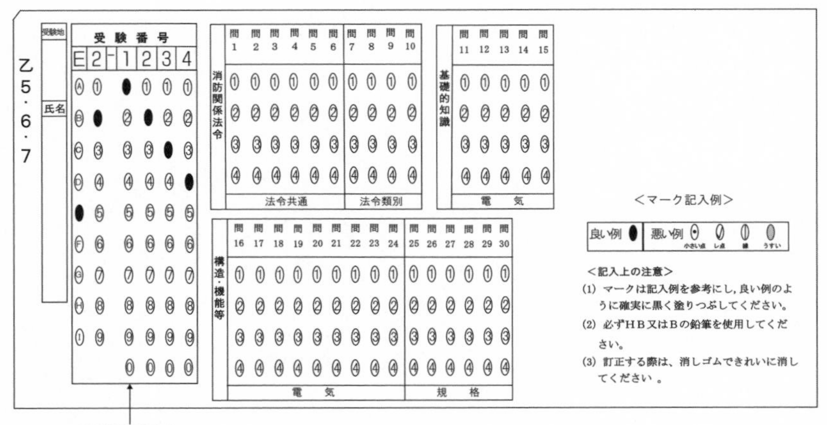

乙5・6・7

受験地

氏名

受験番号 E2-1234

消防関係法令　問1～問6　法令共通　問7～問10　法令類別

基礎的知識　問11～問15　電気

構造・機能等　問16～問24　電気　問25～問30　規格

<マーク記入例>

良い例　悪い例（小さい点，レ点，線，うすい）

<記入上の注意>

(1) マークは記入例を参考にし，良い例のように確実に黒く塗りつぶしてください。

(2) 必ずHB又はBの鉛筆を使用してください。

(3) 訂正する際は、消しゴムできれいに消してください 。

受験番号をE2－1234とした場合の例

1　消防関係法令

(1)　法令の共通部分（問題1～問題6）

【問題1】　消防法令上，特定防火対象物に該当しないものの組み合わせは，次のうちどれか。

(1)　劇場，公会堂及び集会場
(2)　旅館，ホテル及び蒸気浴場
(3)　小学校，図書館及び美術館
(4)　キャバレー，ナイトクラブ及びダンスホール

【問題2】　消防用設備等を設置する場合の防火対象物の基準について，消防法令上正しいものはどれか。

(1)　防火対象物が開口部のない耐火構造の床又は壁で区画されていれば，それぞれ別の防火対象物とみなされる。
(2)　防火対象物が開口部のない耐火構造の床又は壁で区画されているが，給排水管が貫通していれば，別の防火対象物とは見なされない。
(3)　出入り口は共用であるが，その他の部分は開口部のない耐火構造の床又は壁で区画されていれば，それぞれ別の防火対象物とみなされる。
(4)　同一敷地内にある2以上の防火対象物で，外壁間の中心線からの水平距離が1階は3m以下，2階以上は5m以下で近接する場合，消防用設備等の設置について，1棟とみなされる。

【問題3】　既存の防火対象物を消防用設備等の技術上の基準が改正された後に増築又は改築した場合，消防用設備等を改正後の基準に適合させなければならない増築又は改築の規模として，次のうち消防法令上正しいものはどれか。

(1)　延べ面積が1,600 m^2 の倉庫を2,300 m^2 に増築した場合
(2)　延べ面積が2,000 m^2 の工場を3,000 m^2 に増築した場合
(3)　延べ面積が3,000 m^2 の共同住宅のうち900 m^2 を改築した場合
(4)　延べ面積が2,000 m^2 の事務所のうち700 m^2 を改築した場合

【問題４】　消防用設備等を設置した場合の届出および検査で，次のうち誤っているものはどれか。

⑴　消防本部が設置されていない市町村においては，当該区域を管轄する市町村長に対して届け出る。

⑵　延べ面積が 1,000 m^2 の映画館に非常警報器具を設置した場合は，設置工事完了後７日以内に指定消防機関に届け出て検査を受ける必要がある。

⑶　延べ面積が 190 m^2 の倉庫に自動火災報知設備を設置した場合は，消防長等に届け出て検査を受ける必要はない。

⑷　延べ面積が 350 m^2 のホテルに漏電火災警報器を設置した場合は，消防長等に届け出て検査を受ける必要がある。

【問題５】　消防用設備等の定期点検及び報告について，次のうち消防法令上誤っているものはどれか。

⑴　特定防火対象物の関係者は，定期点検の結果を１年に１回消防長又は消防署長に報告しなければならない。

⑵　延べ面積が 1,000 m^2 以上の特定防火対象物の消防用設備等にあっては，消防設備士又は消防設備点検資格者に点検をさせなければならない。

⑶　特定防火対象物以外の防火対象物にあっては，点検を行った結果を維持台帳に記録しておき，消防長又は消防署長から報告を求められたとき報告すればよい。

⑷　特定防火対象物以外の防火対象物であっても，延べ面積が 1,000 m^2 以上で消防長又は消防署長が火災予防上必要があると認めて指定したものについては，消防設備士又は消防設備点検資格者に点検をさせなければならない。

【問題６】　消防設備士免状の書き換え又は再交付の申請先について，次のうち消防法令上誤っているものはどれか。

	書き換え又は再交付	申請先
⑴	書き換え	居住地又は勤務地を管轄する都道府県知事
⑵	再交付	免状を交付した都道府県知事
⑶	書き換え	免状を交付した都道府県知事
⑷	再交付	居住地又は勤務地を管轄する都道府県知事

⑵ 法令の類別部分（問題７～問題10）

【問題７】 消防法令上，消火器具を設置しなければならない防火対象物又はその部分は，次のうちどれか。

⑴ すべての劇場
⑵ すべての熱気浴場
⑶ 延べ面積が 250 m² の美術館
⑷ 延べ面積が 250 m² の事務所

【問題８】 防火対象物又はその部分に設置する消火器具の必要な能力単位数を算出する際は，延べ面積又は床面積を一定の面積で除して得た数以上の数値となるように定められている。この一定の面積を２倍の数値で計算することができる防火対象物として，消防法令上正しいものはどれか。

⑴ 主要構造部を耐火構造とし，かつ，壁及び天井の下地を準不燃材料でつくったもの
⑵ 主要構造部を耐火構造とし，かつ，壁及び天井の室内に面する部分の仕上げを難燃材料でつくったもの
⑶ 主要構造部を準耐火構造とし，かつ，壁及び天井の下地を不燃材料でつくったもの
⑷ 主要構造部を準耐火構造とし，かつ，壁及び天井の室内に面する部分の仕上げを不燃材料でつくったもの

【問題９】 消防法令上，大型消火器の設置義務に関して，「ある消火設備を技術上の基準に従って設置してあり，その消火設備の対象物に対する適応性が，当該対象物に設置すべき大型消火器の適応性と同一である時は，その消火設備の有効範囲内の部分について当該大型消火器を設置しないことができる。」とされているが，これに該当しない消火設備は次のうちどれか。

⑴ 屋内消火栓設備
⑵ スプリンクラー設備
⑶ 水噴霧消火設備
⑷ 屋外消火栓設備

【問題 10】 電気設備の火災の消火に適応する消火器具に関する次の文中の（　）内に当てはまる語句の組合せとして，消防法令上正しいものはどれか。

「変圧器，配電盤等の電気設備の火災の消火には，（ ア ）と（ イ ）は適応するが，（ ウ ）と（ エ ）は適応しない。」

	(ア)	(イ)	(ウ)	(エ)
(1)	りん酸塩類等の粉末消火器	棒状の強化液を放射する消火器	泡消火器	乾燥砂
(2)	棒状の強化液を放射する消火器	りん酸塩類等の粉末消火器	泡消火器	炭酸水素塩類等の粉末消火器
(3)	りん酸塩類等の粉末消火器	二酸化炭素消火器	棒状の強化液を放射する消火器	泡消火器
(4)	霧状の強化液を放射する消火器	乾燥砂	二酸化炭素消火器	炭酸水素塩類等の粉末消火器

2　機械に関する基礎的知識　（問題 11～問題 15）

【問題 11】 次の（ア）～（エ）に当てはまる語句の組合せとして，正しいものを選べ。

「安全率は（ア）と（イ）の比であり，加わる荷重が（ウ）の場合の方が（エ）の場合よりも一般に大きく設定される。」

	(ア)	(イ)	(ウ)	(エ)
(1)	基準強さ	許容応力	静的荷重	動的荷重
(2)	基準強さ	許容応力	動的荷重	静的荷重
(3)	曲げ応力	基準強さ	静的荷重	動的荷重
(4)	曲げ応力	基準強さ	動的荷重	静的荷重

【問題 12】 5 cm×5 cm の角棒の軸方向に 10^5 N の圧縮荷重 W が作用している。発生する応力 σ の値として，次のうち正しいものはどれか。

(1)　40 MPa

(2)　200 MPa

(3)　400 MPa

(4)　2,000 MPa

【問題 13】

図のようなリベット A，B による継手がある。A のリベットの直径は B のリベットの直径の $\frac{1}{2}$ である。これらを図のような方向に一定の力 F〔N〕で引っ張った場合，A と B のリベットの断面に生じるせん断応力の比較として，次のうち正しいものはどれか。ただし，A のリベットの断面に生じるせん断応力を τ_a，B のリベットの断面に生じるせん断応力を τ_b とする。

(1) $\tau_a = \frac{1}{2}\tau_b$

(2) $\tau_a = \tau_b$

(3) $\tau_a = 2\tau_b$

(4) $\tau_a = 4\tau_b$

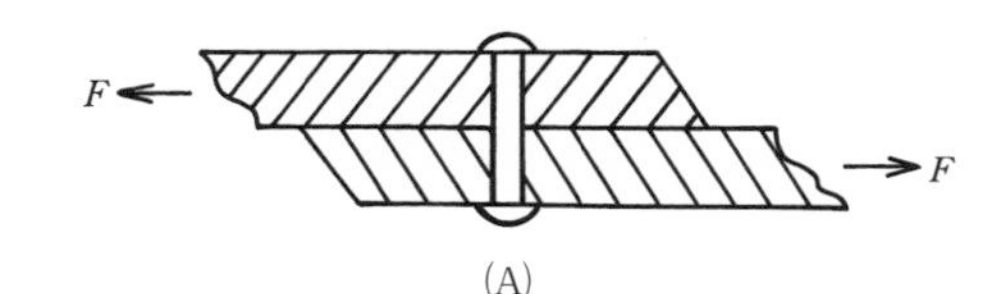

(A)

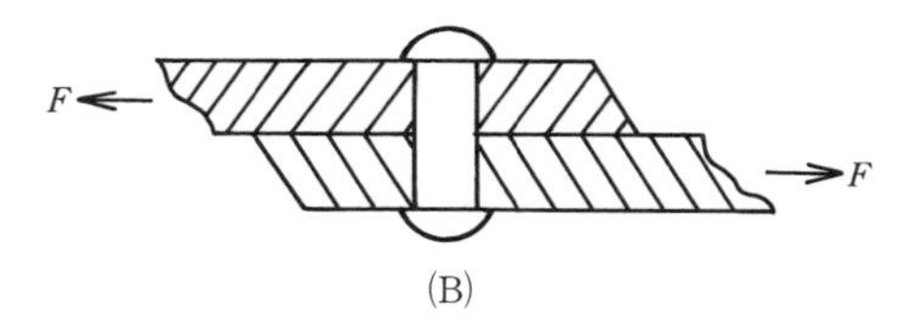

(B)

【問題 14】　次のうち，転(ころ)がり軸受でないものはどれか。

(1) 円筒ころ軸受

(2) 円すいころ軸受

(3) 自動調心ころ軸受

(4) うす軸受

【問題 15】　ボイル・シャルルの法則について，次のうち誤っているものはどれか。

(1) ボイル・シャルルの法則は，実在の気体には，低温，高圧のときによく当てはまる。

(2) ボイル・シャルルの法則は，絶対温度を T，圧力が P のときの一定質量の気体の体積を V とすると，PV = 定数 × T という式で表される。

(3) ボイル・シャルルの法則が完全にあてはまるような，仮想的な気体を理想気体と呼ぶ。

(4) ボイル・シャルルの法則における絶対温度 T は，セ氏温度を t とすると，$t+273$ という式で表すことができる。

3　構造・機能及び点検・整備の方法

(1)　機械に関する部分（問題16～問題24）

【問題16】　消火器を設置した箇所には，見やすい位置に標識を設けなければならないとされているが，この標識の構成に関する組み合わせで，次のうち正しいものはどれか。

	標識の地色	文字の色	短辺	長辺
(1)	白色	黒色	10 cm 以上	36 cm 以上
(2)	緑色	白色	12 cm 以上	36 cm 以上
(3)	赤色	白色	8 cm 以上	24 cm 以上
(4)	白色	赤色	5 cm 以上	25 cm 以上

【問題17】　消火器と適応火災について，次のうち正しいものはいくつあるか。

ア　強化液消火器は，消火薬剤に炭酸ナトリウムの濃厚な水溶液を使用するものであり，霧状放射のものはA火災，B火災及び電気火災に適応する。

イ　化学泡消火器は，消火薬剤にA剤として炭酸水素ナトリウムを成分とするもの，B剤として硫酸アルミニウムを成分とするものを使用し，それぞれを水に溶解して外筒と内筒に充てんしており，B火災及びC火災に適応する。

ウ　二酸化炭素消火器には，液化二酸化炭素が充てんされており，B火災及び電気火災に適応する。

エ　粉末消火器のうち，消火薬剤としてりん酸アンモニウムを主成分として使用するものは，B火災及び電気火災にしか適応しない。

オ　粉末消火器のうち，消火薬剤として炭酸水素ナトリウムを使用するものは，A火災，B火災及び電気火災に適応する。

(1)　1つ　　(2)　2つ　　(3)　3つ　　(4)　4つ

【問題 18】 二酸化炭素消火器の容器の肩部に刻印されている「W」の意味として，次のうち正しいものはどれか。

(1) 耐圧試験圧力
(2) 容器の質量
(3) 容器の内容積
(4) 充てんガス量

【問題 19】 消火器の構造について，次のうち誤っているものはどれか。

(1) 酸アルカリ消火器には，温度上昇による消火薬剤の漏出防止のため，キャップには通気弁が装着してある。
(2) 強化液消火器には，レバーを操作して開閉バルブ付きカッターで封板を破ることにより，消火薬剤が圧縮空気の圧力で放出される蓄圧式のものもある。
(3) 化学泡消火器は，本体容器内部で2種類の消火薬剤を反応させる構造となっているので，消火器を転倒させて使用するものである。
(4) 機械泡消火器には，放射される消火薬剤に空気を混入させる必要があることから，ノズルの基部に空気吸入孔がある。

【問題 20】 加圧式の消火器に用いる加圧用ガス容器について，次のうち適当なものはどれか。

(1) 容器弁付の加圧用ガス容器は，必ず専門業者に依頼してガスを充てんする。
(2) 作動封板を有する加圧用ガス容器は，容量が同じであれば取り替えることができる。
(3) 100 cm^3 以下の作動封板を有する加圧用ガス容器が腐食している場合は，危険なので充てんガスを放出せず廃棄処理をする。
(4) 作動封板を有する加圧用ガス容器は，すべて高圧ガス保安法の適用を受けない。

【問題 21】 消火薬剤の放射の異常についての判断として，次のうち適当でないものはどれか。

(1) 蓄圧式の強化液消火器のバルブを開いたとき消火剤が出なかった。これは消火器を転倒させなかったことが原因と考えられる。
(2) 設置されている泡消火器のノズルから泡が漏れていた。これは内筒に亀裂が入りA剤とB剤が徐々に反応したことが考えられる。

(3) 蓄圧式消火器のレバーを握ったとき，少量の消火剤しか出なかった。これは蓄圧用ガスが漏れていたことが考えられる。

(4) 二酸化炭素消火器を使用したところ，二酸化炭素がまったく放射されなかった。これは二酸化炭素が自然噴出していたことが考えられる。

【問題22】 消火薬剤の充てん上の注意事項として，次のうち不適当なものはどれか。

(1) 蓄圧式の強化液消火器は，薬剤を規定量充てんし，窒素ガスを規定値まで入れる。

(2) 加圧式の粉末消火器は，薬剤を充てんし，加圧用ガス容器及び粉上り防止用封板を取り付けた後，安全栓を起動レバーにセットする。

(3) 二酸化炭素消火器にあっては，高圧ガス保安法に基づく許可を受けた高圧ガス容器専門業者に充てんを依頼する。

(4) 化学泡消火器にあっては，消火器内で消火薬剤を溶かさないこと。

【問題23】 消火器の廃棄処理にあたって，次のうち適当でないものはどれか。

(1) 化学泡消火薬剤は，外筒液と内筒液が混合しないように別々に処理をすること。

(2) 蓄圧式の粉末消火器は，屋外でレバーを完全に握り薬剤を放出しながら処理をすること。

(3) 高圧ガス保安法の適用を受ける二酸化炭素消火器は，高圧ガス容器専門業者に処理を依頼すること。

(4) 強化液消火薬剤は，多量の水で希釈し，水素イオン濃度指数を下げて放流をすること。

【問題24】 消火器の点検及び整備について，次のうち正しいものはどれか。

(1) 強化液消火器の指示圧力計の指針が緑色範囲の上限を超えていた場合は，指示圧力計の作動を点検しなければならない。

(2) 化学泡消火器のキャップでポリカーボネート樹脂製のものについては，点検時に油汚れが認められた場合，シンナー又はベンジンで掃除しなければならない。

(3) ガス加圧式粉末消火器の蓄圧ガスの充てんには，必ず二酸化炭素を使用しなければならない。

⑷　加圧用のガスとしては，空気，二酸化炭素又は窒素ガスが使用されるが，機器点検でそれらの充てん量を調べるには，空気及び窒素ガスの場合は質量を測定し，二酸化炭素の場合は圧力を測定する。

⑵　規格に関する部分（問題25～問題30）

【問題25】　消火器の放射性能に関する次の記述について，（　）内に当てはまる数値の組み合わせとして，規格省令上正しいのはどれか。

「放射時間は，温度20℃において（ ア ）秒以上であること。また，充填された消火薬剤の容量または質量の90％（化学泡消火剤においては（ イ ）％）以上の量を放射できるものであること。」

	㋐	㋑
⑴	15	95
⑵	10	80
⑶	10	85
⑷	15	80

【問題26】　消火器のホースについて，次のうち規格省令上正しいものはどれか。

⑴　ホースの長さは30 cm以上であること。

⑵　ホースは使用温度範囲で耐久性を有し，かつ，円滑に操作できるものであること。

⑶　消火剤の質量が1 kg以下の強化液消火器（蓄圧式）には，ホースを取り付けなくてもよい。

⑷　消火剤の質量が4 kg未満の粉末消火器には，ホースを取り付けなくてもよい。

【問題27】　手さげ式消火器の安全栓について，次のうち規格省令上誤っているのはどれか。

ただし，押し金具をたたく1動作及びふたをあけて転倒させる動作で作動するものを除くものとする。

⑴　リング部の塗色は，黄色仕上げとすること。

⑵　安全栓に衝撃を加えた場合及びレバーを強く握った場合においても引き抜きに支障を生じないこと。

⑶　上方向に2動作以内で引き抜くよう装着されていること。

⑷　内径が2cm以上のリング部，軸部および軸受部より構成されていること。

【問題 28】　蓄圧式消火器の指示圧力計において，その指示圧力の許容誤差の範囲として，次のうち規格省令上正しいものはどれか。

⑴　使用圧力範囲の圧力値の上下 5％ 以内であること。
⑵　使用圧力範囲の圧力値の上下 10％ 以内であること。
⑶　使用圧力範囲の圧力値の上下 15％ 以内であること。
⑷　使用圧力範囲の圧力値の上下 20％ 以内であること。

【問題 29】　消火器に表示されている適応火災の標識について，次の文中の（　　）内に当てはまる数値の組み合わせとして，規格省令上正しいものはどれか。

「充てんする消火剤の容量又は質量が，2ℓ 又は 3 kg 以下のものにあっては半径（ ア ）cm 以上，2ℓ 又は 3 kg を超えるものにあっては半径（ イ ）cm 以上の大きさとすること。」

	(ア)	(イ)
⑴	0.5	1.5
⑵	1	2
⑶	1	1.5
⑷	1.5	2.0

【問題 30】　りん酸アンモニウムを主成分とした粉末消火薬剤の着色について，次のうち正しいものはどれか。

⑴　白色に着色されている。
⑵　淡青色に着色されている。
⑶　淡紅色に着色されている。
⑷　緑色に着色されている。

鑑別等試験問題

【問題 1】 次の車載式消火器について各設問に答えなさい。

設問 1 危険物施設に設置する第 4 種消火設備を選び記号で答えなさい。

設問 2 C の消火器の操作方式および消火薬剤を放射する際の操作を 2 つ答えなさい。ただし，ホースを取り外す動作は除くものとする。

A

強化液消火器（30 ℓ）

B

機械泡消火器（20 ℓ）

C

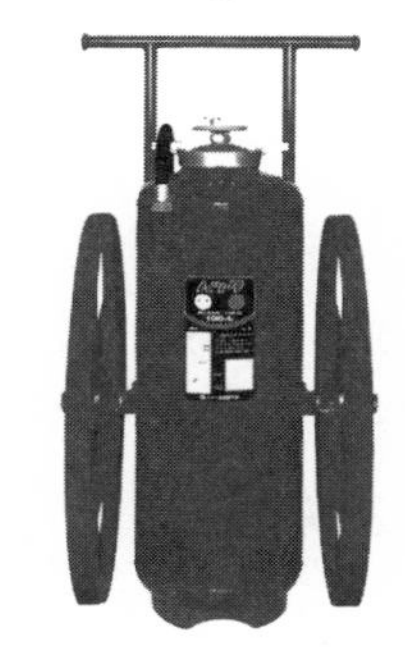

化学泡消火器（80 ℓ）

D

二酸化炭素消火器(23 kg)

E

粉末消火器（20 kg）

※　カッコ内の表示は消火剤の質量又は容量を示すものとする。

解答欄

設問 1		
設問 2	操作方式	
	操作	

【問題２】 次の部品を使用する消火器において，粉末消火薬剤を充てんする際の注意事項を２つ答えなさい。

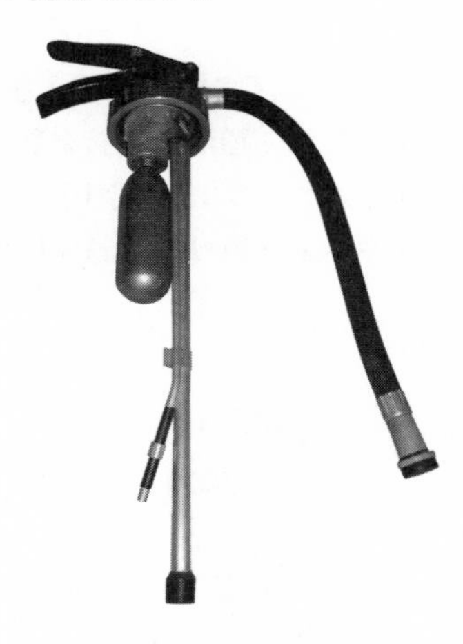

解答欄

・

・

【問題３】 下の図及び写真は，法令に基づく検定合格表示及び消火器を示したものである。次の各設問に答えなさい。

設問１ 消火薬剤の検定合格表示を選び記号で答えなさい。

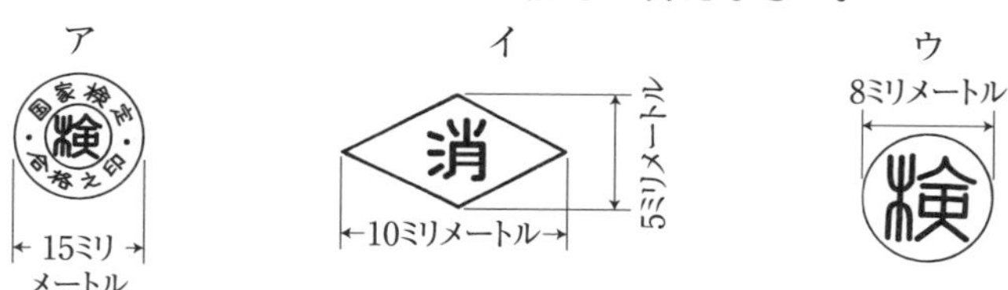

設問２ 下に示す消火器の放射性能として，充てんされた消火薬剤の①何％を②何秒以上放射しなければならないとされているか。ただし，測定基準温度は20℃とする。

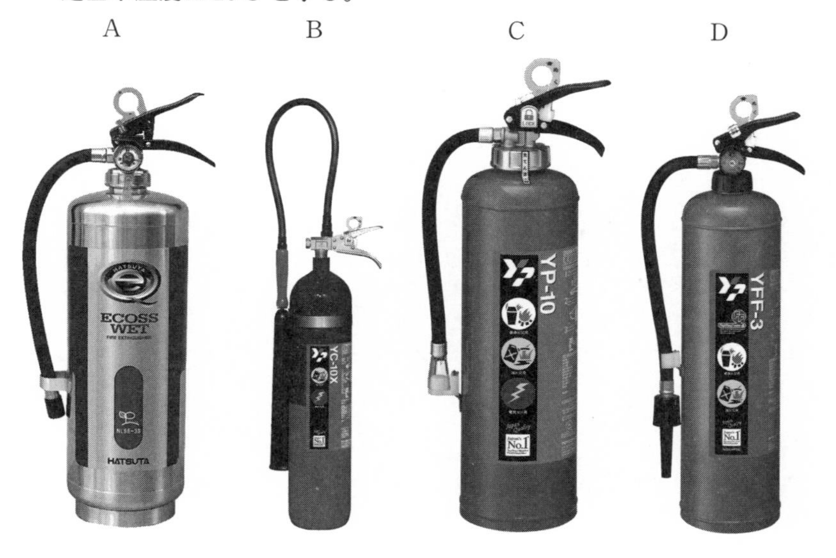

設問３ これらのうち，整備の際に消防設備士の資格があっても消火薬剤を充てんできないものを一つ選び記号で答えなさい。

設問4　設問3で選んだ消火器を設置してはならない防火対象物又はその部分（答は1つでよい）を答えるとともに，その設置してはならない理由も答えなさい。

設問5　設問2の消火器のうち，加圧方式の異なる1つの消火器を記号で答えなさい。

解答欄

設問1	
設問2	
設問3	
設問4	
設問5	

【問題４】　下の写真は，粉末消火器の消火薬剤充てん要領の一部を，作業順にＡからＥと示したものである。次の各設問に答えなさい。

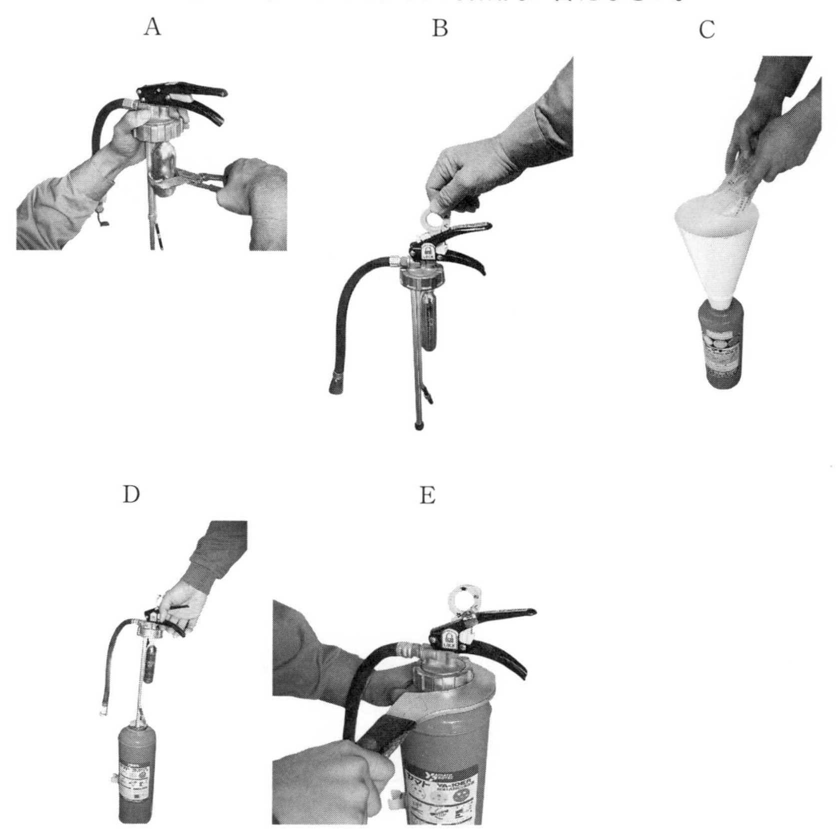

設問１　図の作業の手順には一部誤りがある。その部分を答えなさい。

設問２　図の作業Ａ，Ｃ，Ｅの中で使用されている器具又は工具の名称をそれぞれ答えなさい。

設問３　図Ｅの作業で，本体容器下部を固定することとされている器具の名称を答えなさい。

解答欄

設問１						
設問２	A		C		E	
設問３						

【問題５】 下図のような３階建ての建物に条件を考慮し，消火器を設置する場合，各階の消火器の必要最低本数を答えなさい。

<条件>

1　主要構造部は耐火構造であり，内装は不燃材料で仕上げている。

2　他の消防設備等の設置による緩和は考慮しない。

3　歩行距離による設置条件は考慮しない。

4　能力単位の算定数値は各階の床面積を次表に示す面積で除した値とする。

5　消火器の能力はA－2とする。

図　３階建立面図

3階	図書館（400 m^2）
2階	展示場（400 m^2）
1階	病院（400 m^2）

GL

（施行規則第６条抜粋）

防火対象物の区分	面　積
図書館	200 m^2
百貨店，展示場等	100 m^2
病院，診療所	100 m^2

解答欄

階	本数
3階	本
2階	本
1階	本

模擬テストの解答

1　消防関係法令

(1)　法令の共通部分（問題１～問題６）

【問題１】 **解答** (3)

解説

特定防火対象物とは，多数の者が出入りする防火対象物で政令で定めるものをいい，(1)，(2)，(4)はそれに該当しますが，(3)の小学校，図書館及び美術館は該当しないので，**非**特定防火対象物となります。

【問題２】 **解答** (1)

解説

消防用設備等を設置する際は，１棟の建物（防火対象物）ごとに規定を適用するのが原則ですが，P 61 の問題 16 でも解説しましたように例外があります。その１つが，(1)の **「開口部のない耐火構造の床又は壁で区画されている場合」** です。その場合，(3)のように共用する出入り口があれば「区画されている」とは見なされず，それぞれを別の防火対象物とみなします。

(2)　規定内の給排水管であれば「区画されている」と見なされる場合があります（ただし，多数の配管が集中する場合は除く）。

(4)　問題の規定は，屋外消火器の設置に関する規定です。

【問題３】 **解答** (2)

解説

P 66【問題 20】の解説の条件④より，現行の基準法令（改正後の基準）に適合させなければならない「増改築」は，

(ア)　床面積 **1,000 m²** 以上
(イ)　従前の延べ面積の **2 分の 1** 以上

のどちらかの条件を満たしている場合です。

順に検討すると，

(1)　増築した床面積は，2,300 − 1,600 = 700 m² なので(ア)の条件は×で，また，700 m² は従前の延べ面積 1,600 m² の２分の１以上でもないので，(イ)の条件も×

です。

⑵　増築した床面積は，3,000－2,000＝1,000 m² で(ア)の条件が○なので，これが正解です。なお，1,000 m² は，従前の延べ面積 2,000 m² の 2 分の 1 以上でもあるので，こちらの条件でも○です。

⑶　改築した床面積は，900 m² なので(ア)の条件は×で，また，900 m² は従前の延べ面積 3,000 m² の 2 分の 1 以上でもないので，(イ)の条件も×です。

⑷　改築した床面積は，700 m² なので(ア)の条件は×で，また，700 m² は従前の延べ面積 2,000 m² の 2 分の 1 以上でもないので，(イ)の条件も×です。

【問題 4】 解答　⑵

解説　（P 71 の問題 26 の解説参照）

⑴　届出先は，**消防長**（消防本部が設置されていない市町村においては，当該区域を管轄する市町村長）又は**消防署長**となっているので，正しい。

⑵　映画館は特定防火対象物であり，延べ面積が **300 m² 以上**の場合に届け出て検査を受ける必要がありますが，ただ，**非常警報器具**と**簡易消火用具**は届け出て検査を受ける必要がないので，誤りです。また，届け出期間も 7 日以内ではなく 4 日以内です（7 日以内というのは消防同意の期限です）。

⑶　倉庫は非特定防火対象物なので，**300 m² 以上で消防長又は消防署長が指定した場合のみ**届け出て検査を受ける必要があります。
従って，190 m² ではその必要はないということになります。

⑷　ホテルは特定防火対象物なので，300 m² 以上の場合に届け出て検査を受ける必要があります。よって，正しい。

【問題 5】 解答　⑶

解説

⑴　消防用設備等の定期点検の結果報告については，特定防火対象物が **1 年に 1 回**，その他の防火対象物が **3 年に 1 回**なので，正しい。

⑵，⑷　消防設備士又は消防設備点検資格者に点検をさせなければならないのは，「特定防火対象物で **1,000 m² 以上**（⇒　⑵）」又は「1,000 m² 以上の非特定防火対象物で，消防長又は消防署長が指定したもの（⇒　⑷）及び「特定 1 階段等防火対象物」なので，正しい。

⑶　消防用設備等の定期点検及び報告については **“義務”** なので，「報告を求められたとき報告すればよい。」というのは，誤りです。

【問題 6】 **解答** (4)

解説

免状の書き換え又は再交付の申請先については，次のようになっています。

① 書き換えの申請先（⇒P 86，(1)の解答参照）

・免状を**交付**した都道府県知事

・**居住地**又は**勤務地**を管轄する都道府県知事

② 再交付の申請先

・免状を**交付**した都道府県知事

・免状を**書き換えた**都道府県知事

従って，(4)の再交付の申請先には，「居住地又は勤務地を管轄する都道府県知事」は含まれていないので，これが誤りです。

(2) 法令の類別部分（問題 7 ～問題 10）

【問題 7】 **解答** (1)

解説

P 91 の問題 1 の解説の表より判断すると，

(1) 劇場は，表 1 の「延べ面積に関係なく設置する防火対象物」なので，すべて設置する必要があります。よって，これが正解です。

(2) 熱気浴場は，P 92，表 2 の「150 m² 以上の場合に設置する防火対象物」なので，「すべて」の部分が誤りです。

(3)の美術館と(4)の事務所は，いずれも P 92，表 3 に該当する防火対象物なので，300 m² 以上の場合に設置する必要があり，250 m² では設置する必要はありません。

【問題 8】 **解答** (2)

解説

一定の面積とは**算定基準面積**と呼ばれるもので，「防火対象物又はその部分の延べ面積又は床面積」をその算定基準面積で割った（除した）数値以上の能力単位の消火器具を設置する必要があります。

その算定基準面積については，P 99 の問題 10 の解説でも説明しましたが，P 91 の問題 1 の表のグループごとにその数値が定められていて，「主要構造部を**耐火構造**とし，かつ，壁及び天井の室内に面する部分の仕上げを**難燃材料**でしたもの」については，この面積を 2 倍にして計算することができます。

2倍にする，ということは，割り算の分母が2倍になるので，能力単位の数値は逆に1/2で済む，ということになります（消火器具の能力単位が小さいもので済むので緩和規定となる）。

【問題9】 解答 (4)

解説

大型消火器の設置を省略できるのは，大型消火器と問題18（P 105）の表の②の消火設備の適応性が同一の場合です。従って，(4)の屋外消火栓設備が②の消火設備の中に入っていないので，これが正解です。

【問題10】 解答 (3)

解説

電気設備の火災に使用できない消火器具は，**棒状の強化液**または**水を放射する消火器**，**泡を放射する消火器**，**水バケツ**または**水槽**，**乾燥砂**，**膨張ひる石**または**膨張真珠岩**です。

従って，(ウ)と(エ)にこの中の消火器が入っていればいいので，(1)と(3)が該当しますが，(1)の(イ)の棒状の強化液を放射する消火器は電気設備の火災に適応しないので，正解は(3)となります。

2　機械に関する基礎的知識　（問題11～問題15）

【問題11】 解答 (2)

解説

正しくは，次のようになります。「安全率は（**基準強さ**）と（**許容応力**）の比であり，加わる荷重が（**動的荷重**）の場合の方が（**静的荷重**）の場合よりも一般に大きく設定される。」（注：基準強さは引張強さのことです。）

【問題12】 解答 (1)

解説

応力σの値〔MPa〕は，荷重W〔N〕をその断面積A〔mm^2〕で除して（割って）求めます（ただし，曲げ応力は，曲げモーメントを断面係数で割って求める)。すなわち，$\boldsymbol{\sigma = \frac{W}{A}}$〔MPa〕となります。

10⁵N
W → σ ← → σ ← W
(圧縮荷重)
角　棒

従って，荷重 $W = 10^5$〔N〕,

断面積 $A = 50 \times 50 = 2{,}500$〔$\mathrm{mm}^2$〕

(cm を mm に直して計算をする)

となるので,

$$\sigma = \frac{10^5}{2{,}500} = \frac{100{,}000}{2{,}500} = \frac{1{,}000}{25} = 40 \text{〔MPa〕}$$

【問題 13】 **解答** (4)

解説

せん断応力（τ で表す）をはじめ，**圧縮**や**引張り応力**（σ で表す）は，次のように，荷重 W（問題では F〔N〕）を断面積 A で割って求めます。

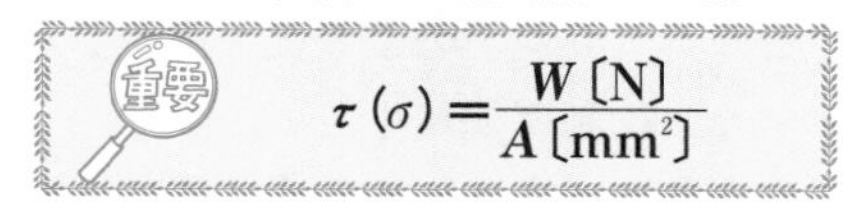

$$\boldsymbol{\tau(\sigma) = \frac{W\text{〔N〕}}{A\text{〔mm}^2\text{〕}}}$$

単位は，〔$\mathrm{N/mm^2}$〕=〔MPa〕です。

この式から，せん断応力は断面積に**反比例**することがわかります。

従って，リベット A，B の断面積を比較して，その割合の反対がせん断応力の比になります。断面積 S は，半径を r，直径を D とすると，

$$S = \pi r^2 = \pi\left(\frac{D}{2}\right)^2$$

$$= \boldsymbol{\frac{\pi D^2}{4}} \quad \text{となります。}$$

よって，リベット A の直径を D_A，断面積を S_A，リベット B の直径を D_B，断面積を S_B とすると，

$$S_A = \frac{\pi {D_A}^2}{4} \quad \cdots\cdots (1)$$

$$S_B = \frac{\pi {D_B}^2}{4} \quad \cdots\cdots (2)$$

問題の条件より，D_B は D_A の 2 倍なので，上の(2)式の D_B に $2D_A$ を代入すると，$S_B = \frac{\pi(2D_A)^2}{4} = \frac{4\pi {D_A}^2}{4} = 4 \times S_A$　　となります。

従って，S_B の断面積は S_A の 4 倍になり，せん断応力は(上記の下線部より)その逆の割合になります。$S_B = 4S_A$

⇓

$\tau_b = \frac{1}{4}\tau_a$ より，$\boldsymbol{\tau_a = 4\,\tau_b}$　となります。

類題 ボルトを選定するにあたり，考慮する必要のないものはどれか。
① 引張荷重　② せん断荷重　③ 圧縮荷重　④ ねじり荷重

<解説> ボルトやねじに圧縮荷重はかかりません。

（答）　③

【問題 14】 **解答** (4)

解説

軸受には，**滑り軸受**と**転がり軸受**があります。

① **滑り軸受**は，**軸受**と**ジャーナル**（軸受と接している回転軸の部分）が滑り接触をしている軸受で，機構が簡単で衝撃荷重に強い。

② **転がり軸受は**，ボールベアリングのように，玉やころを使って回転させる軸受で，高速回転に強く，始動摩擦が小さい。

その軸受には次のような種類があり，(4)のうす軸受は滑り軸受になります。

滑り軸受	・**球面滑り軸受・ステップ軸受・プラスチック軸受・うす軸受**	
転がり軸受	玉軸受	・**深溝玉軸受・自動調心玉軸受**・スラスト玉軸受
	ころ軸受	・ラジアルころ軸受・円筒ころ軸受・**円すいころ軸受** ・自動調心ころ軸受・スラストころ軸受

類題 **すべり軸受ところがり軸受とを比較したとき，すべり軸受けの長所として，次のうち誤っているものはどれか。**

(1) 始動摩擦が大きい。
(2) 機構が簡単である。
(3) 衝撃荷重に強い。
(4) 高速回転に強い。

<解説> (1) 点接触の転がり軸受けに比べて，すべり軸受は油を介してはいますが軸と軸受は接触しているので，始動摩擦は**大きく**なります(正しい)。

(4) 点接触である転がり軸受の方が高速回転に適しています（誤り）。

（答）　(4)

【問題 15】 **解答** (1)

解説

ボイル・シャルルの法則が適用されるのは，(3)にもあるように**理想気体**の場合であり，実在の気体には，低温，高圧の場合であってもそのまま適用することはできないので，誤りです。

(2) ボイル・シャルルの法則は，一般的には，$\frac{PV}{T}$＝定数（一定）という式で表されますが，PV＝定数×T でも結局は同じ式となるので，正しい。

3 構造・機能及び点検・整備の方法

(1) 機械に関する部分（問題 16～問題 24）

【問題 16】 **解答** (3)

解説

標識の色と大きさについては，次のように規定されています。

色	標識の地色	赤色
	文字の色	白色
長さ	短辺	8 cm 以上
	長辺	24 cm 以上

【問題 17】 **解答** (1)

解説

ア 霧状放射の強化液消火器（と粉末（ABC）消火器）は，すべての火災に適応するので，適応火災については正しいですが，炭酸ナトリウムではなく，**炭酸カリウム**の濃厚な水溶液なので，この部分が誤りです。

イ 化学泡消火器の薬剤については正しいですが，適応火災についてはＢ火災，Ｃ火災ではなく，Ａ火災（普通火災）とＢ火災（油火災）に適応するので誤りです。

ウ 正しい。

エ Ｂ火災と電気火災にしか適応しないのは，**炭酸水素ナトリウム**を主成分とする消火剤等で(その他，炭酸水素カリウム等を主成分とするものも含む)，**りん酸アンモニウム**を主成分とする方は，粉末（ABC）消火器のことで，こちらの方は，すべての火災に適応します。

オ　エの解説より，**炭酸水素ナトリウム**を使用するもの（BC 粉末）は A 火災に適応しないので，誤りです。

よって，正しいのは，ウの1つということになります。

【問題 18】 解答 (2)

解説

(1) 耐圧試験圧力は ***TP*** で表示します。

(2) 容器の質量は ***W*** で表示するので，正しい。

(3) 容器の内容積は ***V*** で表示します。

(4) 充てんガスに関しては，ガス量そのものの表示はなく，(1)の耐圧試験圧力や最高充てん圧力（***FP***）などの表示がしてあるだけなので，誤りです。

【問題 19】 解答 (2)

解説

カッターで封板を破るのは，**破がい転倒式の化学泡消火器**であり，強化液消火器には，開閉バルブ付きカッターというのは装着されていません。

【問題 20】 解答 (1)

解説

(1) 容器には，**作動封板を有するもの**と**容器弁付のもの**がありますが，容器弁付のものについては，専門業者に依頼してガスを充てんしてもらう必要があるので，正しい。

(2) 作動封板を有するものは，消火器銘板に明示されている**容器記号**が同じものとしか取り替えることができないので，誤りです。

(3) 100 cm^3 **以下**の作動封板を有する加圧用ガス容器が腐食している場合は，業者に処理を依頼するか，または排圧治具（はいあつちぐ）や万力などによって確実に固定して，ポンチなどで作動封板を破るなどし，**充てんガスを放出してから**廃棄処理をする必要があるので，誤りです。

(4) 100 cm^3 **を超える**容器の場合のみ高圧ガス保安法の適用を受けるので，誤りです。

【問題 21】 **解答** (1)

解説

蓄圧式の強化液消火器は，転倒させて消火薬剤を放射させるのではないので，誤りです（消火器を転倒させて消火薬剤を放射させるのは，化学泡消火器です）。

【問題 22】 **解答** (2)

解説

問題 22（P 161）の(2)や問題 26（P 165）でも説明しましたが，安全栓は，分解時には加圧用ガス容器をはずしてからはずし，組み立て時には，安全栓をセットしてから加圧用ガス容器を取りつけるので，加圧用ガス容器を取り付けたあとに安全栓を起動レバーにセットするのは誤りです。

【問題 23】 **解答** (2)

解説

蓄圧式の粉末消火器は，薬剤を放出しながらではなく，消火器を倒立させてバルブを開き，粉末消火薬剤が噴出しないようにして排圧を処理します（薬剤の方は，飛散しないように袋に入れてからブリキ缶に入れ，ふたをして処理をします）。

【問題 24】 **解答** (1)

解説

(1) 蓄圧式消火器の指示圧力計の指針が緑色範囲の上限を超えていた場合は，指示圧力計の精度を点検し，異常がなければ圧力調整を行う必要があるので，正しい。

(2) 合成樹脂製の容器や部品を清掃する際に，シンナーやベンジンなどの有機溶剤を使用してはいけないので，誤りです。

(3) ガス加圧式粉末消火器の場合は，蓄圧ガスを充てんするのではなく，加圧用ガス容器の交換を行います。その際，一般的には，小容量のものには**二酸化炭素**が，大容量のものには**窒素ガス**が用いられています。

(4) 加圧用のガスとしては，空気，二酸化炭素又は窒素ガスが使用されますが，内圧を測定する**容器弁付きの窒素ガス**以外は質量（重さ）を測ります。

従って，二酸化炭素の場合も質量を測ります。

⑵ 規格に関する部分（問題25～問題30）

【問題25】 解答 ⑶

解説

消火器の放射性能については，次のように定められています。

① 放射時間……温度20℃において**10秒以上**であること。
② 放射距離……消火に有効な放射距離を有すること。
③ 放射量………充填された消火剤の容量（または質量）の**90%以上**（化学泡消火薬剤は**85%以上**）の量を放射できること。

【問題26】 解答 ⑵

解説

⑴ ホースの長さは「消火剤を有効に放射できる長さであること。」となっていて，30 cm以上などという，明確な長さの規定はありません（ただし据置式のみ有効長が10 m以上必要という規定がある）。
⑵ 正しい。
⑶，⑷ ホースが不要な消火器は，「薬剤量が1 kg以下の**粉末消火器**」と「薬剤量が4 kg未満の**ハロゲン化物消火器**」で，⑶の強化液消火器には必要なので，誤りです。また，⑷の粉末消火器の場合は，質量が1 kg以下の場合に不要となるので，4 kg未満では誤りとなります(P 179問題11の解説参照)。

【問題27】 解答 ⑶

解説

⑴ 安全栓の規格（P 186参照）の2の③より，正しい。
⑵ 同じく2の⑥より正しい。
⑶ 安全栓の規格（P 186参照）の1より，「安全栓は（2動作ではなく）**1動作**で容易に引き抜くことができ……」となっているので，誤りです。
⑷ 同じく2の①より正しい。

【問題28】 解答 ⑵

解説

指示圧力の許容誤差の範囲は，使用圧力範囲の圧力値の**上下10%以内**となっています。

【問題 29】 **解答** (3)

解説

規格第 38 条の第 4 項第 2 号には,「充てんする消火剤の容量又は質量が, 2 ℓ 又は 3 kg 以下のものにあっては**半径 1 cm 以上**, 2 ℓ 又は 3 kg を超えるものにあっては**半径 1.5 cm 以上**の大きさとする。」となっています。

【問題 30】 **解答** (3)

解説

りん酸アンモニウムなどのりん酸塩類等の粉末消火薬剤には, **淡紅色**(たんこうしょく)**系**の着色を施す必要があります。

鑑別等試験問題の解答 (問題 1 〜問題 5)

【問題 1 】

解答

設問 1 B, C, E

まず, 大型消火器に充てんされた消火剤の質量又は容量の条件は, 次のようになっています (注：質量又は容量が大型消火器の条件を満たしていれば能力単位も大型消火器の条件を満たしているので, 能力単位はここでは省略)。

・機械泡消火器……………………20 ℓ 以上
・強化液消火器……………………60 ℓ 以上
・化学泡消火器……………………80 ℓ 以上
(ℓ 単位)

・粉末消火器………………………20 kg 以上
・ハロゲン化物消火器……………30 kg 以上
・二酸化炭素消火器………………50 kg 以上
(kg 単位)

従って, この条件を満たす消火器が第 4 種消火設備 (＝大型消火器) となるので, B の機械泡消火器, C の化学泡消火器, E の粉末消火器の 3 つです。

設問 2

操作方式	開(かい)がい転倒式
放射する際の操作	・ハンドルを回して内筒のふたを開く。 ・本体を転倒させる。

類題 1　**AからEの消火器において，第4種消火設備に該当するための消火薬剤充てん量を答えなさい。**

＜解説＞　第4種消火設備は大型消火器なので，設問1の解説にある数値が第4種消火設備に該当するための消火薬剤充てん量となります。

（答）A：60ℓ以上　B：20ℓ以上　C：80ℓ以上　D：50kg以上
E：20kg以上

類題 2　**AからEの消火器において，第5種消火設備に該当するものを選び記号で答えなさい。**

＜解説＞　第5種消火設備は小型消火器なので，設問1の解説より，大型消火器に該当するB，C，E以外の消火器が該当することになります。

（答）A，D

【問題2】

解答

・指定された消火薬剤を規定量充てんする。
・消火薬剤を充てんしたら，締め固まらないうちにサイホン管を差し込み，手でキャップを締める。

解説

写真はガス加圧式粉末の内部であり，その場合，消火薬剤を充てんしたままにしておくと，消火薬剤が沈降して固まるので，固まらないうちにサイホン管と一体となったキャップとバルブ部分を適切な位置にセットします。

【問題3】

解答

設問1　ア

解説

イは結合金具，ウは流水検知装置，一斉開放弁（幅が3ミリの場合は閉鎖型スプリンクラーヘッドの合格表示になります。）の合格表示です。なお，アと同様の表示でも，合格之印ではなく合格之証となっているものは**消火器**などの合格表示なので間違わないようにして下さい。

検定対象機械器具等と検定合格表示

検定対象機械器具等の種別	表示の様式	検定対象機械器具等の種別	表示の様式
・消火器 ・火災報知設備の感知器または発信機 ・中継器 ・受信機 ・金属製避難はしご	国家検定 検 合格之証 10ミリメートル	・消火器用消火薬剤 ・泡消火薬剤	国家検定 検 合格之印 15ミリメートル
		・閉鎖型スプリンクラーヘッド	検 3ミリメートル
・緩降機	国家検定 検 合格之印 12ミリメートル	・流水検知装置 ・一斉開放弁 ・住宅用防災警報器	検 8ミリメートル

設問 2　① 90% 以上　② 10 秒以上

解説

化学泡消火器のみが **85% 以上**で，その他の消火器はすべて **90% 以上**です。なお，放射時間の方は，いずれも **10 秒以上**です。

設問 3　B（二酸化炭素消火器）
（A は強化液，C はガス加圧式粉末，D は機械泡消火器です。）

設問 4　地下街
理由：使用した場合に人が**窒息**する危険性があるため。

解説

二酸化炭素消火器，**ハロゲン化物消火器**（ハロン 1211 及びハロン 2402）は次の場所には設置できないことになっています。

1．地下街
2．準地下街
3．地階，無窓階，居室
（ただし，換気について有効な開口部の面積が床面積の **30 分の 1 以下**で，かつ床面積が **20 m² 以下**のもの）

従って，このうちのいずれかを解答すればよいことになります。

設問 5　C

C のみ**加圧式**で，他はすべて蓄圧式

類題

設問2の消火器のうち，本体容器に窒素を充てんしなくてもよいものはどれか。

（答） B，C（その他，化学泡消火器も）

【問題4】

設問1 AとBの作業が逆になっている。

解説

分解する際は，加圧用ガス容器を取り外してから安全栓を取り外しますが，充てんする際は，逆に**安全栓を取り付けてから**加圧用ガス容器を取り付けます。

つまり，「安全栓を取り付ける。」⇒「加圧用ガス容器を取り付ける。」⇒「消火薬剤を注入する」⇒「サイホン管を差込む」⇒「キャップを締める」というのが充てん作業の手順の概要となります。

設問2 A：プライヤー　C：漏斗（ろうと）　E：キャップスパナ

設問3 クランプ台

【問題5】

解答

3階	1本
2階	1本
1階	1本

解説

条件1より，算定基準面積は2倍になるので，3階の図書館は400 m²，2階の展示場は200 m²，1階の病院は200 m²となります。

従って，各階の必要能力単位は，「**床面積÷算定基準面積**」より，3階の図書館が400 m²÷400 m²＝**1（単位）**，2階の展示場が400 m²÷200 m²＝**2（単位）**，1階の病院が400 m²÷200 m²＝**2（単位）**となります。

また，条件5より，消火器の能力単位は1本につき**2**なので，「**設置本数＝建物の能力単位÷消火器の能力単位**」より，3階の図書館には，1÷2＝0.5…繰り上げて**1（本）**，2階の展示場に2÷2＝**1（本）**，1階の病院は，2÷2＝**1（本）**…の消火器がそれぞれ最低必要になります。

令別表第1　　注）太字は特定防火対象物

項		防火対象物
(1)	**イ**	**劇場・映画館・演芸場又は観覧場**
	ロ	**公会堂，集会場**
(2)	**イ**	**キャバレー・カフェ・ナイトクラブ・その他これらに類するもの**
	ロ	**遊技場またはダンスホール**
	ハ	**性風俗営業店舗等**
	ニ	**カラオケボックス，インターネットカフェ，マンガ喫茶等**
(3)	**イ**	**待合・料理店・その他これらに類するもの**
	ロ	**飲食店**
(4)		**百貨店・マーケット・その他の物品販売業を営む店舗または展示場**
(5)	**イ**	**旅館・ホテル・宿泊所・その他これらに類するもの**
	ロ	寄宿舎・下宿または共同住宅
(6)	**イ**	**①～③病院・入院・入所施設のある診療所または助産所　④入院，入所施設のない診療所，助産所**
	ロ	**養護老人ホーム，有料老人ホーム（要介護）等**
	ハ	**有料老人ホーム（要介護除く），保育所，児童及び障害者関連施設等**
	ニ	**幼稚園・特別支援学校**
(7)		小学校・中学校・高等学校・中等教育学校・高等専門学校・大学・専修学校・各種学校・その他これらに類するもの
(8)		図書館・博物館・美術館・その他これらに類するもの
(9)	**イ**	**公衆浴場のうち蒸気浴場・熱気浴場・その他これらに類するもの**
	ロ	イに掲げる公衆浴場以外の公衆浴場
(10)		車両の停車場または船舶若しくは航空機の発着場（旅客の乗降または待合い用に供する建築物に限る）
(11)		神社・寺院・教会・その他これらに類するもの
(12)	イ	工場または作業場
	ロ	映画スタジオまたはテレビスタジオ
(13)	イ	自動車車庫，駐車場
	ロ	格納庫（飛行機，ヘリコプター）
(14)		倉庫
(15)		前各項に該当しない事業場（事務所，銀行，郵便局等）
(16)	**イ**	**複合用途防火対象物（特定用途を含むもの）**
	ロ	イに掲げる複合用途防火対象物以外の複合用途防火対象物
(16-2)		**地下街**
(16-3)		**準地下街**
(17)		重要文化財等
(18)		延長 50 m 以上のアーケード
(19)		市町村長の指定する山林
(20)		総務省令で定める舟車

令別表第２　適応消火器具（施行令第10条関係）

消火器具の区分			①**水**を放射する消火器		②**強化液**を放射する消火器		③**泡**を放射する消火器	④**二酸化炭素**を放射する消火器	⑤**ハロゲン化物**を放射する消火器	⑥**消火粉末**を放射する消火器			⑦水バケツ又は水槽	⑧乾燥砂	⑨膨張ひる石又は膨張真珠岩
			棒状	霧状	棒状	霧状				**りん酸塩類**等を使用するもの	**炭酸水素塩類**等を使用するもの	その他のもの			
対象物の区分	**建築物その他の工作物（普通火災）**		○	○	○	○	○			○			○		
対象物の区分	**電気設備（電気火災）**			○		○		○	○	○	○				
危険物	第1類	アルカリ金属の過酸化物又はこれを含有するもの									○	○		○	○
危険物	第1類	その他の第一類の危険物	○	○	○	○	○			○			○	○	○
危険物	第2類	鉄粉，金属粉若しくはマグネシウム又はこれらのいずれかを含有するもの									○	○		○	○
危険物	第2類	引火性固体	○	○	○	○	○	○	○	○	○		○	○	○
危険物	第2類	その他の第二類の危険物	○	○	○	○	○			○			○	○	○
危険物	第3類	禁水性物品									○	○		○	○
危険物	第3類	その他の第三類の危険物	○	○	○	○	○						○	○	○
危険物	**第４類（油火災）**					○	○	○	○	○	○			○	○
危険物	第５類		○	○	○	○	○						○	○	○
危険物	第６類		○	○	○	○	○			○			○	○	○
指定可燃物	**可燃性固体類**又は合成樹脂類（不燃性又は難燃性でないゴム製品，ゴム半製品，原料ゴム及びゴムくずを除く。）		○	○	○	○	○	○	○	○	○		○	○	○
指定可燃物	**可燃性液体類**					○	○	○	○	○	○			○	○
指定可燃物	その他の指定可燃物		○	○	○	○	○			○			○		

備考　1　○印は，対象物の区分の欄に掲げるものに，当該各項に掲げる消火器具がそれぞれ適応するものであることを示す。
2　りん酸塩類等とは，りん酸塩類，硫酸塩類その他防炎性を有する薬剤をいう。
3　炭酸水素塩類等とは，炭酸水素塩類及び炭酸水素塩類と尿素との反応生成物をいう。
4　禁水性物品とは，危険物の規制に関する政令第10条第1項第10号に定める禁水性物品をいう。

出た！ 資料3　危政令別表第4（抜粋）

品名	綿花類	木毛及びかんなくず	ぼろ及び紙くず	わら類	糸類	再生資源燃料	可燃性固体類	石炭・木炭類	可燃性液体類	木材加工品および木くず
数量	200kg	400kg	1、000kg	1、000kg	1、000kg	1、000kg	3、000kg	10、000kg	2m³	10m³

（数量の出題例があるので，とりあえず1トンのみ覚える。
ボロ　わ　1トン再生
ボロ　わら　糸）

資料4　消火設備の区分

種別	消火設備の種類	消火設備の内容
第1種	屋内**消火栓**設備 屋外**消火栓**設備	
第2種	**スプリンクラー**設備	
第3種	固定式消火設備（名称の最後が「消火設備」で終る）	水蒸気**消火設備** 水噴霧**消火設備** 泡**消火設備** 不活性ガス**消火設備** ハロゲン化物**消火設備** 粉末**消火設備**
第4種	**大型**消火器	（第4種，第5種共通）　右の（　）内は第5種の場合 水（棒状，霧状）を放射する大型（小型）消火器 強化液（棒状，霧状）を放射する大型（小型）消火器 泡を放射する大型（小型）消火器 二酸化炭素を放射する大型（小型）消火器 ハロゲン化物を放射する大型（小型）消火器 消火粉末を放射する大型（小型）消火器
第5種	**小型**消火器 水バケツ，水槽，乾燥砂など	

資料5　容器弁について

二酸化炭素消火器には，容器内のガスを放出する時に使用する容器弁というものが装着されており，レバーを握ったり，またはハンドルを回したりして弁（バルブ）を開け，ガスを放出します。その容器弁ですが，高圧ガス保安法の適用を受ける蓄圧式消火器（⇒**二酸化炭素消火器**，**ハロン 1301 消火器**等）と 100 cm^3 を超える**加圧用ガス容器**（作動封板付きは除く）に設ける必要があります。

その種類としては，先ほど説明したように，**レバー**を握る方式とハンドルを回す**ハンドル車式**のものがあり，二酸化炭素消火器では，手さげ式がレバーを握る方式，車載式がハンドル車式になります。

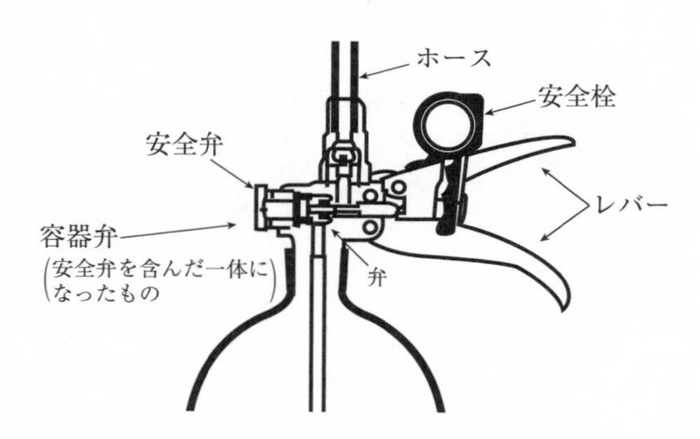

なお，この容器弁には，容器内の圧力が一定以上になった場合に，その圧力を外部に逃すための**安全弁**を設ける必要があります（安全弁 ⇒ 現在では二酸化炭素消火器と化学泡消火器のみ使用されている）。

その安全弁には，次の 3 種類があります（たまに出題されている。なお，現在は①の封板式のみ使用されている）。

① 封板式（一定の圧力以上で作動するもの，）
② 溶栓式（一定の温度以上で作動するもの）
③ 封板溶栓式（一定の圧力及び温度以上で作動するもの）

参考資料

ハンドル車式のバルブにあっては，一回転 4 分の 1 以下の回転で全開すること。

資料6　必要とされる防火安全性能を有する消防の用に供する設備等

「通常用いられている消防用設備等」に代えて，総務省令で定めるところにより消防長又は消防署長が，その防火安全性能が当該通常用いられる消防用設備等の防火安全性能と同等以上であると認める消防の用に供する設備，消防用水又は消火活動上必要な施設を用いることができます。

この「消防用設備等」に該当する設備には，次のようなものがあります。

パッケージ型	**・パッケージ型消火設備** **・パッケージ型自動消火設備**
共同住宅用	・共同住宅用自動火災報知設備 ・共同住宅用非常警報設備 ・共同住宅用スプリンクラー設備 （その他：共同住宅用連結送水管，共同住宅用非常コンセント設備）
住戸用	・住戸用自動火災報知設備 ・住戸用消火器
その他	・特定小規模施設用自動火災報知設備 ・特定駐車場用泡消火設備 （その他：複合型居住施設用自動火災報知設備，加圧防排煙設備）

資料7　パッケージ型消火設備

下の写真のような外観で，屋内消火栓設備のホースやリール，加圧用ガス容器などを格納箱にコンパクトに一括して（＝パッケージして），収納したもので，屋内消火栓設備に代えて用いることができます。

資料8　耐圧性能に関する点検方法（蓄圧式）

⑴　指示圧力計の指針を確認する。

⑵　排圧栓のあるものはこれを開き，ないものは容器を逆さにしてレバーを徐々に握り，容器内圧を完全に排出する。

⑶　指示圧力計の指針が「0」になったのを確認してから，キャップを外す（⇒キャップスパナを使用）。

⑷　消火薬剤を別の容器に移す。

⑸　エアーブロー等にて本体容器の内外を清掃し，本体容器内面及び外面に腐食又は防錆材料の脱落等がないかを確認する（⇒エアーガンと反射鏡を使用）。

⑹　ホースを取り外す

⑺　本体容器内を水道水で満水にし，レバーを握ったままの状態で，キャップを締める。

⑻　ホース接続部に耐圧試験用接続金具を加圧中に外れることのないように確実に接続する。

⑼　保護枠等を消火器にかぶせ，耐圧試験機を接続する。

⑽　耐圧試験機を作動させ，各締め付け部及び接続部からの漏れがないことを確認しながら所定の水圧まで，急激な昇圧を避け，圧力計で確認しながら徐々に昇圧する（⇒手動水圧ポンプを使用）。

⑾　所定の水圧を5分間かけて，変形，損傷又は漏れのないことを確認する。

⑿　耐圧試験機の排圧栓から水圧を排除し，圧力計の指針が「0」になったのを確認してから本体容器内の水を排水する。

⒀　本体容器等の水分をウェス又はエアーブロー等で除去する。

※粉末消火薬剤にあっては水分が禁物であるので，乾燥炉等で十分に乾燥させ，本体容器内，サイホン管内，ガス導入管及びキャップ部分等に水分がないことを十分に確認すること。

⒁　本体容器等に水分がないことを確認した後，部品等の組付け，消火薬剤の充てん等を行う。

著者略歴　**工藤政孝**

学生時代より，専門知識を得る手段として資格の取得に努め，その後，ビルトータルメンテの㈱大和にて電気主任技術者としての業務に就き，その後，土地家屋調査士事務所にて登記業務に就いた後，平成15年に資格教育研究所「大望」を設立（その後，名称を「KAZUNO」に変更）。わかりやすい教材の開発，資格指導に取り組んでいる。

【過去に取得した資格一覧】

第二種電気主任技術者，第一種電気工事士，一級電気工事施工管理技士，一級ボイラー技士，ボイラー整備士，第一種冷凍機械責任者，甲種第4類消防設備士，乙種第6類消防設備士，乙種第7類消防設備士，甲種危険物取扱者，第1種衛生管理者，建築物環境衛生管理技術者，二級管工事施工管理技士，下水道管理技術認定，宅地建物取引主任者，土地家屋調査士，測量士，調理師，など多数。

読者の皆様方へご協力のお願い

皆さんが受験された「試験問題」の内容をお送り願えませんか。
（1問単位でしか覚えておられなくても構いません。）
試験の種類，試験の内容について，また受験に関する感想を書いてお送りください。お寄せいただいた情報に応じて薄謝を進呈いたします。
何卒ご協力お願い申し上げます。

〒546-0012
大阪市東住吉区中野2-1-27
（株）弘文社　編集部宛
henshu2@kobunsha.org
FAX：06(6702)4732

協力（資料提供等）

株式会社初田製作所
モリタ宮田工業株式会社
マトイ株式会社
ヤマトプロテック株式会社

●法改正・正誤などの情報は，当社ウェブサイトで公開しております。
http://www.kobunsha.org/

●本書の内容に関して，万一ご不審な点や誤り，記載漏れなどお気付きの点がありましたら，郵送・FAX・Eメールのいずれかの方法で当社編集部宛に，書籍名・お名前・ご住所・お電話番号を明記し，お問い合わせください。なお，お電話によるお問い合わせはお受けしておりません。

郵送　〒546-0012　大阪府大阪市東住吉区中野2-1-27
FAX　(06)6702-4732
Eメール　henshu2@kobunsha.org

●本書の内容に関して運用した結果の影響については，上項に関わらず責任を負いかねる場合がございます。本書の内容に関するお問い合わせは，試験日の10日前必着とさせていただきます。

—本試験によく出る！—
第６類　消防設備士問題集

著　　者　工　藤　政　孝
印刷・製本　㈱　太　洋　社

発行所　株式会社　弘　文　社
〒546-0012 大阪市東住吉区
中野２丁目１番27号
☎　(06)6797—７４４１
FAX　(06)6702—４７３２
振替口座　00940—2—43630
東住吉郵便局私書箱１号
代表者　岡　﨑　　靖

落丁・乱丁本はお取り替えいたします。